天津天气预报手册

余文韬　吴振玲　何群英　易笑园　主编

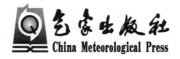

气象出版社
China Meteorological Press

内容简介

本手册是对天津、黄渤海及海河流域天气预报服务有关技术与经验的总结,以促进天津天气预报、海河流域降水预报、黄渤海海洋气象预报业务水平的提高为目的,重点介绍预报员在预报业务中所需掌握的基本知识、技能和现代天气预报的新技术、新方法等。全书共分 11 章,内容涵盖了天津、黄渤海和海河流域地理地貌和天气气候特征、主要天气影响系统、灾害性天气特点及预报着眼点、数值预报产品释用和新型探测设备应用等。

本手册可供气象、农业、林业、水利、海洋、环保等部门的科技人员及有关院校师生阅读参考。

图书在版编目(CIP)数据

天津天气预报手册/余文韬等主编. —北京:气象出版社,2015.7
ISBN 978-7-5029-6158-9

Ⅰ.①天…　Ⅱ.①余…　Ⅲ.①天气预报-天津市-手册　Ⅳ.①P45-62

中国版本图书馆 CIP 数据核字(2015)第 149988 号

Tianjin Tianqi Yubao Shouce
天津天气预报手册

出版发行:气象出版社

地　　址:北京市海淀区中关村南大街 46 号	**邮政编码**:100081
总 编 室:010-68407112	**发 行 部**:010-68409198
网　　址:http://www.cmp.cma.gov.cn	**E-mail**:qxcbs@cma.gov.cn
责任编辑:杨柳妮　吴晓鹏	**终　　审**:章澄昌
封面设计:博雅思企划	**责任技编**:吴庭芳
印　　刷:北京中新伟业印刷有限公司	
开　　本:787 mm×1092 mm　1/16	**印　　张**:17.5
字　　数:442千字	**彩　　插**:12
版　　次:2015 年 8 月第 1 版	**印　　次**:2015 年 8 月第 1 次印刷
定　　价:58.00元	

《天津天气预报手册》编委会

主　　任：权循刚

副 主 任：运顺利　郭　虎

成　　员：吕江津　余文韬　吴振玲　高润祥　魏　华

《天津天气预报手册》编写人员

主　　编：余文韬　吴振玲　何群英　易笑园

成　　员：赵玉洁　段丽瑶　赵　刚　卢焕珍　徐灵芝

　　　　　赵敬红　朱玉强　周　慧　杨德江　赵金霞

　　　　　王　颖　东高红　杨晓君　汪　靖　尉英华

　　　　　李胜山　王亚男　任　雨　崔振雷

前　言

　　天津位于中纬度欧亚大陆东岸，主要受季风环流的影响，是东亚季风盛行的地区，属于暖温带半湿润半干旱季风气候区，主要为大陆性气候特征，但受渤海影响，沿海地区表现出海洋性气候特征，海陆风现象明显。天津地区暴雨、寒潮、大雪、雷电、冰雹、大风、雾、霾、沙尘、干旱和高温等气象灾害频发，同时海河流域暴雨洪水和北方海洋气象灾害对天津也会造成重大影响，经济损失严重。因此，需要编写一本适合于天津、海河流域、北方海洋天气气候特点的预报技术手册，这对天津广大预报员天气预报能力、预报准确率、预报总结水平和预报科研能力等的提升有所裨益。

　　2010 年 3 月天津市气象局启动《天津天气预报手册》（以下简称《手册》）编写工作，天津市气象台组织编写组进行编写，2010 年 12 月初步编写完成《手册》初稿，2011、2012 年试用后进行分章节修改，2014 年对全书进行了统稿。编写组按照中国气象局文件（气预函〔2009〕30 号文关于下发《天气预报手册》编写指导意见的通知）要求和编写原则编写，要求简洁实用、通俗易懂，真正起到对预报工作的指导作用，同时技术上体现继承性和前瞻性。编写组在编写过程中本着认真负责的态度，严谨求实的作风，在大量收集整理现有科研成果基础上针对天津天气预报业务行之有效的技术、方法和经验进行总结分析，语言使用力求精练达意，资料参考做到准确可靠，并注明参考出处，每一章后面附参考文献。同时考虑到天津市气象台还作为海河流域气象中心和天津海洋中心气象台承担着海河流域气象预报服务任务和北方海洋气象预报服务任务，在手册内容中专门对海河流域和北方海洋天气气候特点和预报技术进行了总结编写。

　　《手册》是集体智慧的结晶，编写组成员主要由天津市气象台预报技术人员组成，同时天津市气候中心和滨海新区气象局部分预报技术人员也参加了编写工作。余文韬、吴振玲、何群英、易笑园负责《手册》内容设计、编写组织和文稿审定工作。《手册》共分 11 章，编写分工情况为：第 1 章第 1、3 节崔振雷，第 2 节赵敬红，第 4 节余文韬；第 2 章第 1、3 节段丽瑶，第 2、4 节赵玉洁，其中大部分图表由任雨制作；第 3 章第 1、6、7、9、10 节易笑园，第 2、8、11 节徐灵芝，第 3、4、5 节卢焕珍；第 4 章第 1 节何群英、东高红，第 8 节何群英，第 2、6 节易笑园，第 3 节赵刚，第 4 节卢焕珍、赵金霞，第 5 节徐灵芝，第 7、9 节周慧，第 10 节杨德江；第 5 章何群英、尉英华；第 6 章第 1 节吴振玲，第 2 节杨晓君，第 3 节王亚男，第 4 节余文韬，第 5 节汪靖，第 7 节吕江津、汪靖；第 7 章第 1、2 节赵敬红，第 3 节何群英、东高红，第

4节尉英华；第8章第1、3、6节朱玉强，第2节吴振玲，第4节周慧，第5节李胜山；第9章第1、2节吴振玲、汪靖，第3节尉英华；第10章第1、2、7节王颖，第3、4节余文韬、王颖，第5、6节易笑园；第11章第1、2节李胜山，第3节王颖，第4节赵敬红，第5节杨晓君；附录余文韬、汪靖。在《手册》编写期间汪靖、李胜山做了大量文稿编辑整理工作。修改审定情况为：余文韬修改了第1章、第6章第4节、第11章以及附录，何群英修改了第2章、第3章、第4章第1节以及第7章，易笑园修改了第4章除第1节外其余部分以及第10章，吴振玲修改了第6章除第4节外其余部分、第7章、第8章。修改完后余文韬对全书做了一个统稿。

天津市气象局权循刚局长、运顺利副局长、郭虎副局长以及《手册》编委会成员对《手册》编写给予了指导、支持和帮助，气象台退休老专家周鸣盛、梁平德、刘益然、郭大敏对本手册修改提供了重要的意见，在《手册》试用过程中天津气象部门很多同事也提出了许多宝贵意见，在这里一并致以衷心的感谢！

由于天气预报技术涉及的气象领域较为宽泛，加上《手册》编写人员水平有限，编写较为仓促，疏漏之处在所难免，恳请广大读者批评指正。

《天津天气预报手册》编写组
2015 年 2 月

目 录

前 言

第1章 天津地理概况 ·· (1)

1.1 天津地理环境特点 ·· (1)

1.2 海河流域地理环境特点 ·· (2)

1.3 黄海、渤海地理环境特点 ······································ (3)

1.4 地理位置及地形对天气气候的影响 ······························ (4)

参考文献 ·· (5)

第2章 天津天气气候特点 ·· (6)

2.1 气候概况 ·· (6)

2.2 各季节环流特征 ·· (7)

2.3 气象要素特征 ·· (8)

2.4 主要灾害天气概述 ·· (14)

参考文献 ·· (21)

第3章 天津主要影响天气系统及其特征 ································ (22)

3.1 概述 ·· (22)

3.2 低涡 ·· (22)

3.3 高空槽(西来槽、横槽转竖) ·································· (27)

3.4 副热带高压 ·· (28)

3.5 切变线 ·· (30)

3.6 高低空急流 ·· (30)

3.7 地面倒槽 ·· (31)

3.8 地面气旋 ·· (32)

3.9 热带气旋 ·· (35)

3.10 回流冷高压 ·· (36)

3.11 锋面 ·· (37)

参考文献 ·· (40)

第4章 天津灾害性天气预报 ·· (42)

4.1 暴雨 ·· (42)

4.2 强对流天气 ·· (64)

4.3 高温 ·· (79)

4.4　雾 ···（83）

4.5　强冷空气 ···（93）

4.6　大雪 ···（110）

4.7　沙尘 ···（121）

4.8　干热风 ···（124）

4.9　干旱 ···（128）

4.10　洪涝 ···（132）

参考文献 ···（135）

第 5 章　天津基本气象要素预报 ·································（138）

5.1　天空状况预报 ···（138）

5.2　气温特征及预报 ···（139）

5.3　地面风特征及预报 ··（141）

5.4　降水特征及预报 ···（142）

5.5　相对湿度特征及预报 ···（143）

5.6　能见度特征及预报 ··（144）

参考文献 ···（145）

第 6 章　北方海域海洋气象预报 ·································（146）

6.1　北方海域大风 ···（146）

6.2　北方海域海浪预报 ··（154）

6.3　北方海域海雾预报 ··（157）

6.4　天津沿岸风暴潮预报 ···（161）

6.5　渤海海冰预报 ···（169）

6.6　北方海域海洋数值预报 ··（180）

参考文献 ···（189）

第 7 章　海河流域水文气象预报 ·································（190）

7.1　水文气象概况 ···（190）

7.2　气象服务特点 ···（192）

7.3　暴雨预报 ··（192）

7.4　水文气象预报 ···（197）

参考文献 ···（199）

第 8 章　天津环境气象预报 ·······································（200）

8.1　生活指数预报 ···（200）

8.2　花粉浓度预报 ···（204）

8.3　紫外线预报 ···（208）

8.4　森林火险预报 ···（212）

8.5　地质灾害气象预报 ··（214）

8.6　空气污染预报 ···（216）

参考文献 ···（225）

第9章 天津数值预报产品解释应用 ……………………………………… (227)

9.1 常用数值预报产品介绍 ……………………………………………… (227)

9.2 数值预报产品的释用方法 …………………………………………… (229)

9.3 天津数值预报释用方法应用 ………………………………………… (230)

参考文献 ………………………………………………………………… (234)

第10章 新型探测设备原理与应用 ……………………………………… (235)

10.1 卫星探测 …………………………………………………………… (235)

10.2 多普勒天气雷达 …………………………………………………… (245)

10.3 风廓线仪 …………………………………………………………… (247)

10.4 GPS/MET 的探测原理与应用 …………………………………… (248)

10.5 闪电定位仪 ………………………………………………………… (249)

10.6 电场仪 ……………………………………………………………… (250)

10.7 自动气象站 ………………………………………………………… (250)

参考文献 ………………………………………………………………… (252)

第11章 预报业务系统简介 ……………………………………………… (254)

11.1 短期天气预报系统 ………………………………………………… (254)

11.2 短时预报系统 ……………………………………………………… (255)

11.3 海河流域天气预报系统 …………………………………………… (255)

11.4 海洋天气预报系统 ………………………………………………… (256)

附 录 …………………………………………………………………… (257)

附录A 风雨级别、预报用语 …………………………………………… (257)

A1 降水等级 ………………………………………………………… (257)

A2 风浪等级 ………………………………………………………… (257)

附录B 台风等级、发布规范 …………………………………………… (258)

附录C 天气预报用语、天气现象符号 ………………………………… (258)

C1 天空状况 ………………………………………………………… (258)

C2 降水概率发布 …………………………………………………… (259)

C3 降水天气发布用词规定 ………………………………………… (259)

C4 天气现象符号与代码对照表 …………………………………… (260)

附录D 常用气象专业术语 ……………………………………………… (262)

D1 天气系统 ………………………………………………………… (262)

D2 天气现象和过程 ………………………………………………… (263)

D3 气候现象 ………………………………………………………… (263)

D4 气象遥测遥感 …………………………………………………… (264)

D5 气象观测 ………………………………………………………… (265)

附录E 常用物理量计算公式 …………………………………………… (266)

参考文献 ………………………………………………………………… (268)

第 1 章　天津地理概况

1.1　天津地理环境特点

1.1.1　天津地形地貌

天津地处华北平原东北部,东临渤海,北枕燕山,位于 $38°33'$N 至 $40°15'$N、$116°42'$E 至 $118°03'$E 之间。北与首都北京及河北省的承德毗邻,东、西、南分别与河北省的唐山、廊坊、沧州地区接壤。天津面积 11760.26 km^2,海岸线长 153 km。

天津是中国四个直辖市之一,辖 16 个区、县,如图 1.1 所示,其中市辖区 13 个,市辖县 3 个。天津区域划分见表 1.1。

表 1.1　天津市区域及行政区划分表

区域	行政区
市区	和平区、河东区、河西区、南开区、河北区、红桥区
环城区	东丽区、西青区、北辰区、津南区
区	滨海新区(塘沽、汉沽、大港)、武清区、宝坻区
县	静海县、宁河县、蓟县

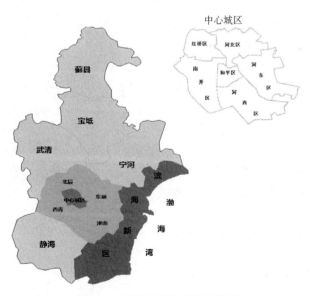

图 1.1　天津市行政区划示意图

天津地势以平原和洼地为主,北部有低山丘陵,海拔由南向北逐渐下降。地貌特征可以概括如下:(1)北高南低,西北高东南低。从蓟县北部山区到滨海新区,呈簸箕形向海河干流和渤海方向倾斜。最高点为蓟县和兴隆县交界处的九山顶,海拔 1078.5 m。最低处是塘沽大沽口,海拔为 0.0 m。(2)山区面积小,平原辽阔。山地、丘陵海拔高度小,相对高度大。平原既低且平。(3)河流纵横,坑、塘、洼、淀星罗棋布。

1.1.2 天津河流、水库

天津位于海河流域下游,是海河五大支流南运河、北运河、子牙河、大清河、永定河的汇合处和入海口,素有"九河下梢"、"河海要冲"之称。流经天津的一级河道有 19 条,总长度为 1095.1 km。还有子牙新河、独流减河、马厂减河、永定新河、潮白新河、还乡新河 6 条人工河道,总长度为 284.1 km。二级河道有 79 条,总长度为 1363.4 km,深渠 1061 条,总长度为 4578 km。位于蓟县蓟运河支流州河上的于桥水库是天津的大型水库。

1.2 海河流域地理环境特点

1.2.1 海河流域地形地貌

海河流域位于 $112°E \sim 120°E$,$35°N \sim 43°N$ 之间,东临渤海,南界黄河,西靠云中、太岳山,北倚蒙古高原;地跨八省、自治区、直辖市,包括北京、天津两市的全部,河北省的绝大部分,山西省东部,河南、山东省北部以及内蒙古自治区和辽宁省各一小部分,总面积 3.18×10^5 km^2,占全国面积 3.3%。其中山地和高原面积为 1.89×10^5 km^2,占 60%;平原面积为 1.29×10^5 km^2,占 40%。2000 年海河流域共有 31 个地级市,2 个盟,256 个县(区),其中 35 个县级市。

全流域总的地势是西北高、东南低,大致分高原、山地及平原三种地貌类型。流域西部、北部为山区,东部、东南部为平原,地形自西、北和西南三面向渤海倾斜,丘陵过渡区短,山区与平原区几乎相交。

1.2.2 海河流域江河、水库

海河流域包括海河、滦河、徒骇马颊河三大水系。其中海河水系是流域主要水系,分北系和南系,北系有蓟运河、潮白河、北运河、永定河,南系有大清河、子牙河、漳卫南运河;滦河水系包括滦河及冀东沿海诸河;徒骇马颊河水系位于流域最南部,为单独入海的平原河道。海河流域水系如图 1.2 所示。

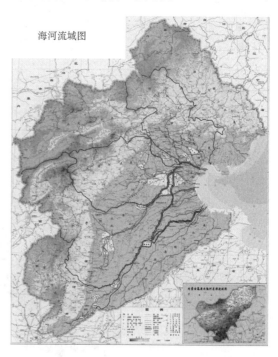

海河流域图

图 1.2 海河流域水系图(见彩图)

1979 年在滦河干流修建了潘家口、大黑汀两座大型水库。其下游干支流建有引滦入津、引滦入唐、引青济秦等大型引水工程。

冀东沿海诸河位于滦河下游干流两侧,在石河、洋河、陡河上分别建有石河、洋河、陡河等大型水库。

北三河水系建有于桥、邱庄、海子、密云、怀柔、云州等大型水库。

大清河河系内建有横山岭、口头、王快、西大洋、龙门、安各庄等六座大型水库,以调节上游洪水。

子牙河流域内建有临城、东武仕、朱庄三座大型水库。

漳卫南运河流域内建有关河、后湾、漳泽、岳城四座大型水库。

黑龙港和运东地区有宣惠河、大浪淀排水渠、大浪淀水库、沧浪渠、黄浪渠等。

1.3　黄海、渤海地理环境特点

渤海是一个近封闭的内海,地处中国大陆东部的最北端,即 $37°07'N \sim 41°00'N$、$117°35'E \sim 122°15'E$ 的区域。它一面临海,三面环陆,北、西、南三面分别与辽宁、河北、天津和山东三省一市毗邻,东面经渤海海峡与黄海相通,辽东半岛的老铁山与山东半岛北岸的蓬莱角间的连线即为渤海与黄海的分界线。辽东半岛和山东半岛犹如伸出的双臂将其合抱,放眼眺望,渤海形如一东北—西南向微倾的葫芦,侧卧于华北大地,其底部两侧即为莱州湾和渤海湾,顶部为辽东湾。渤海通过渤海海峡与黄海相通。渤海海峡口宽 59 海里,有 30 多个岛屿,其中较大的有南长山岛、砣矶岛、钦岛和皇城岛等,总称庙岛群岛或庙岛列岛。其间构成 8 条宽狭不等的水道,扼渤海的咽喉,是京津地区的海上门户,地势极为险要。渤海古称沧海,又因地处北方,也有北海之称。渤海由北部辽东湾、西部渤海湾、南部莱州湾、中央浅海盆地和渤海海峡五部分组成。渤海海域面积 77284 km^2,大陆海岸线长 2668 km,平均水深 18 m,最大水深 85 m,水深 20 m 以内的海域面积占一半以上。渤海海底平坦,多为泥沙和软泥质,地势呈由三湾向渤海海峡倾斜态势。海岸分为粉沙淤泥质岸、沙质岸和基岩岸三种类型。渤海湾、黄河三角洲和辽东湾北岸等沿岸为粉沙淤泥质海岸,滦河口以北的渤海西岸属沙砾质岸,山东半岛北岸和辽东半岛西岸主要为基岩海岸。

黄海位于中国大陆与朝鲜半岛之间,平均水深 44 m,海底平缓,为东亚大陆架的一部分。黄海从胶东半岛成山角到朝鲜的长山串之间海面最窄,习惯上以此连线将黄海分为北黄海和南黄海两部分,北黄海面积约 7.1×10^4 km^2,南黄海面积约 3.09×10^5 km^2。黄海的西北部通过渤海海峡与渤海相连,东部由济州海峡与朝鲜海峡相通,南以长江口北岸启东角到济州岛西南角连线与东海分界。注入黄海的主要河流有鸭绿江、大同江、汉江、淮河等,主要沿海城市有中国连云港、日照、青岛、烟台、威海、大连、丹东,以及朝鲜的新义州、南浦、韩国的仁川等。属黄海的海湾有西朝鲜湾、江华湾、群山湾、海州湾、胶州湾、荣成湾等。黄海内的岛屿主要集中在辽东半岛东侧、胶东半岛东侧和朝鲜半岛西侧边缘。其中比较大的有外长山列岛、长山群岛、薪岛、椵岛、白翎岛、德积群岛、格列飞群岛、古群山群岛、大黑山群岛、罗州群岛、楸子群岛、济州岛等。黄渤海海域如图 1.3 所示。

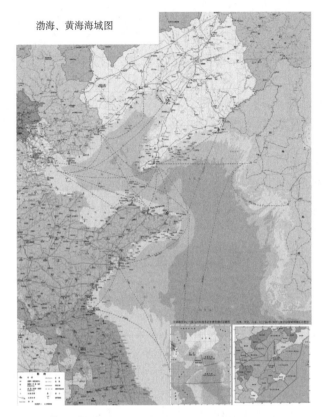

渤海、黄海海域图

图 1.3　黄渤海海域图(见彩图)

1.4　地理位置及地形对天气气候的影响

由于所处地理位置特殊,天津、海河流域、黄渤海天气气候受地形、地貌的影响主要表现在:

(1)华北平原西部太行山、北部燕山的地形对迎风气流有抬升作用,山前降水量会增加,特别遇喇叭口地形附近降水量增加更为明显。

(2)华北平原西部太行山对过山气流下沉有增温效应,在华北平原中南部容易形成高温中心。

(3)华北平原低洼地形有利于形成雾霾天气。

(4)华北平原沿海有海陆风效应,对沿海最高气温影响明显。

(5)辽东湾两岸多山地形有利于东北路径冷空气入侵时出现东北大风。

(6)渤海海峡为深水道,且两岸多山,有利于偏东风通过海峡时风力加强,在风切应力作用下有利于黄海海水加速流入渤海,有利于渤海沿岸形成风暴潮。

(7)渤海湾为呈喇叭口外向的浅海湾,海潮涨得快、落得慢,容易形成风暴潮灾害。

(8)渤海地处高纬度,冬季沿海容易出现海冰。

参考文献

包澄澜.1991.海洋灾害及预报.北京:海洋出版社

河北省气象局.1987.河北省天气预报手册.北京:气象出版社

仲小敏,李兆江.2011.天津地理.北京:北京师范大学出版社

第2章 天津天气气候特点

2.1 气候概况

2.1.1 天津气候特点

天津位于中纬度欧亚大陆东岸,主要受季风环流的影响,是东亚季风盛行的地区,属于暖温带半湿润半干旱季风气候区,主要为大陆性气候特征,但受渤海影响,沿海地区有时也表现出海洋性气候特征,海陆风现象明显。主要的气象灾害有干旱、暴雨、冰雹、大风等,天津主要的气候特点是四季分明:冬季受蒙古冷高压控制,盛行西北风,天气寒冷干燥;夏季受西北太平洋副热带高压西侧影响,多偏南风,且高温、高湿,雨热同季,全年降水量的67%集中在夏季;春季干旱多风,冷暖多变;秋季天高云淡,风和日丽。

2.1.2 海河流域气候特点

海河流域主要包括河北、北京、天津、山西、河南、山东4省2市。属于温带东亚季风气候区。冬季受西伯利亚大陆性气团控制,寒冷少雪;春季受蒙古大陆性气团影响,气温回升快,风速大,气候干燥,蒸发量大,往往形成干旱天气;夏季受海洋性气团影响,气温高,降雨量多,且多暴雨,但因历年夏季太平洋副热带高压的进退时间、强度、影响范围等很不一致,致使降雨量的变差很大,旱涝时有发生;秋季为夏、冬的过渡季节,一般年份秋高气爽,降雨量较少。除了年际、年内的旱涝变化之外,较长时间尺度的地球温暖化趋向也对海河流域产生了影响。20世纪60年代以来,海河流域呈现用水量增加而降水量总体下降的趋势。

2.1.3 黄海、渤海气候特点

渤海为中国三面连接内陆的内海,由于受陆地和水文影响较大,加上海深较浅,因而具有大风明显、结冰严重等特点。黄海海域开阔、南北跨度较大,虽然也受到强大的冬季季风影响,但其海洋性气候较之渤海有明显增强。每年3—8月沿黄海沿岸海雾的频繁出现,就是海洋性气候增强的一个标志。

黄海、渤海的风向具有明显的季节变化,冬季多盛行西北风,夏季盛行东南风,海上风速一般比沿岸陆地的要大,并且离岸越远,风速越大。6级以上的大风日数,渤海中部一带平均每年为50~60 d,辽东湾和莱州湾为60~80 d,渤海海峡一带为80~100 d。中国渤海和黄海北部,每年冬季都有不同程度的结冰现象,是北半球纬度最低的结冰海区。

2.2 各季节环流特征

天津地处中纬度欧亚大陆的东岸,属于温带大陆性季风气候,其气候特点是四季分明:春季干旱少雨多风,冷暖多变;夏季气温高,湿度大,雨水集中;秋季天高云淡,风和日丽;冬季寒冷干燥少雪。

2.2.1 春季环流变化及天气特征

(1)500 hPa 东亚大槽明显减弱变平,西风带上槽脊尺度小,强度减弱,槽脊移动较快,活动频繁。低纬度副热带系统开始活跃。东亚高空南支急流强度显著减弱,位置在 30°N 以南。

(2)地面:冷空气势力明显减弱,地面蒙古冷高压显著减弱,锋面气旋和冷高压相互交替影响天津地区,造成春季大风天气多发。印度低压开始活跃。

(3)天气特征:由于春季高空槽脊活动频繁,大气层结不稳定,多大风天气,东亚高空副热带急流偏南,没有水汽输送,因而春季降水偏少。由于大气层结不稳定,春季降水以强对流天气为主。

(4)主要影响天气系统:蒙古气旋、江淮气旋、东北回流高压、华北锢囚锋、蒙古低涡横槽。

2.2.2 夏季环流变化及天气特征

(1)西风带上平均槽脊变为 4 个,500 hPa 东亚大槽趋于消失,副热带高压北移。西太平洋副热带高压脊线完成两次北跳,在海上脊线可北伸至日本,在中国大陆达 30°N。

(2)地面蒙古高压向北收缩,强度很弱,印度低压控制中国大陆。

(3)天气特征:降水集中,夏季降水量约占全年降水量的 70%,而暴雨集中程度更加明显,50 mm 以上的暴雨日数占全年暴雨总日数的 88%。初夏,西太平洋副热带高压第一次北跳,暴雨明显增多;7 月开始,西太平洋副热带高压脊第二次北跳,暴雨、大暴雨又一次大幅度增加,天津暴雨、大暴雨主要集中于 7 月中旬到 8 月中旬,最集中于 7 月下旬到 8 月上旬,即气象上经常讲的"七下八上"。夏季强对流天气多发,雷雨、冰雹天气相当集中。

(4)主要影响天气系统:东北冷涡、黄河气旋、江淮气旋、西南低涡、台风(台风倒槽)、冷暖切变。

2.2.3 秋季环流变化及天气特征

(1)高空:500 hPa 东亚大槽在 130°E 附近开始建立,西太平洋副高势力减弱,脊线南撤至 25°N～30°N,东亚高空南支急流显著加强,并开始向南扩展,中心位置维持在 40°N 附近。

(2)地面:蒙古高压再次建立,大陆热低压及南方热带系统基本消失。

(3)天气特征:9—11 月金秋来临。暖湿气流已经是强弩之末,随着其势力的减弱,冷气团开始活跃,瑟瑟秋风渐起。9 月平均气温为 20～21℃,比 8 月份下降 4～5℃,尤其是 11 月,气温为 12～14℃,日较差较大,仅次于春季。秋季常有急剧降温天气出现。严重的冰冻、降温常冻坏果树、蔬菜和经济林木。

(4)主要影响天气系统:冷切变、东北回流高压、倒槽。

2.2.4　冬季环流变化及天气特征

(1)高空:500 hPa大槽明显加强,发展到一年中最强的程度,副高退出大陆,整个东亚为西风带控制,西风带变成冬季的三槽脊型式,东亚高空南支急流中心强度明显加强,达到一年中的最强的程度,并稳定于30°N以南的冬季平均位置上。

(2)地面:蒙古高压和阿留申低压达到最为强大且稳定的程度。

(3)天气特征:冬季天津地区处于高空强而稳定的东亚大槽后部,地面受强大的蒙古高压控制,多寒潮和强冷空气活动,气温低,空气干燥。

(4)主要影响系统:地面冷高压、低压倒槽、气旋。

2.3　气象要素特征

2.3.1　气温

2.3.1.1　年平均气温

天津全市年平均气温为12.6℃,各区县年平均气温在11.8～13.5℃(图2.1),基本上由北向南随着纬度的下降气温逐渐升高。由于城市热岛效应的影响,市区气温最高,地处北部低洼地区的宝坻气温最低,蓟县由于观测站设在山区南侧山前城区,气温稍有偏高。自动观测站中资料显示蓟县山区为全市气温最低的地方。

2.3.1.2　月和季平均气温

天津月平均气温呈单峰型分布,峰值在7月,多年平均为26.5℃;谷值在1月,为－3.8℃。各月平均气温分布如图2.2所示。

天津四季冷暖分明,冬季是天津最寒冷的季节,全市平均气温为－1.9℃,各区县平均气温在－3.0(宝坻)～－0.8℃(市区)。季内3个月的平均气温基本上都在0℃以下,1月最冷,全市月平均气温为－3.8℃,各区县月平均气温在－2.5(市区)～－5.0(宝坻)℃。

全市春季平均气温为13.4℃,各区县平均气温在12.7(宁河、汉沽)～14.2℃(市区)。春季是全年中温差最大的季节,气温多变。全市3月平均气温为5.9℃,4月猛增至14.2℃,相差达8.3℃,是各月升幅之首。

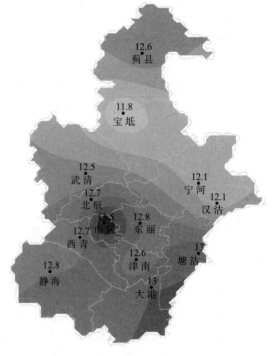

图2.1　1980—2009年天津年平均气温分布图(单位:℃)

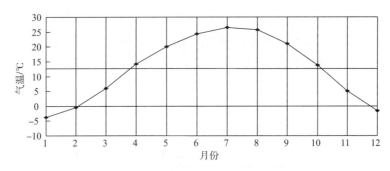

图 2.2 天津月平均气温分布图

夏季是天气最热的季节,全市季平均气温为 25.5℃,各区县季平均气温在 24.9(宝坻)~
26.2℃(市区),季内 3 个月月平均气温均在 24℃以上,7 月最高,全市月平均气温为 26.5℃,
各区县平均气温为 26.0(宝坻)~27.1℃(市区)。

秋季,冷气团开始活跃,气温逐渐降低。全市季平均气温为 13.3℃,各区县季平均气温为
12.1(宝坻)~14.3℃(塘沽)。气温下降最快的是 10—11 月。10 月全市平均气温为 13.8℃,
11 月迅速下降至 5.0℃,降幅达 8.8℃,是全年降温幅度最快的月份。

2.3.1.3 最高与最低气温

(1)极端最高气温、高温日数

由表 2.1 可见,天津各区县年极端最高气温在 39.7(汉沽)~41.7℃(蓟县),均出现在 20
世纪末或 21 世纪初,有 86%的年份出现在 6、7 月份,也偶见于 5 月或 8 月。极端最高气温无
明显的地域特点。极端最高气温的年际差异很大,以市区为例,2002 年极端最高气温高达
41℃,而 1956 年和 1993 年最高气温仅 34.5℃。

表 2.1 天津各区县极端最高气温及出现日期表(单位:℃)

	区县												
	蓟县	市区	武清	宝坻	东丽	西青	北辰	宁河	汉沽	静海	津南	塘沽	大港
温度	41.7	41	40.6	40.8	41.1	40.5	40.5	40	39.7	41.6	41.3	40.9	41.2
出现	1999.	2002.	2000.	1999.	2000.	2000.	2000.	2002.	2002.	2000.	2000.	1999.	2000.
时间	7.24	7.14	7.1	7.24	7.1	7.1	7.1	7.14	7.14	7.1	7.1	7.24	7.1

天津日最高气温大于 35℃的高温日数平均为 6 d,各区县高温日数在 2~10 d。南部和远
离海岸的中西部地区气温达到 35℃以上的日数较多,静海年平均高温日数达 10.4 d;东部塘
沽、汉沽及宁河 35℃以上的高温日数较少,汉沽年平均高温日数仅 2.2 d(见表 2.2 和图 2.3)。

表 2.2 天津各区县最高气温 35℃以上的日数表(单位:d)

	区县													平均
	蓟县	市区	武清	宝坻	东丽	西青	北辰	宁河	汉沽	静海	津南	塘沽	大港	
日数	6.1	7.4	7.2	5.4	6.3	7.2	8.1	2.8	2.2	10.4	6.1	3.4	6.0	6.1

每年的高温日数差异也很大,以天津市区为例,1951 年高温日数多达 30 d,1997 年和
2000 年高温日数为 22 d,而 1956、1957、1977、1980、1993、1995 年无高温日,最长连续高温日
数为 7 d(1997 年)。

（2）极端最低气温、严寒日数

由表 2.3 可见,天津各区县年极端最低气温为 −15.4(塘沽)～−23.3℃(宝坻),由于受海洋性气候的影响,沿海地区的极端最低气温相对较高,而地处北部低洼地区的宝坻气温最低。极端最低气温 60% 集中在 1 月份,27% 出现在 2 月份,有的年份也出现在 12 月。每年的极端最低气温存在很大差异,以市区为例,1966 年极端最低气温为 −17.8℃,而 1995 年极端最低气温仅为 −8.4℃,故每年冬季寒冷程度有很大不同。

表 2.3　天津各区县年极端最低气温及出现日期表(单位:℃)

	区县												
	蓟县	市区	武清	宝坻	东丽	西青	北辰	宁河	汉沽	静海	津南	塘沽	大港
温度	−20.3	−17.8	−19.9	−23.3	−17.0	−20.5	−18.8	−22.7	−20.7	−19.1	−21.7	−15.4	−19.4
出现	1969.	1966.	1966.	1966.	1966.	1966.	1966.	1990.	1990.	1966.	1985.	1953.	1990.
时间	2.24	2.22	2.22	2.22	2.22	2.22	2.22	1.31	1.31	2.22	1.7	1.17	1.31

表 2.4　天津各区县最低气温低于零下 10℃ 的日数表(单位:d)

	区县													平均
	蓟县	市区	武清	宝坻	东丽	西青	北辰	宁河	汉沽	静海	津南	塘沽	大港	
日数	16.6	5	14.8	27.3	10.7	13.5	15.3	19.0	19.4	12.8	11.5	5.5	7.8	13.8

全年日最低气温低于零下 10℃ 的严寒日数平均为 14 d,各区县在 5～27 d。受城市热岛的影响,市区严寒日数最少,其次是东部沿海的塘沽和大港地区,北部地区的宝坻严寒日数最多(见表 2.4 和图 2.4)。

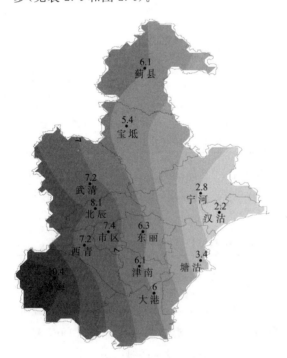

图 2.3　天津最高气温≥35℃高温日数
分布图(单位:d)

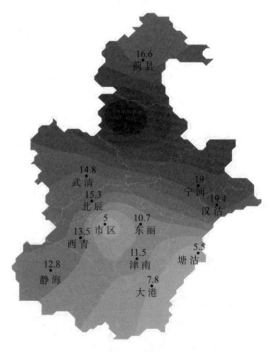

图 2.4　天津最低气温≤−10℃的严寒
日数分布图(单位:d)

2.3.2　降水

2.3.2.1　年降水量

1980—2009 年天津全市各区县平均降水量为 538 mm。由图 2.5 可见,各区县降水量在 508(西青)～618 mm(蓟县),蓟县年平均降水最多,达 618 mm,其次是宁河和宝坻,西青降水最少。沿海的汉沽、塘沽区雨量相对较多,津南、大港和静海降水量相对较少。

降水最多的是 1977 年,年降水量 909.7 mm;降水最少为 1968 年,年降水量 300.8 mm。区县间的平均最大较差 140 mm。蓟县 1978 年降水最多,年降水量达 1213.3 mm。东丽 1968 年降水最少,年降水量仅 194.9 mm。年平均降雨日数(日降水量≥0.1 mm)为 61～70 d。

2.3.2.2　月季降水量

天津月降水量分布基本呈单峰形,最高点是 7 月,最低点是 1 月,降水的多少与气温的高低基本同步,这种雨热同季的特点对农业生产非常有利。10 月至次年 5 月底,期间长达 8 个月,而总雨雪量仅占全年总量的 20%;6—9 月虽仅 4 个月,却集中了全年降水量的约 80%。

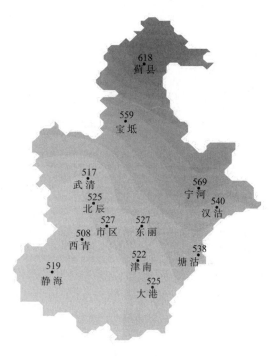

图 2.5　1980—2009 年天津
降水量分布图(单位:mm)

降水量夏季最多,冬季最少,秋季多于春季。以天津市区为例,春夏秋冬各季降水占全年总量百分率分别为 14%、67%、17%、2%。天津降水的集中性除了表现在年降水量主要集中在夏季之外,还表现在夏季降水又多集中于几场暴雨中。由于降水集中,强度较大,暴雨过后在排放沥水能力不足的地方容易造成局地涝灾。

2.3.2.3　降水日数

由表 2.5 可见,天津降雨量≥0.1 mm 的降水日数年平均为 64 d,各区县在 61(西青)～70 d(蓟县)之间,天津年雨日分布与年降水的分布基本一致,蓟县最多,西青最少。其中降雨量≥5 mm 的降水日数全市平均为 24 d;降雨量≥10 mm 的降水日数为 15 d;降雨量≥25 mm 的降水日数为 6 d;降雨量≥50 mm 的降水日数为 2 d。一日最大降水量为 353.5 mm,1978 年 7 月 25 日出现在蓟县。

表 2.5　天津各区县各级降水量日数(单位:d)和一日最大降水量及出现时间表

		区县												平均
		蓟县	市区	武清	宝坻	东丽	西青	北辰	宁河	汉沽	静海	津南	塘沽	大港	
各级降水量/mm	≥0.1	70	63	63	63	64	61	63	64	64	65	66	62	64	64
	≥5	27	24	23	25	24	23	24	24	24	23	23	23	23	24

续表

		区县													平均
		蓟县	市区	武清	宝坻	东丽	西青	北辰	宁河	汉沽	静海	津南	塘沽	大港	
各级降水量/mm	≥10	18	15	14	16	15	14	15	15	15	14	14	14	15	15
	≥25	6.8	5.6	5.7	6.4	5.5	5.2	5.6	6.2	6.2	5.9	5.8	5.8	5.1	5.8
	≥50	2.0	1.7	1.5	1.7	1.6	1.9	1.7	2.2	1.7	1.7	1.8	2.0	1.9	1.8
一日最大降水量/mm		354	158	265	304	200	305	264	207	321	245	140	192	171	354
出现时间		1978	1962	1984	1978	1975	1958	1958	1982	1975	1977	1975	1975	1987	1978

2.3.2.4　暴雨

天津暴雨多发期在夏季,尤其集中在 7 月下旬到 8 月上旬的 20 d 内。天津地区大部地势低平,雨水不易宣泄,暴雨后在低洼地区易形成积水,造成雨涝。由图 2.6 可见,天津的暴雨最早出现于 4 月 20 日(宁河 1987 年),最晚结束于 11 月 5 日(市区 1940 年)。天津各区县平均每年有 2 d 左右的暴雨日,东部沿海和北部山区是天津暴雨相对较多的地区。一年之中,暴雨日数最多可达 6 d(宁河 1984 年,蓟县 1996 年),但也有年份的部分区县无暴雨出现。

2.3.2.5　降雪

天津降雪初日多年平均一般出现在 11 月底至 12 月初,终日出现在 2 月下旬至 3 月初。近 30 年来,降雪最早出现在 1987 年 10 月 31 日,最晚出现在 1988 年 4 月 4 日。

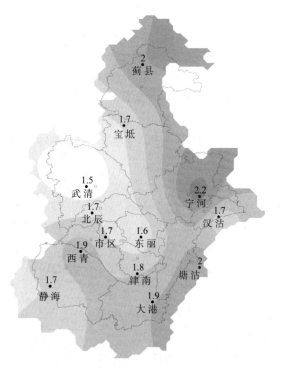

图 2.6　天津各区县 1980—2009 年
暴雨出现日数分布图(单位:d)

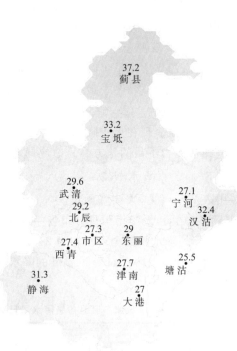

图 2.7　天津各区县 1980—2009 年雷暴
日数分布图(单位:d)

2.3.3　雷暴

图 2.7 可见,天津年平均雷暴日为 30 d,各区县平均雷暴日在 26～37 d,出现雷暴最多的是蓟县,最少是塘沽。北部山区雷暴日数最多,中东部地区较少。

雷暴的日变化不明显,全天任何时候都出现过,午后发生雷暴次数多一些,其中尤以 13 时最多。天津地区的初雷暴日一般在 4 月份,也有发生在更早的记录。终雷暴一般在 10 月份,最迟达 11 月份。

2.3.4　冰雹

如图 2.8 所示,天津多年平均雹日为 0.8～1.7 d,蓟县最多,武清和津南最少。冰雹主要出现在 3 月下旬至 10 月中旬。个别也有例外,如,蓟县 1985 年 10 月 30 日降雹。雹灾日数以 6、7 月份最多。初、终雹日期的年际差别很大,最早和最迟可差 80～100 d。

一天中降雹的概率在 14—20 时最大,可达 73%,其中 16 时达高峰。

多数情况冰雹一天只有 1 次,偶尔也有一天内几次降雹,如 1980 年 9 月 1 日,津南区曾先后 3 次降雹,全区 73% 的农田被毁。

海上与陆地冰雹的日变化情况有较大区别,白天冰雹云移入海面上空往往减弱或消失,夜间则有可能加强。

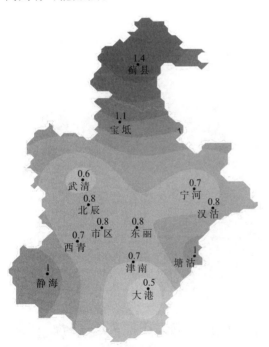

图 2.8　天津各区县 1980—2009 年冰雹
日数分布图(单位:d)

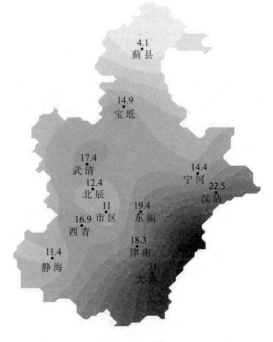

图 2.9　1980—2009 年天津平均大风日数
空间分布图(单位:d)

2.3.5　大风

2.3.5.1　大风的空间分布

由于各地地表热力和动力性质多有不同,且地面粗糙度有明显差异,天津大风分布的地区差异显著,总趋势为沿海多于内陆,平原多于山区。

统计表明(图2.9),天津地区大风的年平均日数为7～48 d,塘沽为多发中心,蓟县为少发中心。

每年大风日数存在很大的差异,塘沽区1966年大风日数多达78 d,而2008年仅2 d。而在大风出现较少的蓟县年最多大风日数仅37 d(1966年),1998、1999、2006年全年无大风日。

2.3.5.2　大风的季节分布

天津大风日数呈明显的季节特征,春季大风日数最多,占全年的39%,冬季次之,秋季、夏季大风依次减少。大风在各月的分布中,4月大风最多、8月最少。

2.3.6　雾

2.3.6.1　雾日数的空间分布

由图2.10可见,天津年雾日平均在12(蓟县)～29 d(静海),市区年雾日平均为14 d。天津多年年平均雾日数,东部和南部(如大港,津南,汉沽和静海)全年雾日数比市区和北部多。

2.3.6.2　雾日的季节变化

天津各季多年平均雾日数,以冬季为最多,秋季次之,春季最少。其中市区各季多年平均雾日为:春季0.9 d,夏季1.1 d,秋季5.4 d和冬季6.7 d,可见秋、冬季节为全年雾的多发季节。

2.3.6.3　雾的日变化

天津地区雾的日变化规律是多出现在清晨05—08时;日出后逐渐消散,其持续时间,短的几个小时,长的可达10多个小时,最长可超过24 h。冬雾持续时间最长,秋雾次之,夏雾持续时间最短。

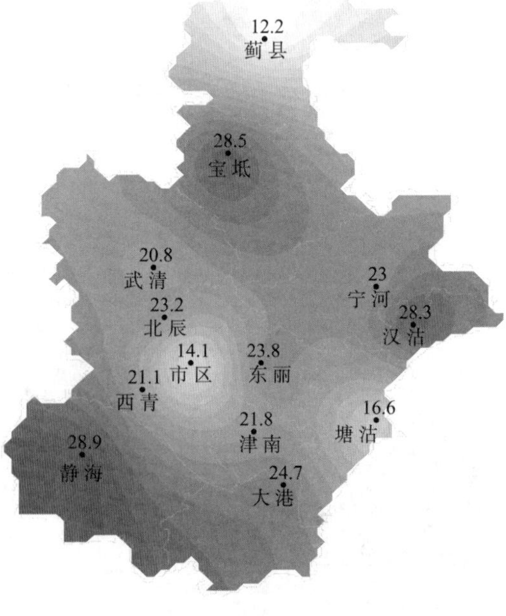

图2.10　1980—2009年天津平均雾日数空间分布图(单位:d)

2.4　主要灾害天气概述

天津一年四季都有气象灾害发生,春季少雨干旱,有大风、雾;春夏之交有冰雹、雷雨大风、局地暴雨;夏季暴雨洪涝、强对流、高温,秋季大风、风暴潮;冬季低温寒潮、暴雪、大风、沙尘暴等。

2.4.1　暴雨洪涝

天津位于季风气候区内,全年降水的 90％以上集中在 4—9 月的半年内,而且这些降水中的主要部分常常是由几次暴雨来完成。因此一年中暴雨的多少决定了当年旱涝灾害与供水的丰歉。

天津地区大部地势低平,雨水不易宣泄,暴雨后在低洼地区易形成积水,造成雨涝(或称内涝、沥涝),海河上游地区集中出现暴雨时,下泄的客水会形成洪涝。雨涝和洪涝都导致涝灾。

2.4.1.1　暴雨的时间分布

天津地区的雨季一般从 6 月下旬开始,到 8 月中旬基本结束。暴雨多出现在 6—8 月份。天津年平均暴雨日数为 1.9 d,最多的 2005 年出现 5 日;部分年份无暴雨日。有记录的暴雨最早出现在 4 月 20 日(1987 年)、最晚结束于 11 月 5 日(1968 年)。

从 1951 年至 2009 年天津全市范围出现涝灾最长连续 4 年,如 1953—1956 年。天津全境年降水最多的年份为 1977 年,达 909.7 mm。

2.4.1.2　暴雨洪涝灾造成的危害

(1)由于长期降雨或暴雨不能及时排入河道沟渠,造成城市积水,建筑设施被冲毁淹没,交通受阻,即形成城市洪涝灾害。

(2)洪水冲毁农作物,或使农作物受淹浸,粮食大量减产甚至绝收。另外,洪水带来的泥沙压毁作物,堆积在田间,使土质恶化,造成连续多年减产。

(3)洪水冲塌房屋,国家和市民财产受损。水灾使工厂和企事业的财产、设备被洪水淹没,乃至造成工厂停产等。

(4)洪水冲断铁路、公路,输电线路等造成设施破坏使运输中断。另外,还使运输、电力部门停止营业,造成损失。

另外,洪涝对生态环境也会造成影响,加重了土壤盐碱化;造成水土流失、冲毁林木、农田,水库淤积等。1963 年 8 月上旬,受西南涡、副高和低空东南急流的影响,在太行山东麓出现了长时间、大范围的特大暴雨,最大暴雨中心 7 d 降水量达 2050 mm,海河上游各河段洪水暴发,遍地行洪。上百亿立方米的洪水逼近天津外围,汇集于东淀、文安洼、贾口洼等洼淀。各洼淀水位高出天津 4 m,危及天津和津浦铁路的安全。8 月 12 日和 20 日洪水两次袭津,从 10 日开始全市先后有 17 万人同解放军部队一起坚守各河堤岸,昼夜加高、加固堤埝。这次洪水,全市因涝,农田受灾 135.1 万亩[①],成灾 123.8 万亩。静海县及北大港区损失较大。静海县被水围村庄 53 个,12027 户,55550 人。水进村 270 个,44643 户,200190 人。倒塌房屋 133230 间,水淹庄稼 85.7 万亩,为播种面积 110.1 万亩的 77.8％。北大港区为承泄团泊洼洪水入海,14 万亩耕地(其中稻田 10 万亩)、58 个村庄(人口 5 万人)全部被淹。

2.4.2　寒潮低温

寒潮低温是指北方强冷空气暴发南下侵袭天津,受其影响出现强烈降温,并伴有大风,常

---

①　1 亩≈666.67 m²。

出现降雪、冰冻、霜冻,从而造成对人民生活和生产的危害。

天津地区寒潮标准是指日最低气温在 24 h 内下降 7℃及以上,或 48 h 下降 9℃及以上,且日最低气温小于 5℃,即为寒潮。20 世纪天津的寒潮以 20 年代较重,50 年代、70 年代较轻。80 年代以来寒潮次数减少,但强度有所增加。90 年代后寒潮进一步减少。寒潮最早出现在10 月 10 日(2003 年);最晚结束在 4 月 23 日(1979 年)。11 月中旬和 4 月上旬是寒潮活动活跃期,寒潮活动影响范围较大,地理差异不很明显。

寒潮造成的城市气象灾害主要是寒潮带来的大风毁坏电力、通讯设施,带来的降温、降雪影响交通和由于气温的突降引起人们感冒和上呼吸道感染等疾病流行以及影响国际交往。

(1)影响农作物

初冬是天津寒潮的高发期,恰与秋菜的收获期重合,寒潮的暴发会使大白菜遭受严重冻害,不仅经济上遭受重大损失,也直接影响了市民生活。1979 年 11 月 16 日强寒潮,对大白菜造成严重冻害,南郊区大白菜原预计收获 8×10^7 kg,受冻后,损失 1.5×10^7 kg,占总产量的20%～25%。不仅使大白菜遭受严重冻害,影响了后冬和早春市场供应,并导致市场御寒商品严重脱销。

(2)影响城市交通、供暖、供电

寒潮活动中出现的降温、大风、降水可使交通、电信中断。

(3)影响港口安全生产、海上航运和作业安全

寒潮活动中出现的降温、海上大风严重影响港口安全生产、海上航运和作业安全。

(4)影响身体健康

寒潮天气会导致感冒、支气管等病人增加。

(5)影响环境

伴随寒潮出现的扬沙、浮尘等天气影响城市大气环境。

2.4.3　大风

2.4.3.1　大风时空分布

天津大风的季节特征明显:春季大风日最多,占全年的 30%以上;冬季次之;秋季、夏季大风依次减少。各月中一般 4 月大风最常出现,8 月大风最少。

大风类型分为:冬半年强冷空气活动的偏北大风,主要出现在 9 月至次年 4 月,占全年大风日数的 80%;夏季伴随强对流天气发生的短时大风,持续时间短,破坏力强。

由于各地的地表面热力和动力性质多有不同,且地面粗糙程度有明显区别,所以天津大风分布的地区差异显著,沿海多于内陆,平原多于山区。塘沽大风日最多,蓟县最少。

2.4.3.2　大风造成的灾害

(1)破坏建筑、设施,造成人员伤亡、财产损失。大风及其在城市中产生的"狭管效应",常刮坏房屋、窗户玻璃、广告牌、大树、高压线杆,妨碍室外和高空作业等。如 1992 年 7 月 21 日受大风影响,天津当时唯一的一条 50 万伏超高压输电线铁塔倒伏,全线停止运行,致使全市每日的缺电量增加 40 万千瓦,经全力抢修,8～9 天后才全部修复供电,除直接损失外还间接造成重大经济损失。

(2)影响海上、陆地交通运输安全。1989 年 11 月渤海 2 号石油钻井平台在作业移动中遭

大风海浪袭击而沉没在渤海中部,造成 72 人遇难;2003 年 10 月 10—11 日,贝湖强冷空气东移南下,与地面西南倒槽共同影响,造成塘沽地面东北大风达 24.6 m/s。海上平台测得最大瞬时风力达 40 m/s,且在海上维持了 20 多小时的 10～11 级偏东大风,强劲的海上大风使得部分船只互相碰撞、损毁,养殖业、盐业均受到巨大影响,共造成上亿元损失,同时在渤海西部海面因为大风天气还发生了两艘沉船事故,造成多人伤亡。

(3)引发火灾等次生气象灾害。大风天城市火险增加,并易造成"火烧连营"。如 1997 年 3 月 29 日大风时天津共接火警 53 起,出动消防车百余部,消防员千余人次。

(4)影响空气环境质量:大风吹起沙尘、扬沙、沙尘暴、污染物,使空气质量恶化,影响市民外出行动和身体健康等。

2.4.4　高温

天津地区高温一般出现在 5—9 月,且以 6、7 月为多。夏季高温日数一般以 35℃ 以上的天数来衡量。据统计,全市高温日数分布为东南部的高温日数多于西北部,蓟县和沿海地区夏季高温日较少。从 20 世纪 90 年代开始天津高温日数普遍增加,平均每年增加 2.7 d。全市夏季极端最高气温为 41.7℃,出现在蓟县(1999 年 7 月 24 日)。

以日最高气温≥35℃ 作为高温酷热天气的标准。城市由于"热岛效应"的增温作用使得城区的平均气温比郊区高 2～3℃,最大的甚至可比郊区高 5～8℃。因此城区比郊区更加闷热难忍。其危害主要有以下几个方面:

(1)高温闷热天气不仅会使与热有关的各种疾病的发病率和死亡率增高,而且还会影响人的思维活动和生理机能,容易使人疲劳、烦躁和发怒,各种事故相对增多,影响人的活动能力,工作能力。如:2000 年津城夏季热浪滚滚,气温异常偏高,尤其是 6 月和 7 月,多项气温要素破历史纪录。日极端最高气温除汉沽、宁河外,其余各地均在 40.0℃ 以上,静海最高,达 41.6℃,各大医院急症患者剧增,病人多为中暑,部分为高温闷热而诱发心脑血管病的中老年患者,或者因冷食过量及饮食不卫生而导致的肠道疾病患者。

(2)由于高温,许多工厂不得不减产。很多类型的工作节奏放慢,效率降低。企业、机关、科研部门、学校也都受其影响。

(3)高温闷热天气会使城市用水量和用电量急剧增加,使本来就缺水的城市用水倍加紧张。高温给供电、供水,医疗急救等带来压力,对城市设施、社会服务系统等都是严峻考验。

(4)高温高湿对粮食贮藏、食品、物资的贮运也带来危害;加重许多商品、药品霉变的损失。当气温高于 30℃ 时,某些易燃的化学物品如保存不当就易自燃,引发城市火灾。

2.4.5　强对流

强对流天气是指出现短时强降水、雷雨大风、龙卷风、冰雹和飑线等现象的灾害性天气,它发生在对流云系或单体对流云块中,在气象上属于中小尺度天气系统。

2.4.5.1　强对流天气的特点

(1)发生时间集中:天津的强对流天气一般 5 月开始出现,至 9 月以后逐渐减少。

(2)强度大、破坏性强:具有垂直方向速度大、突发性强、破坏力大的特点,一些过程的瞬时风速达 10 级或以上。

(3)出现频繁,水平尺度小,生命史短:强对流天气是天津各种自然灾害中出现次数最多的一种灾害性天气,大风、雷暴、冰雹、短时暴雨和飑线出现均较频繁,全市可出现持续多日强雷暴天气。强对流天气的水平尺度小,一般小于 200 km,有的仅几千米,生命史短,一般仅几小时。

(4)强对流天气的日变化明显,但有较显著的地区差异。例如,冰雹多见于午后和傍晚,且多与大风、雷暴相伴出现。

2.4.5.2 强对流造成的灾害

强对流天气具有突发性强、强度大、持续时间短的特点。其破坏力极大,影响波及农业、工业、电力、通讯、城市建设、航空、交通运输等各行各业,并危及人民的生命财产安全。2005 年 8 月 16 日塘沽区出现短时雷雨大风天气同时伴有冰雹,极大风速为 19.7 m/s,造成港埠二公司 3 台大型吊车出轨碰撞损坏,2 艘轮船因缆绳断裂相撞船舷损坏,经济损失严重。

2.4.6 雾

气象上把水平能见度小于 10000 m 的叫轻雾,水平能见度小于 1000 m 叫雾。雾是天津较为常见的灾害性天气之一,它具有出现概率高、发生范围广、危害程度大等特点。

雾是一种以影响能见度为基本特征的天气现象,对各行各业都有直接或间接的影响,而以对供电系统和交通运输部门危害为甚。

(1)对供电系统的危害

浓雾或重雾中由于空气湿度大,且含有较多的污物质,结露在输变电设备的表层,致使该设备绝缘能力迅速下降,当超过其抗污能力时,就会出现停电、断电故障,影响工农业和其他生产以及人们生活用电,造成严重经济损失和政治影响。例如:1990 年 2 月京津唐电网因华北地区出现几次雾,高压线路发生了大面积污闪,电网断电。

(2)雾对海陆交通及航空部门的危害

雾天因能见度差,交通、航空受其影响很大。如:2002 年 11 月 24 日夜至 25 日晨出现雾,24 日 20 时开始出现强浓雾,能见度仅为 50 m 左右。由于强浓雾,从天津出港或进港的航班均被迫延误,高速公路关闭,天津港口上百艘船只滞留锚地无法进港,经济损失严重。

(3)对其他部门的影响

雾影响微波及卫星通信,使其信号锐减、杂音增大、通信质量下降。

(4)影响空气质量

雾出现时,由于低空层结稳定,工厂、汽车、居民等排放的烟尘中有害物质滞留在近地面而不能向高空辐散,使环境污染更加严重,直接影响人们的身体健康。雾使空气质量下降,雾带来很多疾病。

2.4.7 沙尘暴

沙尘暴是沙暴和尘暴两者兼有的总称,是指强风将地面大量沙尘卷入空中,使空气特别混浊,水平能见度小于 1000 m 的灾害性天气。当其局部区域能见度在 50～200 m 时,则称为强沙尘暴,如果水平能见度在 1000 m 至 10000 m 之间则称扬沙。现在通常将沙尘暴、扬沙、浮尘天气统称为沙尘天气。沙尘天气是干旱和土地荒漠化的表现,与强冷空气有关。

天津沙尘天气主要集中出现在春季,尤以 3—4 月出现的频数最高。

天津的沙尘暴天气大多是受中国西北或偏北地区沙尘暴天气过程影响所致,蒙古高原和黄土高原是天津的沙尘天气的主要来源。每次沙尘暴过程影响的范围不尽相同,少则一个区或县,多则全市范围。由于市区及中南部地区地势平坦,植被稀疏,春季沙尘天气相对较多;北部地区山区气候显著,林区覆盖面广,山区树林层叠,降低了风速,其沙尘天气明显偏少。东部地区东临渤海,气候相对潮湿,其沙尘天气也比较少。

2.4.7.1　影响天津地区沙尘暴的源地和路径

据研究,升空的沙尘微粒因自身的重力作用在移动的过程中不断沉降、扩散,直径为0.1 mm的尘粒在空中只能停留几分钟到几小时。因此,随着大风区的移动,如果没有沿途不断地起沙补充,那么离开初始沙尘源越远的地方,大气中含沙尘微粒越少。由此可见,天津地区出现扬沙或沙尘暴天气主要来自邻近周边地区乃至本地的沙尘。

影响天津的沙尘天气主要有三条传输路径(图 2.11):第一条为西北偏北路径;第二条为西北路径;第三条为偏西路径。沿途经过地区主要是蒙古国中部、戈壁、黄土高原,以及内蒙古中东部及河北北部地区。

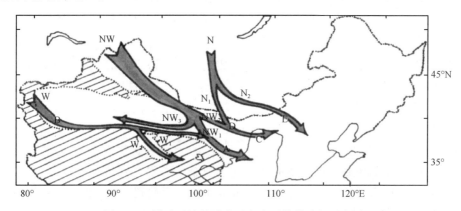

图 2.11　影响天津的沙尘天气主要传输路径示意图

2.4.7.2　影响危害

出现沙尘天气时能见度很低,首先使得能见度降低给海陆空交通运输带来影响,视程下降、时速降低,甚至导致各种交通事故发生;其次是对大气环境造成大范围的污染,降尘量明显增加给对环境条件要求较高的行业和部门(例如精密仪器、精密化工等)带来影响。

出现沙尘天气时,空气中充满了微细的沙粒,可吸入颗粒物严重超标,空气质量恶化,尤其是天津主要的污染物也就是可吸入颗粒物。这种天气对呼吸道病人非常不利。

2.4.8　风暴潮

风暴潮指由强烈大气扰动,如热带气旋(台风、飓风)、温带气旋等,引起的海面异常升高,使其影响的海区的潮位大大地超过平常潮位的现象。天津海岸线长达 153 km,一旦风暴潮灾害发生则灾情甚重。

(1)1985 年 8 月 16—20 日受 8509 号台风登陆影响,江苏、山东、辽宁沿海,天津全部受灾。天津塘沽:台风自黄县入海后,使渤海海水上涨,天津港最高潮位达 5.28 m。数小时后淹没东沽一带,东沽被淹,水深普遍在 1 m 以上,塘沽盐场防潮堤全线漫水,造成房屋倒塌、港口停止运输等,使塘沽地区直接经济损失达 7000 余万元。

(2)1992年9月1日发生的由热带气旋引起的风暴潮,天津港最高潮位达到5.87 m,是有记录以来的最高潮位。加之风浪作用,天津港口码头上水接近1 m,致使生产停顿,货物被淹,沿海的养殖物外溢,海产品流失。1992年的风暴潮造成了沿海多数工业企业和水产养殖业的多达4亿元的巨大损失。

(3)1997年8月19日至20日,受11号台风和冷空气的影响,天津遭到风暴潮袭击,塘沽地区最高潮位达5.46 m,当时伴有8~9级大风,阵风达11级,塘沽、大港、汉沽三区决口4处,造成直接经济损失1.24亿元。

(4)2003年10月11日受冷空气和暖湿气流的共同影响,塘沽地区最高潮位达到5.33 m。天文大潮伴随11级狂风形成的风暴潮突袭天津沿海,历时8 h,导致港口、油田、渔业等直接经济损失1.11亿元。

2.4.8.1　风暴潮发生的季节

从1911年以后,风暴潮的记载时间比较明确,据统计天津风暴潮主要出现在8—10月,尤以8、10月最多,风暴潮最早发生在2月(2010年),最迟发生在11月(1993年)。

2.4.8.2　影响与危害

随着经济开发和建设的规模扩大,风暴潮灾害造成的经济损失的数额也随之增加。20世纪70年代只是造成淹没大片盐田和农田,并造成土地盐碱化的损失。80年代就造成了淹没东沽一带,东沽被淹水深普遍1 m以上,塘沽盐场防潮堤全线漫水,造成房屋倒塌、港口停止运输等,使塘沽地区直接经济损失达7000余万元。到了90年代以后造成的经济损失更大,整个天津沿海受到威胁,港口码头上水接近1 m,致使生产停顿,货物被淹,沿海的养殖物外溢,海产品流失。1992年的风暴潮造成了沿海多数工业企业和水产养殖业的多达4亿元的巨大损失。2003年发生的风暴潮,虽然天津139 km的海挡工程起到了巨大的防护作用,但直接经济损失仍达到了1.13亿元。

2.4.9　干旱

旱灾是指城市生活、工业生产因供水不足而影响正常生活、导致工业减产,以及因土壤水分不足和水源短缺以致农业减产等灾害的总称。旱灾是天津发生最频繁、波及最大、持续时间最长的一种自然灾害,干旱灾害对城市政治、经济造成的影响和损失难以估量。

天津地区干旱灾害突出,地区差异明显,天津地区北部有燕山横亘,西部和南部与河北平原接壤,东部面临渤海,导致旱、涝灾害明显的地区差异。北部地区为多雨区,西部和南部地区为少雨区,由于地形影响,多雨区常因山洪暴发而成灾,少雨区则因雨少而更加干旱缺水。天津有"十年九旱"之说,天津年平均降水量为538 mm,一般能够满足农业的需求,但由于降水年际变率大,因此不乏干旱年份和严重干旱年份。同时,天津的降水主要集中在夏季,一般年份,从秋季经冬季到春季,降水都较少,所以有"十年九旱"之说。即使在全年雨量较多的年份,也常有冬春连旱现象发生,影响小麦生长和春播农作物的播种。天津地区干旱年份常常同时出现高温天气。2000年天津出现的干旱程度为新中国成立以来所罕见,城市严重缺水,天津出现了1932年以来最热的夏天,多项气温要素破历史同期纪录。

从1951年到2009年的近60年间,天津干旱灾害呈明显加重趋势,这与华北降水普遍减少有关。天津降水也呈减少趋势,再加之上游来水减少,旱情更显严重,以致农田受旱面积增长,远甚于天津本地降水的减少,受灾达 350 万亩以上,严重干旱年份分别为 1972、1983、1992、1997、1999 和 2000 年,大多发生在 1990 年以后。

影响与危害:

(1)干旱缺水对社会经济的影响

干旱缺水使工业产量、质量下降,影响城市生活,造成农业减产,影响农村经济的发展。

(2)干旱缺水对生态环境的影响

长期的干旱缺水破坏了区域水循环和水量平衡,使生态环境日趋恶化,而这些又使干旱缺水进一步加重。干旱缺水对天津地区生态环境的影响是多方面的。一是地下水位普遍下降,降落漏斗区面积扩大,为了抗旱,地下水过量开采,水位普遍下降。二是河、泉水衰竭:由于枯水年降水量减少,补给地下水量就减少,导致河、泉水枯竭。三是土地沙化,易出现浮尘、扬沙和沙尘暴:由于气候干旱和对土地的不合理开发,以及对植被的破坏,促成了土地沙化。而连续的干旱,更增加了对土壤沙化治理的难度。

参考文献

包澄澜.1991.海洋灾害及预报.北京:海洋出版社

天津市气候服务中心.1999.天津城市气候.北京:气象出版社

辛宝恒.1991.黄海渤海大风概论.北京:气象出版社

第3章　天津主要影响天气系统及其特征

3.1　概述

任何天气的出现,尤其是暴雨、大雪、大风、台风、强对流天气、高温、雾等灾害性天气的发生都与天气系统有关。它们之间是密不可分、紧密相连的,可以说,任何天气都是由不同尺度的天气系统造成的。各类天气预报都要从分析天气系统出发,建立预报思路、提高预报水平。以下介绍的是与华北灾害性天气关系密切的一些天气系统,对以下天气系统的认识掌握是预报员进行天气预报分析的重要手段和途径。

3.2　低涡

高空低涡是天津夏季强对流天气和暴雨的主要影响天气系统。影响天津的低涡类天气系统主要包括蒙古冷涡、西南低涡、东北冷涡和西北涡等四类。

3.2.1　蒙古冷涡

3.2.1.1　概况

蒙古冷涡(图3.1)是高空发生在蒙古国中东部的西风带冷性低涡,从春末到秋初都会出现,而以夏季,尤其初夏为多,且影响严重。蒙古冷涡是影响天津最主要的强对流天气影响系统,常造成午后到傍晚时间的雷雨大风天气,同时经常伴有降雹,且多强冰雹。初夏时节天津降雹天气有将近一半为蒙古冷涡影响所造成。它对天津的影响程度和范围主要决定于冷涡的位置、强度和移向。通常以向东南方向移动的蒙古冷涡对天津影响最大,但是如果冷涡的位置偏南(40°N以南),则向东移的过程中对天津影响也大。有时冷涡产生后24 h就可影响到天津,有时冷涡移动缓慢或停滞少动,则可造成天津连续数日的冷涡天气。所以提前预报出冷涡的发展和移动很重要。

蒙古冷涡的天气主要出现在冷涡的东南方。蒙古冷涡带来的天气特点为日变化明显,强对流一般发生在午后到傍晚(即动力条件加热力条件),而东部地区以夜间为主。另外还有时间短、强度大、局部性明显等特点,且可能持续数日;降水分布不均匀,个别地点降水量可达暴雨程度。

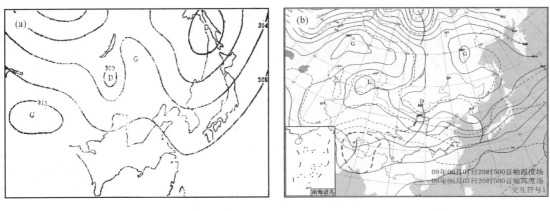

图 3.1　蒙古冷涡天气形势图(a)和 2009 年 6 月 7 日 20 时 500 hPa 形势图(b)

3.2.1.2　预报分析要点

蒙古冷涡常形成于亚洲高空经向阻塞形势下,常见的有贝加尔湖阻塞、西西伯利亚阻塞和鄂霍茨克阻塞高压,而以贝加尔湖阻塞高压为多。常见的蒙古冷涡的形成为西风槽加深切断,其形成过程如图 3.2 所示。冷涡的生成在于西风槽内冷空气被"切断"出来,预报时要注意槽后北部有暖平流切入,南部有较强的冷平流存在,即要求一个较深的冷舌稍落后在槽线后方。

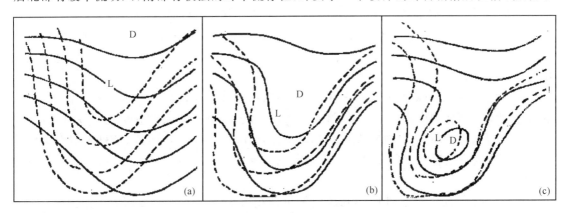

图 3.2　蒙古冷涡的形成过程示意图

冷涡的移向受周围系统的影响较大,特别是受两旁高压脊区气流的牵引所决定。当西边的脊加强从南向北伸展时,冷涡向东南移;从西向东北伸展时,则向西南或南移,当东边脊从南向北伸展时,冷涡向东北或东北偏东方向移。若东边脊并入鄂霍茨克海高压,合并后的脊线呈南东南—北西北走向,则冷涡常有打转现象。

3.2.2　西南低涡

3.2.2.1　概况

西南涡(图 3.3)是指低空 700 hPa 或 850 hPa 上,在川西 27°N～33°N、99°E～105°E 形成和发展,并向东北方向移动的低涡,降水主要发生在低涡移动路径的前方。西南涡是天津重要的暴雨影响系统之一,常在夏季影响天津,造成大范围的暴雨天气。

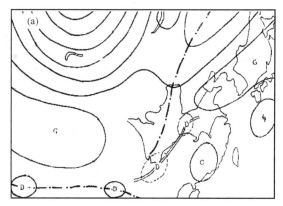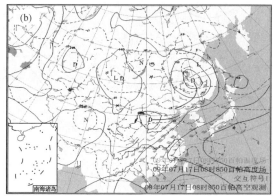

图 3.3　典型西南涡形势图(a)和 2009 年 7 月 17 日西南涡个例图(b)

3.2.2.2　预报分析要点

影响天津暴雨的西南涡大体上分为三种类型：

(1)西风带在亚洲基本为纬向环流,西太平洋副高西伸到中国东南大陆,脊线在 26°N 附近。在中国东北经华北伸向四川有东北—西南向低槽,西南涡随低槽向东北东—东北方向移动。通常在暴雨前期的较长时间内,低空偏南急流带已相当明显,一般在 700 hPa 上黔东南经湘西、鄂西到豫中一带附近。该急流带随西南涡向东北移动而东移,并向北发展。

影响特点：影响时间主要在初夏；高空 500 hPa 上西太平洋副高一般西伸到中国东南大陆,脊线在 26°N 附近,西南涡一般沿副高西北侧向东北方向移动；常与低空偏南急流配合。

(2)西风带在亚洲基本上为经向环流,贝加尔湖东部有暖高压脊与西太平洋副高叠加,西太平洋副高西伸到中国东南大陆,脊线在 26°N 附近。西风带有明显的低槽东移,常从巴湖大槽分裂低槽,越过青藏高原北部到达河套西部 100°E～105°E 附近,低槽牵引西南涡向东北—北东北方向移动。很多情况下在地面图上有黄河气旋发生发展,与西南涡共同影响天津。

影响特点：与第一类型相似,其影响时间也是在初夏,高空 500 hPa 西太平洋副高西伸到中国东南大陆,脊线也在 26°N 附近,西南涡沿副高西北侧向东北方向移动,常与低空急流配合。与第一类型的区别在于,通常在暴雨前期较长时间内,没有形成明显的低空偏南急流带,在 700 hPa 上仅表现为在黔东南到湘西一带附近少数偏南风急流核,在随低涡向东北移动过程中迅速发展为偏南风急流带并东移向北发展,而且通常情况下,低空偏南急流随高度是西倾的。

(3)稳定经向阻塞环流,副高很偏北,热带辐合带北抬,西南涡从副高西南侧向东北—偏北方向移动。这是一种出现在盛夏的特殊西南涡活动,可能造成特大暴雨。这是影响天津暴雨天气很重要的一型。

影响特点：环流稳定,中高纬度经向度大,欧洲高压脊下游的乌拉尔山以东大槽深,贝加尔湖阻塞强,西太平洋副高常达最北位置,脊线在 35°N 附近,中心在日本海附近,青藏高压稳定少动；热带辐合带常在 15°N～20°N,海上有台风活动,另外在 105°E～110°E 有深槽(见图 3.4)。贝加尔湖阻塞高压在 110°E 附近形成阻塞形势,从稳定的乌拉尔山以东大低槽中不断分裂出低槽来,由于气流分支,冷空气可以到达华北和黄淮地区。另外,冷空气也以超极地路径从东北流入华北。这种冷空气较弱,地面冷锋弱,但对降水加强起明显作用。海上有高压,位于日本海附近上空,常达 35°N～40°N,由于东部大洋中部槽加深,南侧有台风北上,使日本海高压稳定少动,对西来槽起阻挡作用,使低槽在 110°E 附近不断加深。这种深槽与低空南北向切变线可引导西南涡北上,低空急流明显,尤其是偏南急流。副高南侧的偏东急流也很明显。

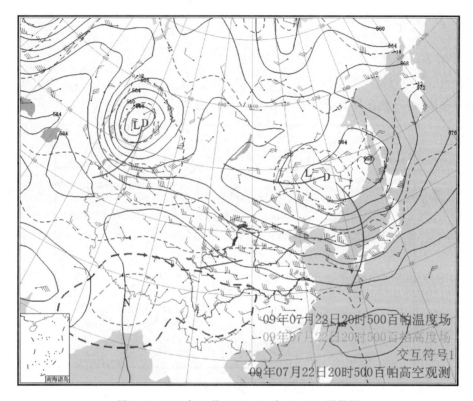

图 3.4　2009 年 7 月 22 日 20 时 500 hPa 形势图

3.2.3　东北冷涡(后部横槽)

3.2.3.1　概况

高空三层(500 hPa、700 hPa、850 hPa)在东北地区有一个低涡,从低涡伸出的横槽在 44°N 附近,见图 3.4。500～850 hPa 在河套以东有切变线,850 hPa～700 hPa 在渤海湾的切变线明显前倾,地面有气旋环流与其配合;850 hPa 在北京地区有气旋式环流,天津上空有西南—东北向的暖舌,恰好与东北冷涡横槽后部带来的冷空气在天津叠加;地面在渤海湾地区有偏北风和偏南风的切变线。随东北低涡的旋转,冷空气沿渤海西海岸向南渗透,触发华北东部地区暖湿空气对流,产生大暴雨天气。

3.2.3.2　预报分析要点

(1)强对流风暴一般产生在东北冷涡西南侧的中尺度对流系统(MCS)当中,天津地区高空正涡度平流带来的强冷空气入侵与低空暖平流相配合,增加了位势不稳定,容易诱发强对流风暴。

(2)天津存在水汽通量的辐合,为强对流天气的发生发展提供必要的水汽条件。

(3)天津处于 200 hPa 高空急流大风核的左前侧,有正涡度平流,高空辐散,有利于上升运动,为强对流风暴的产生提供有利的动力触发条件。

(4)地面可观测到强对流风暴过境时出现的气压涌升、温度剧降、风速急增、相对湿度急升等飑线过境现象。气象要素最先变化是风向突变,由南风转为北风,然后紧接着大风出现,气压开始上升,风速出现极大值以后,气压达到最高值,强降水在大风之后出现。

3.2.4　西北涡

3.2.4.1　概况

西北涡(图 3.5)是指低空特别是在 700 hPa 图上,在青海附近的低涡,常为由柴达木盆地的低涡东移形成,一般在夏季影响华北地区,对天津也造成一定影响。

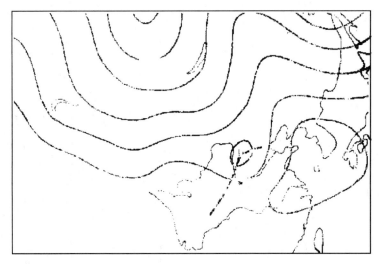

图 3.5　典型西北涡形势图

3.2.4.2　预报分析要点

西北涡形势特征主要是东高西低,乌拉尔山是长波脊,贝加尔湖以西是低槽,贝加尔湖以东 120°E 附近为高压脊,华北东部地区受高压脊控制(见图 3.5)。该形势的建立在于华北东部、东北部高压脊的建立和稳定。过程前期,高压脊在贝加尔湖以西,环流形势是移动性的,当高压脊东移到 120°E 附近时,如下游槽加深,可使高压脊稳定在华北地区。脊后低槽受阻,北段移走,南段残留在江淮或山东半岛一带,构成东西向的切变线。由于高压脊和副高同相叠加,使副高北抬西进,暖切变也北抬;另一方面从西北大低槽分裂出的低槽东移时,原暖性切变线西端与之相衔接,构成人字型低涡切变线,可把西北涡带出,且常有较强的西南气流配合,槽后冷平流和槽前暖平流强,在地面多有黄河气旋和华北气旋生成和发展、东移。

3.3　高空槽(西来槽、横槽转竖)

3.3.1　概况

影响天津的高空槽系统主要分西来槽、横槽转竖两种。

西风带槽脊可以看成是叠加在西风气流上的波动,波谷对应着高空低压槽(高空槽),波峰对应着高空高压脊(高空脊),高空槽脊一般相伴出现,由于高空槽脊处于西风带中,多为自西向东移动,称为西来槽。将槽线以东称为槽前,槽线以西称为槽后,脊线以东称为脊前,脊线以西称为脊后,槽线是低压槽中等高线曲率最大点的连线。

横槽是近乎东西走向的低压槽,横槽转竖的时间和强度取决于横槽后堆积的冷中心和冷平流的强度。

3.3.2　预报分析要点

西来槽一年四季均可出现,高空槽前一般吹西南风,这种风能把孟加拉湾和印度洋上空的暖湿空气输送到中国中纬度地区,为形成云雨创造了条件。而高空槽后(即高压脊前)一般吹西北风,地面是一个高气压区,天气由阴转晴。例如,2010 年 8 月 7 日受高空槽影响,天津出现夜间普降小雨、局部大雨的天气过程(图 3.6)

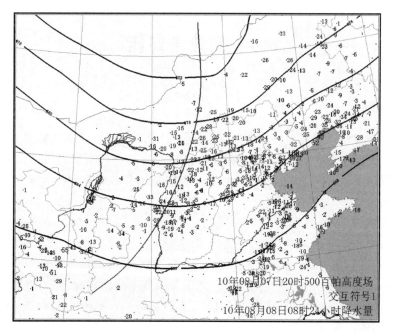

图 3.6　高空槽前降雨综合图

在横槽形势下,夏半年天津地区多短时强降雨、冰雹、雷雨大风等强对流天气。冬半年,横槽的形成过程多与阻塞高压建立相伴出现。槽后偏北气流,常堆积大量冷空气,当横槽转竖时,常导致冷空气南下,造成偏北大风和强降温天气。例如,2009 年 7 月 22 日受高空横槽影响,全市白天到夜间出现普降暴雨、局部大暴雨的过程,区县气象观测站中最大雨量出现在东丽,为 118.5 mm(图 3.7)。

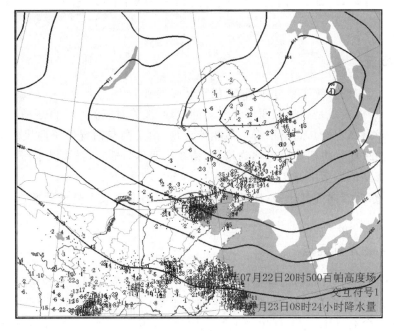

图 3.7　横槽下摆造成短时强降雨、冰雹、雷雨大风等强对流天气和局地暴雨综合图

3.4　副热带高压

3.4.1　概况

目前按惯例通常将出现在对流层中下层的位于大洋上的暖高压称为副热带高压(简称副高),影响中国的副热带高压,是西太平洋副热带高压。副高脊线是指西太平洋副热带高压内东、西风的分界线,中国常用 500 hPa 等压面上 120°E 副高脊线所处的纬度来表示副高的位置及其南北移动情况。

副高内的天气,由于盛行下沉气流,以晴朗、少云、微风、炎热为主。高压的西北部和北部边缘,因与西风带交界,受西风带锋面、气旋活动的影响,上升运动强烈,水汽也较丰富,多阴雨天气,如果配合有低空切变、低空急流,还可造成雷雨、暴雨甚至大暴雨天气。高压南侧是东风气流,晴朗少云,低层湿度大、闷热。但当有台风热带天气系统活动时,可能产生大范围暴雨带和中小尺度的雷阵雨及大风天气。例如,2010 年 8 月 20 日夜间至 22 日白天,全市出现大到暴雨、局部大暴雨的过程(图 3.8)。

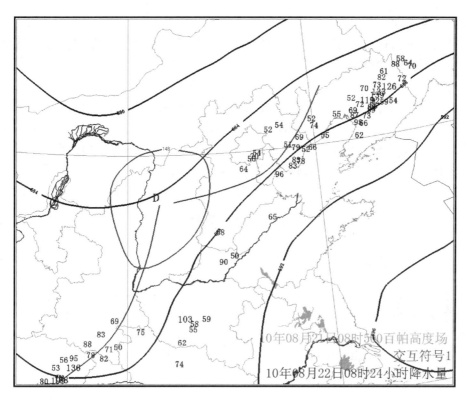

图 3.8　副高西北部和北部边缘与西来槽、低空切变、低空急流配合造成雷雨、
冰雹、暴雨局部大暴雨综合图

3.4.2　预报分析要点

影响天津的副热带高压有两种类型：

（1）纬向型（东西向型带状副高）

当纬向型东西向带状副热带高压脊线在 30°N 上下摆动时，其副高中心大致位于日本海附近。588 线西南侧控制长江中下游地区，西风带急流位于 40°N～45°N，这标志着天津盛汛期的到来。

当纬向型副热带高压脊线稍偏南时，如果西风带河套地区有高压脊东移，与副高西北侧结合（表现为 24 h 正变高），则促使副高脊线北抬，有利于副高后部的西南急流向北输送。

东西向带状副热带高压一般形势比较稳定，降水会在一段时期持续，当西风槽东移时天津都会带来明显的降水，如果在西风槽带动下，低空有低涡和暖性切变向东北移动，地面倒槽发展或者有气旋形成，则会造成大到暴雨天气过程，此类过程以七月中旬到八月中旬居多。

纬向型副热带高压脊线如果≥35°N，西来槽东移，主要强降水偏北，则是大雨以上消空指标，如转竖横槽南压，则对降水非常有利。

（2）经向型（南北向型块状、带状副高）

这类副高呈南北向或南东南—北西北向，一般位于海上，在 120°E～130°E，东海、黄海、渤海和日本海范围内，其中心在 35°N～40°N。当西风带蒙古有暖高压脊东移与副高西侧合并，会进一步加强，其经向度再度加大，形成稳定少动的南北向高压坝，这种类型往往发生在"七下八上",是副高最盛期。

当西部有弱低槽东移时,往往东移受副高阻挡,雨带和低槽往北收缩,使得降水偏北,对天津影响不大(也包括渤海高压环流)。

当西部有明显低槽东移,且河套低槽较深时(关键区:110°E～115°E,35°N～45°N)在东移过程中,其速度明显放慢,这是在预报中要考虑的。此类形势表现为南风急流、东南急流明显加强,使得南海及以东海洋的暖湿气流源源不断向华北东部及天津输送,如果在35°N附近有暖切变北抬,或者有西南涡移出,天津市将有大暴雨产生(见图3.8);经向型南北型高压坝在强西风带东移后,北部会减弱消退,而西部会停留,西伸。

3.5　切变线

3.5.1　概况

切变线是指低空(850 hPa、700 hPa等压面上)风场出现气旋式切变(风向逆时针旋转)的不连续线,切变线附近的水平气压场的气压梯度较小,有时分析不出等高线,但在风场上却表现出明显的气旋性变化。根据风场的切变形式又可以分为以下三种:冷锋式切变线、暖锋式切变线、准静止式切变线。

3.5.2　预报分析要点

天津一般出现暖锋式和冷锋式两种切变形式。不同性质的切变线,降水形式不同。其中暖式切变近似于暖锋降水,为连续云层的降水、降雨持续时间长、雨强变化平稳,而冷式切变降水形式与冷锋降水很相近,表现为明显的阵性、降雨强度变化大。在切变线附近,气流辐合上升,多阴雨天气。如果切变线前有低空急流配合又处于副高的西北边缘,还可造成雷雨大风、短时强降水等强对流和暴雨甚至大暴雨天气。切变线常与地面静止锋或冷锋相配合,其降水区一般发生在700 hPa切变线与地面锋线之间。

3.6　高低空急流

3.6.1　概况

急流是大气环流中在风场上的一个重要现象。在中高纬西风带内或在低纬度地区都会出现急流。不仅有高空急流,而且有低空急流。

高空急流是指出现在对流层顶附近或平流层中的一股强而窄的气流。一般指风速大于或等于30 m/s的强风带。在这股强气流中,风速的水平切变量级为每100 km 5 m/s。垂直切变为每千米5～10 m/s。高空急流长度可达几千千米,宽几百千米,厚约几千米。急流中心风速有的可能达到50～80 m/s,最强的可达100～150 m/s。

低空急流指中低空(850 hPa或700 hPa)风速为12 m/s左右的强气流带,有时气流带内风速可高达 16～24 m/s,其平均长度为 200～1000 km,宽度为数百千米。

3.6.2　预报分析要点

低空急流是一种动量、热量和水汽的高度集中带。其作用是:

(1)通过低层暖湿平流的输送产生不稳定层结。

(2)在急流最大风速中心的前方有明显的水汽辐合和质量辐合或上升运动,这对强对流活动的连续发展是有利的。

(3)急流轴左前方是正切变涡度区,有利于对流活动。

高空急流是产生高空辐散的机制之一。高空辐散具有两个作用:

(1)抽吸作用,有利于上升气流的维持和加强。

(2)通风作用。因为在对流云体发展过程时,由于水汽凝结释放潜热,会使对流云的中上部增暖,整个气柱层结趋于稳定,从而抑制对流的进一步发展。当有高空急流时,对流云中上部增加的热量,就不断被高空风带走,因此有利于对流云的维持和发展。

对天津有较大影响的低空急流有西南低空急流(WSW-S)和东南急流(ESE-SSE)。可分为三种:

(1)100°E～115°E,35°N～45°N,西风带槽前的 SW 急流,兰州、平凉、银川至呼和浩特一线,急流核强度为 8～12 m/s,其位置一般在 40°N 以南。

(2)105°E～120°E,20°N～40°N,副热带高压西南侧 SW 急流,平均位置有两种:一是在川西南、成都、西安、延安、太原至北京一线;二是湘西、宜昌、郑州、石家庄、济南至天津一线。急流核风速为 16～20 m/s,位置在 35°N 以南。

(3)副热带高压东南侧的 SE 急流,副热带高压轴向多为 NNW-SSE,其急流位于 110°～125°E,20°～40°N,在上海、南京、蚌埠、徐州、青岛、济南至天津一线。急流核风速为 16～24 m/s,位置在 35°N 以南。

低空急流是天津大到暴雨的主要成员之一。当大到暴雨发生时,也是西风槽前 SW 急流与副热带高压西侧 SW 急流合并加强时,而西风槽前的 SW 急流与副热带高压底部的 SE 急流相遇时,则会产生大暴雨到特大暴雨。这类天气是热带、副热带、西风带即"三带"相结合,以及中低纬系统相互作用的天气系统。

3.7　地面倒槽

3.7.1　概况

地面天气图上等压线呈倒"V"型分布的低压槽。也就是,在西风带中,槽线自低纬度以纵向伸向高纬度的低压槽,即向南或西南开口的槽,称为倒槽。倒槽在较高纬度和中、上层等压面图上很少见到,多数出现在近地面层或低纬度地区。倒槽区有辐合上升气流,与锋面或高空槽相遇,往往产生云雨天气。地面倒槽系统与强对流天气、阴天或降雨(雪)、雾等天气联系到一起。

3.7.2 预报分析要点

地面倒槽会给天津带来雾、强雷暴、强降雪等灾害性天气:

(1)雾过程

地面倒槽形势下的雾过程,逆温层结稳定,地面风速很小,天津处于地面倒槽内弱气压场中(图3.9a)。

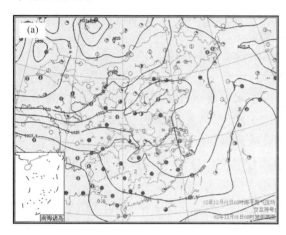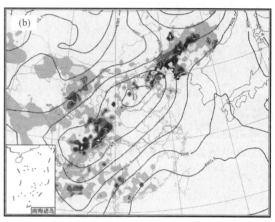

图 3.9　海平面气压场图(实线)

(a)2002年12月4日08时(雾在地面倒槽内形成);(b)2007年7月18日08时(阴影区代表24 h降水量)

(2)强雷暴天气

造成强对流天气的中尺度对流系统(MCS)常常出现在地面低压倒槽的顶部。2007年7月18日05时至12时,北京、天津、河北东北部出现了强降水。河北省164个乡镇雨量在50~100 mm,38个乡镇雨量在100 mm以上,最大雨强达107.5 mm/h,部分地区出现了短时大风。天津宝坻区6 h降水达到101 mm,北京的密云和平谷也出现70 mm以上的降水。18日08时1000 hPa天气图上,MCS位于低压倒槽顶部、气旋性弯曲度最大(即正涡度最大)之处(图3.9b)。

3.8　地面气旋

从气压场的角度看气旋就是低气压,因而又称为"低压"。影响天津的气旋直径一般小于1000 km。影响天津的地面气旋,主要包括蒙古气旋、黄河气旋和江淮气旋。

3.8.1 蒙古气旋

3.8.1.1 概况

蒙古气旋是指产生于蒙古人民共和国一带的锋面低压系统,多发生在蒙古中部和东部高原上,在45°N~50°N、100°E~115°E范围内。蒙古气旋一年四季均有出现,以春秋两季最为常见,尤以春季最多(约占40%左右),也是春季影响天津常见的天气系统。

3.8.1.2　预报分析要点

蒙古气旋是北支锋区上的天气系统,蒙古气旋主要受冷空气活动、斜压强迫所致,对天津的影响主要以大风天气为主,有时产生降水,但降水量小,且局部性强,降水一般多出现在发展较强的气旋中心偏北的部位。春季快速发展的蒙古气旋,对大风的产生,尤其是在前期降水较少、土壤湿度较低的情况下,很容易引发北方地区沙尘暴灾害性天气,见图 3.10,因而它是一类非常值得关注的系统。但是有一种情况,东移到中国东北地区或渤海一带,加深发展为东北低压的蒙古气旋,500 hPa 图上在 40°N～50°N、115°E～130°E 的范围内出现低压中心,则对天津的影响更严重,主要表现在降水方面,降水区扩大到天津以北的燕山山脉,甚至扩大到东部沿海地区,而且降水也加强。

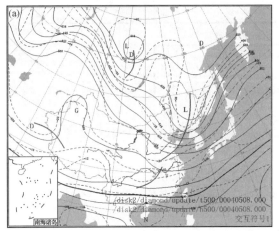 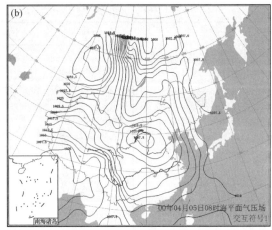

图 3.10　2000 年 4 月 5 日高空 500 hPa 图(a)和地面形势图(b)

3.8.2　黄河气旋

3.8.2.1　概况

黄河气旋是指在黄河流域产生的气旋,常见的产生地区有三个,分别在河套北部、晋陕地区和黄河下游豫、鲁两省。其中对天津影响较大的是产生在黄河下游的黄河气旋,它以初夏为多,盛夏明显减少。黄河气旋具有生成突然、发展迅速、生命短暂的特点,按高空环流形式分类,主要分为纬向型、经向型和阻塞型三种类型,见图 3.11a～c。

3.8.2.2　预报分析要点

黄河气旋是华北地区主要的暴雨天气影响系统之一,以影响华北平原以及燕山、太行山区为主,暴雨中心一般出现在河北东南部及天津。而且当黄河气旋向渤海移动时,常造成天津及渤海湾大风。向东北方向移动的黄河气旋对天津影响最大。暴雨中心一般出现在气旋中心前方、暖锋前部。冷锋附近可出现局部暴雨。

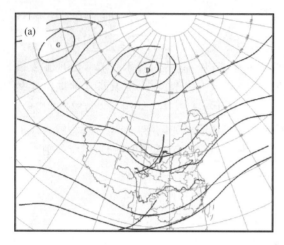
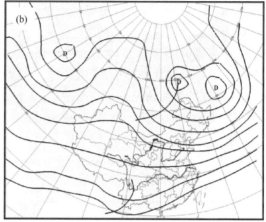
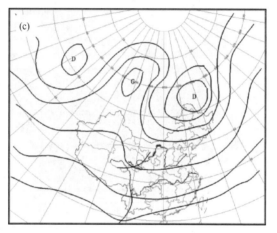

图 3.11 黄河气旋 500 hPa 等压面形势图
(a)纬向型图;(b)经向型图;(c)阻塞型图

3.8.3 江淮气旋

3.8.3.1 概况

江淮气旋是指发生在长江下游,淮河流域及湘赣地区的锋面气旋。江淮气旋以春、夏两季出现较多,特别是在 6 月份活动最盛。江淮气旋是南支锋区上的天气系统,常与低空西南涡配合,但有时与北支西风槽的活动也有一定关系。

3.8.3.2 预报分析要点

当江淮气旋向东北方向移动并进入黄海以北地区时,会影响华北及其东部大部地区,天津也会受其影响。大多数情况下,受江淮气旋影响,气旋北部偏东风与高空槽前西南风结合,造成天津的降水量不会太大。需要格外注意的是,一旦江淮气旋北部的偏东风影响到渤海海面,则可能造成偏东大风,导致渤海湾西岸风暴潮天气。

3.8.4　暴发性气旋

3.8.4.1　概况

暴发性气旋即为强烈发展的气旋,指 24 h 内海平面气压下降达到或超过 $24\sin\theta/\sin60°$ hPa 的气旋(俗称"气象炸弹")。式中 θ 为地面气旋中心所在的纬度。这种温带气旋的特点是发展速度快、地面气压中心加深率大、风速剧增,常常可达 30 m/s 以上,并伴有强降水、强降温等剧烈天气现象。

3.8.4.2　预报分析要点

2007 年 3 月 3 日傍晚至 5 日夜间,天津地区出现了暴雪、大风、低能见度天气以及强降温天气,过程降温幅度为 10～12℃,此次降雪量之大为历史同期所罕见。降雪结束后,陆地出现 5～6 级偏北大风,渤海西部海面风力达 8～9 级,同时在偏东大风的作用下,渤海西部出现风暴潮。此次天气过程气旋的暴发性发展有明显的典型性。气旋发源于河套以南地区,气旋向东偏北方向移动加深,从 3 日 14 时至 4 日 14 时气旋中心 24 h 变压为 19.2 hPa,于 4 日 20 时到达朝鲜半岛,中心气压下降到最低值 994 hPa。

3.9　热带气旋

3.9.1　概况

热带气旋(Tropical Cyclone)是发生在热带或副热带洋面上的低压涡旋,是一种强大而深厚的热带天气系统。热带气旋通常在热带地区离赤道平均 3～5 个纬度外的海面(如西北太平洋、北大西洋、印度洋)上形成,其移动主要受到科氏力及其他大尺度天气系统所影响,最终在海上消散,或者变性为温带气旋,或在登陆陆地后消散。登陆陆地的热带气旋会带来严重的财产和人员伤亡,是严重自然灾害的一种。不过热带气旋亦是大气循环其中一个组成部分,能够将热能及地球自转的角动量由赤道地区带往较高纬度;另外,也可为长时间干旱的沿海地区带来丰沛的雨水。

热带气旋等级划分的原则:热带气旋等级的划分以其底层中心附近最大平均风速为标准。热带气旋分为热带低压、热带风暴、强热带风暴、台风、强台风和超强台风六个等级。底层中心附近最大平均风速达到 10.8～17.1 m/s(风力 6～7 级)为热带低压(TD);达到 17.2～24.4 m/s(风力 8～9 级)为热带风暴(TS);达到 24.5～32.6 m/s(风力 10～11 级)为强热带风暴(STS);达到 32.7～41.4 m/s(风力 12～13 级)为台风(TY);达到 41.5～50.9 m/s(风力 14～15 级)为强台风(STY);达到或大于 51.0 m/s(风力 16 级或以上)为超强台风(SUPER TY)。

3.9.2　预报分析要点

(1)造成风暴潮灾害

从 1970—2004 年 35 年中所有北上并进入关键区(35°N 以北、125°E 以西)的台风有 17

个,其中造成天津沿海潮位超过警戒潮位(470 cm)的有 6 个台风,所占比例为 35.3%。

(2)造成暴雨灾害

台风途经天津地区造成暴雨的个例很少,台风造成的暴雨更多的是台风的间接影响。由于台风外围存在大量的水汽(图 3.12),为天津大雨到暴雨的产生提供了必要条件,对暴雨的形成极为有利。

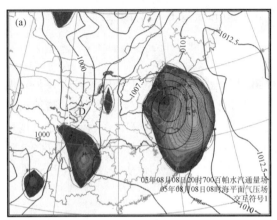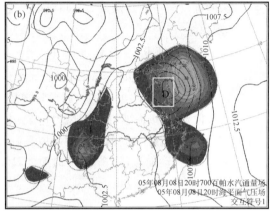

图 3.12　2005 年 8 月 8 日 20 时(a)和 9 日 08 时(b)地面气压场图(实线)

(其中阴影部分代表 700 hPa 水汽通量)

3.10　回流冷高压

3.10.1　概况

大陆冷高压东伸,在中国东北地区和渤海一带形成一个冷高压,其南部的偏东气流从渤海一带迂回到华北平原形成冷空气楔,在山西高原东侧的地形抬升作用下可以产生降水。若有适当高空形势配合,如高空有西风槽东移,或地面河套地区有倒槽发展,使华北地面气压场呈现"东高西低"形势,则低层东风增强,槽前西南暖湿气流在冷楔上滑升,使降水的强度加大,时间延长,这就是通常所说的华北冬季"回流天气"。这种造成回流天气的冷高压系统被称为回流高压,它是造成华北地区冬季降水的一种地方性天气系统。偏东路径的冷空气,由贝加尔湖、蒙古东部,经中国东北平原,受长白山脉的阻挡继续折向西南,经渤海北部侵入华北东部和天津。循这条路径南下的冷空气,常使渤海出现偏东大风,华北出现回流,气温较低,并有连阴雨雪天气。

3.10.2　预报分析要点

华北回流天气指冷空气自东北平原南下侵入华北平原造成的降水天气,常出现在春、秋、冬三季。由于冷高压从东路 E 南下,冷空气多自低层侵入暖湿气流底部,起到"冷垫"的作用。当回流冷空气与西部倒槽结合,或形成华北锢囚锋,会产生较大的降水(图 3.13)。

图 3.13　回流冷高压造成的 2003 年 10 月 10—11 日天津及河北东部暴雨、风暴潮、大风过程图（见彩图）
(a)和(b)分别为 10 日 08 时和 20 时的地面气压场与 850 hPa 温度场；
(c)11 日 24 h 降水量与 10 日 20 时地面气压场叠加图；(d)11 日 08 时地面填图及气压场图

3.11　锋面

根据锋在移动过程中冷暖气团所占有的主次地位，可将锋分为：冷锋、暖锋、准静止锋和锢囚锋。影响天津的锋面类天气系统，包括冷锋、暖锋和华北锢囚锋。准静止锋一般不多，因而本节不做讨论。

3.11.1　冷锋

3.11.1.1　概况

锋面移动过程中，冷气团起主导作用，冷气团推动暖气团向暖气团一侧移动，这类锋面称为冷锋。冷锋过境时，气温下降。冷锋是一年四季经常出现的天气系统，对天津天气的影响，冬季最为严重，强烈的冷空气活动导致寒潮暴发，造成的天气以大风、降温为主，有时伴有降雪（见图 3.14）；夏季以降水为主，多数为不稳定性降水，有时有雷雨大风。除冬季寒潮冷锋外，冷锋一般需要与其他低值系统配合才能使天津产生比较大的降水天气。例如，冷锋与台风倒槽、低空涡旋结合等。

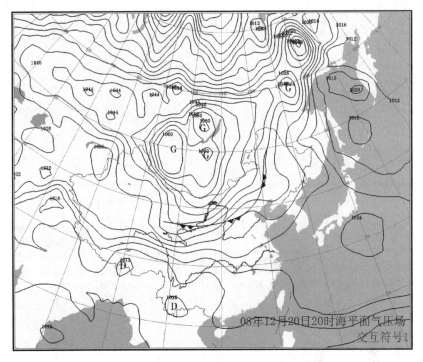

图 3.14   2008 年 12 月 20 日 20 时地面形势图

3.11.1.2　预报分析要点

影响天津的冷锋,可归纳为三条路径:

(1)偏西路径

这一路径也称西来冷锋。冷空气由巴尔喀什湖经新疆、甘肃、青海然后进入河套地区,进而影响天津,其移速一般为 20～40 km/s。西来冷锋是造成天津降水的主要天气系统之一。如冷锋配合暖切变北抬或西南方向的涡旋向东偏北移入,天津会产生较大降水,因此,不仅要注意热带的气旋外围的西南急流或东南急流的配置,还要注意低层涡旋暖切变的移动方向,再配合地面东高西低的气压场和副热带脊线在 30°N 附近,500 hPa 588 线控制在长江中下游,上述条件形成后,一旦有西来冷锋东移,将会造成暴雨、大暴雨甚至特大暴雨。

(2)西北路径

这一路径的冷空气也称西北冷锋。冷空气源地在新地岛,途经西伯利亚、新疆北部、蒙古中西部,然后扫过内蒙古、河套北部、山西、河北西北部,最后进入京津地区。西北冷锋极易造成极端天气产生,在不同季节,其影响有显著差别。春季多伴随沙尘天气,气温急剧下降;夏秋季利于产生强对流天气,如飑线、雷雨(局地暴雨)、冰雹、大风,极个别情况还会有龙卷风发生(1969 年 7 月 28—29 日天津西青区、红桥区、南开区连续两天发生龙卷风)。

(3)偏北路径

这一路径冷空气也称为北来冷锋。多数经贝加尔湖、蒙古东部、东北三省然后折向南至西南,侵入天津和渤海。这一冷空气的特点是偏北、偏东。北来冷锋影响天津,大致有以下三种情况。①"有风无雨"。渤海有 6～7 级偏东风,天津东部沿海地区有 4～5 级偏东风。②"有风有雨"。1975 年 7 月 29 日特大暴雨就是先有北来冷锋在 40°N 停滞,在北槽西端形成切变,当河套低槽东移时,形成"人"字形切变,在其结合部形成低涡,然后地面有华北气旋东移。③北槽东移,紧接着河套又有低槽东移,则"先风后雨"。也称之为"东风回流天气"。

3.11.2　暖锋

3.11.2.1　概况

锋面移动过程中,暖气团起主导作用,推动冷气团向冷气团一侧移动,这类锋面称为暖锋。暖锋过境时,气温升高。

3.11.2.2　预报分析要点

降水发生在锋前还是锋后,主要看暖锋低空的辐合强度和高空槽线的位置而决定。若暖锋低层辐合明显,且 700 hPa 槽线或气旋式曲率大的地方大致在地面暖锋上空,则暖锋前降水较大;若 700 hPa 槽线或气旋式曲率大的地方在暖锋后很远,而暖锋上空的 700 hPa 等高线又具有反气旋曲率,则降水将在暖区发展。同样,若暖空气层结不稳定,暖锋上也可发展积雨云和雷阵雨天气;相反,当暖空气很干燥,水汽含量很少时,锋面上可能只有中高云甚至无云出现。

3.11.3　锢囚锋

3.11.3.1　概况

冷锋赶上暖锋或者两条冷锋迎面相遇叠加而成的锋面称为锢囚锋。在锢囚过程中,冷锋上侧的暖空气被抬离地面上升,凌驾在上空。如果冷锋后的冷空气团比暖锋前的冷空气团冷,称之为冷式锢囚锋;如果冷锋后的冷空气团比暖锋前的冷空气团暖,称之为暖式锢囚锋;如果冷锋后的冷空气团与暖锋前的冷空气团的温差较小,称之为中性锢囚锋。两条锋面在空间的交接点,称之为锢囚点。

3.11.3.2　预报分析要点

锢囚锋是由冷锋赶上暖锋或是两条冷锋迎面相遇,把暖空气抬到高空而在原来锋面下面又形成新的锋面,它的云系也是由两条锋面的云系合并而成,所以天气最恶劣的地区及降水区多位于锢囚锋附近,云系多为高层云(雨层云)、复高积云和层积云等。降水区的宽度,一般从地面锋线至 700 hPa 槽线。

当锢囚锋随时间推移时,由于暖空气被抬升的高度越来越高,云底高度也就越来越高,云越来越薄,而锋下的锢囚锋面上所形成的新云系则获得发展。

(1)华北锢囚锋的形成

如图 3.15 所示,锢囚锋发生在东亚大陆纬向环流背景下,有两支锋区,北支在 40°N 以北,处于西风带急流内,有一短波槽从乌拉尔山快速向东移动,当槽线经过中国东北时,其尾部扫过天津北部,引起中低层大量冷空气经渤海侵入华北平原,即起到"冷垫"的作用。南支锋区在 40°N 以南,不是处于急流内,系统移速较慢,也有一个小槽或低涡从新疆、河西走廊缓慢东移,冷空气亦随着东移。在地面图上,有一条冷锋从渤海向西南移动,锋后为偏东风,同时另一条冷锋从河西走廊东移,两者在华北相遇,形成锢囚锋。偏东风大体上有三个作用:①与高空槽前的西南风形成斜压不稳定;②与太行山的迎风坡作用;③东风气流本身形成倒"V"式的东风扰动流场。

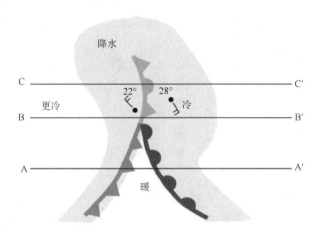

图 3.15　冷锋后的强冷空气赶上暖锋前的冷空气形成的锢囚锋示意图

另外，华北锢囚锋的形成，还与地形有密切的关系。主要一点是冷锋中段在遇到阴山以后，移速减慢，几乎静止下来。

一般锢囚锋在 700 hPa 上空都有一个高空槽或低涡相伴。如果槽线延伸到山西、河南，就会出现西北冷锋过程，反而不利于锢囚锋的形成。

（2）华北锢囚锋的预报

华北锢囚锋发生，主要是预报北支锋区的影响范围、南支锋区的移动速度以及两者相配合的条件。要做好这种形势下华北平原的降水预报，不仅要预报锢囚锋，更重要的是预报与其相伴的高空低槽低涡。一般来说，700 hPa 低槽低涡过后，降水可以结束；但由于锋区稳定层变为水平稳定层，云层仍广布华北地区，所以华北锢囚形势又是造成连阴雨的一种天气形势。

参考文献

边志强,王建捷,谈哲敏.1999.对华北锢囚锋个例的数值模拟分析.气象,**25**(10):2-14

蔡丽娜,隋迎玖,刘大庆,等.2009.一次爆发性气旋引发的罕见暴风雪过程分析.北京大学学报(自然科学版),**45**(4):693-699

狄利华,姚学祥,解以扬,等.2008.冷空气入侵对 0509 号台风"麦莎"变性的作用.南京气象学院学报,**31**(1):18-25

丁一汇,朱彤.1993.陆地气旋爆发性发展的动力学分析和数值试验.中国科学(B 辑),**23**(11):1226-1232

丁治英,王劲松,翟兆锋.2001.爆发性气旋的合成诊断及形成机制研究.应用气象学报,**12**(1):30-40

东高红,解以扬,于莉莉.2010.一次局地大暴雨的落区分析与预报.气象,**36**(6):50-58

李振军,赵思雄.1996.东亚春季强冷锋结构及其动力学诊断研究 I.东亚春季强冷锋结构.大气科学,**20**(6):662-672

吕胜辉,马芳.天津地区一次强对流风暴分析.2006.中国气象学会 2006 年年会"航空气象探测、预报、预警技术进展"分会场论文集,484-491

吕筱英,孙淑清.1996.气旋爆发性发展过程的动力特征及能量学研究.大气科学.**20**(1):90-100

秦曾灏,李永平,黄立文.2002.中国近海和西太平洋温带气旋的气候学研究.海洋学报,**24**(增刊1):106-111

寿绍文,励申申,王善华,等.2006.天气学分析(第 2 版).北京:气象出版社

寿绍文,励申申,姚秀萍.2003.中尺度气象学.北京:气象出版社

王洪庆,张焱,陶祖钰,等.2000.黄海气旋数值模拟的可视化.应用气象学报,**11**(3):282-286

吴彬贵,解以扬,吴丹朱,等.2010.京津塘高速公路秋冬雾气象要素与环流特征.气象.**36**(6):21-28

杨贵名,马学款,宗志平.2003.华北地区降雹时空分布特征.气象,**29**(8):18-21

易笑园,李泽椿,陈涛,等.2009.2007 年 3 月 3—5 日强雨雪过程中的干冷空气活动及其作用.南京气象学院学报,**32**(2):306-313

易笑园,余文韬,闫智超,等.2006.几种台风风暴潮预报方法在实际预报中的运用及比较.海洋预报,**23**(4):82-87

杨文霞,牛生杰,魏俊国,等.2005.回流天气系统层状云的非均匀性.气象科技,**33**(3):256-259

岳虎,王锡稳,李耀辉.2003.甘肃强沙尘暴个例分析研究.北京:气象出版社,318

张守保,张迎新,杜青文,等.2008.华北平原回流天气综合形势特征分析.气象科技,**36**(1):25-30

张守保,张迎新,郭品文.2009.华北回流强降水天气过程的中尺度分析.高原气象,**28**(5):1067-1074

张仁健,王明星,浦一芬,等.2000a.2000 年春季北京特大沙尘暴物理化学特性的分析.气候与环境研究,**5**(3):259-266

张伟,陶祖钰,胡永云,等.2006.气旋发展中平流层空气干侵入现象分析.北京大学学报(自然科学版),**42**(1):61-67

张迎新,侯瑞钦,张守保.2007.回流暴雪过程的诊断分析和数值试验.气象,**33**(9):25-32

张迎新,张守保.2006.华北平原回流天气的结构特征.南京气象学院学报,**29**(1):107-113

赵琳娜,孙建华,2002.赵思雄.一次引发华北和北京沙尘(暴)天气起沙机制的数值模拟研究.气候与环境研究.**7**(3):279-294

赵琳娜,赵思雄.2004.一次引发华北和北京沙尘天气的快速发展气旋的诊断研究.大气科学,**28**(5):723-734

郑永光,钱婷婷,王迎春.2004.北京连续降雪过程分析.应用气象学报,**15**(1):58-65

第4章 天津灾害性天气预报

4.1 暴雨

4.1.1 天津暴雨的统计特征

4.1.1.1 天津各区县暴雨量级极值

天津地区各区县量级相差悬殊,其中地处北部山区的蓟县居极值之冠,日降水量达 353.3 mm。出现时间在 1978 年 7 月 25 日,影响系统为台风。其他超过 300 mm 的区县还有 汉沽(321.1 mm,1975.7.30)、市区(305.0 mm,1958.7.14)、宝坻(304.4 mm,1978.7.25)。 极值最小的是津南区(140.2 mm),其量值不足蓟县的 40%。极值在 200 mm 以下的还有西青 (158.1 mm)、大港(171.2 mm)、宁河(207.1 mm)、北辰(263.6 mm)。其他 6 区县在 200～ 300 mm(见表 4.1)。

表 4.1 天津各区县暴雨极值及量级一览表(1954—2000 年)

	首场暴雨 雨量/mm	首场暴雨 出现时间	末场暴雨 雨量/mm	末场暴雨 出现时间	历史极值 雨量/mm	历史极值 出现时间
蓟县	75.7	1979.6.5	61.5	2003.10.11	353.5	1978.7.25
宝坻	54.1	1974.5.30	60.2	2003.10.11	304.4	1978.7.25
武清	59.6	1987.5.22	80.8	2003.10.11	265.1	1984.8.10
西青	106.8	1998.4.22	106.5	2003.10.11	158.1	1962.7.25
北辰	97.8	1983.4.26	103.9	2003.10.11	195.4	1962.7.25
市区	57.1	1998.4.22	114.9	2003.10.11	305.0	1958.7.14
东丽	95.0	1998.4.22	96.8	2003.10.11	200.1	1975.7.30
津南	52.2	1998.4.22	111.5	2003.10.11	140.2	1975.7.30
静海	57.4	1983.4.26	131.5	2003.10.11	245.3	1977.8.3
塘沽	59.9	1976.6.6	56.0	2003.10.11	191.5	1975.7.30
大港	50.2	1988.7.6	70.8	2003.10.11	171.2	1987.8.26
宁河	64.3	1984.5.11	65.8	2003.10.11	184.3	1982.7.25
汉沽	61.1	1986.6.6	71.3	2003.10.11	321.0	1975.7.30

另外,从表 4.1 可见尽管各区县极值相差悬殊,但有一个共同点即时间大都是在"七下八 上"的盛汛期中。这从一个侧面反映出天津乃至华北地区夏季雨量分布特点。

4.1.1.2　各区县暴雨出现的时间极值

（1）首场暴雨

由于暴雨不同于寒潮、台风等大尺度天气,与暴雨直接联系的是中小尺度系统。因此其落区、落点离散,时空分布极不均匀。同一天气尺度下由于受中小尺度系统作用和环境条件限制,天气激烈程度不同,雨量相差数十倍。1954 年建站至 2000 年,各区县历史上首场暴雨分别在 4 月到 7 月不等。

让大家记忆犹新的是 1998 年 4 月 22 日在市区、西青、东丽和津南出现了时间最早、雨量最大的区域性暴雨天气,其中市区雨量达 106.8mm,为百年之最。另外一次是 1983 年 4 月 26日,受西南涡北上影响,市区、北辰和静海同时出现暴雨,其中北辰和市区分别为 97.8 mm 和 74 mm。历史上暴雨出现最晚是大港区,1988 年 7 月 6 日。但大港建站于 1986 年,和其他站可比性较差,仅供参考。值得一提的是,市区和新四区多年平均次数均少于北部和东部。但是,其首场暴雨出现时间都在"四下五上",明显早于其他区县。这在中小尺度研究中,考虑城市热岛效应对强对流天气的触发和增幅作用也许是有价值的事实。

（2）末场暴雨

一般情况下,市区、新四区南部地区首场暴雨出现较早,末场暴雨结束时间也较其他地区早,多在"八下九上"。2003 年以前统计资料显示,市区、新四区历史上终暴雨日为 9 月 1 日（1980 年）,雨量在 55～80 mm。相反,北部和东部大部分地区（塘沽除外）则较上述地区推迟一个月结束。如蓟县、宝坻、武清、宁河和汉沽,9 月底到 10 月初都有过暴雨。但是,2003 年10 月 11 日那场暴雨打破了末场暴雨出现时间最晚历史纪录,如表 4.1 所示。

4.1.1.3　局地暴雨、区域性暴雨和全区性暴雨

概括地讲,天津暴雨局地性多于区域性,区域性多于全区性。这个结论可从图 4.1 中分析得出。这里规定:在天津 13 个国家气象站中,若有 1～3 个站出现暴雨称为局地性暴雨,有4～7 个站出现暴雨称为区域性暴雨,而有 8 个及以上站出现暴雨则称为全区性暴雨。天津局地性暴雨占暴雨总日数的 72%（其中单站占 40%）,区域性暴雨占暴雨总日数的 19%,全区性暴雨占暴雨总日数的 9%。

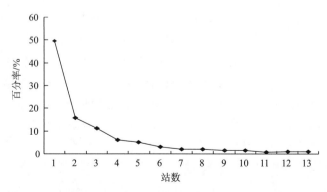

图 4.1　天津暴雨出现范围百分率示意图

这里还有一个很重要的事实,即蓟县局地暴雨很多,而塘沽、宁河局地暴雨更多。大家知道地形的动力抬升和气温日较差大等热力作用造成蓟县局地多暴雨,年暴雨日数高出全市平均（2 个暴雨日数）11 个百分点,而塘沽和宁河高出 21 个百分点。这个事实也许有人还没有注

意到,而且目前还没有权威性的解释。但有一点可以肯定:沿海地区浅层偏东风是夏季强对流天气的发生发展的一种触发机制。特别是夏季来自海上的冷空气垫作用,与西来路径的冷空气常有异曲同工之处。

另外,天津自 1954 年建站至 2013 年 13 个区县站同时达到暴雨的时间如表 4.2 所示。从表中可以看出,全区出现暴雨的天气过程仅 5 次,而且除 2003 年 10 月 11 日为高空槽和 2011 年 7 月 29 日为西南涡外,均为受台风影响而造成。

表 4.2　1954—2011 年 13 个区县站同时出现暴雨一览表

时间	主要影响系统	暴雨中心	暴雨中心雨量/mm
1975 年 07 月 30 日	台风	河北省柏各庄	497
1977 年 07 月 26 日	台风	河北省司各庄	464
1984 年 08 月 10 日	台风	河北省青龙	379
2003 年 10 月 11 日	高空槽	河北省沧州	160
2011 年 07 月 29 日	西南涡	天津市宁河	163

4.1.2　天津暴雨的环流特征和诊断分析

4.1.2.1　概述

暴雨是一种常见多发和影响地区广泛的灾害性天气,同时又是一种重要的水资源。天津地处九河下梢,是中国北方海陆交通枢纽和综合工商业基地。同时又是重要的港口开放城市,人口密集行业众多,大城市的热岛效应明显。海陆风、海风锋以及地形地貌对暴雨天气的影响十分显著。这些都造成了暴雨天气出现的复杂性。面积仅有 1.1×10^4 km^2 的天津就设立了 13 个国家气象站。天津市区距北京仅百里之遥,但盛夏期间,即使在同一环流背景天气形势下,由于暴雨有很强的地域性,落区落点离散,不仅京津两地天气相差甚远,而且天津各区县的降水量也时常相差悬殊。按暴雨定义,即凡日降水量达到或超过 50 mm 的降雨称为暴雨,天津地区暴雨主要出现在每年的 7—8 月。分析 1970—2009 年天津 30 年的每日 20—20 时降水资料,并以"出现一次区域性以上暴雨天气"为一次暴雨天气过程,统计得出天津共出现 75 次暴雨天气过程。

分析每次暴雨天气过程形成的高低空天气形势特点,将其影响天气系统分为四种类型:冷涡型、低槽低涡型(西北涡、西南涡)、低槽切变型、台风低压型。其中冷涡型暴雨出现 15 次,占暴雨总数的 20%;低槽低涡型暴雨出现 26 次,占暴雨总数的 34.7%(其中西北涡型出现 17 次,占 65.4%;西南涡型出现 9 次,占 34.6%);低槽切变型暴雨出现 26 次,占暴雨总数的 34.7%;台风低压型暴雨出现 8 次,占暴雨总数的 10.7%。

4.1.2.2　天津暴雨环流形势特征

天津位于中纬度欧亚大陆东岸,地处华北平原东北部,东临渤海,北枕燕山。位于 38°33′N～40°15′N,116°42′E 至 118°03′E 之间。虽然面临渤海,但属内陆海湾,主要受季风环流影响,这里是北半球同纬度上气压年变化最大的区域。东亚大气环流季节的变化十分显著,按照极锋理论,降水的形成归结为冷暖空气的交绥,但发生在天津乃至华北等地的区域性特大暴雨天气过程中,却有时分析不出冷空气活动。预报实践和科学研究表明,暴雨的发生既受温带西风气流槽脊系统的影响,也受副热带、热带(如台风)环流系统的影响。因此,对暴雨的认识既要着眼于西风带的槽脊活动,也要兼顾低纬度东风带的气压系统。天津区域性和全区性暴雨绝大多数有两个或以上影响系统产生。下面分别从不同的降水性质来进行讨论。

1)对流性局地暴雨

影响天津地区产生对流性局地暴雨的环流形势主要有两类:

(1)高空冷涡类暴雨

这类暴雨多发生在西风带内部,在离地面 5～6 km 上空有一大团做逆时针旋转(北半球)的冷空气,即高空冷涡,见图 4.2a。使得该地区的大气垂直气柱呈上冷下暖的不稳定状态,特别是午后到傍晚,近地面增热促使底层的暖湿空气急剧上升,形成强烈的冷暖空气对流,发生降水天气。一般雨量不是很大,时间较短,但也时有局地的强降水过程,雨量达到暴雨。

影响天津暴雨的高空冷涡,一般指蒙古东部和中国内蒙古上空的高空冷涡。副高位置偏南,西风带中的冷性涡旋带动低槽向偏东方向移动。500 hPa 形势为东高西低,属于中上层干冷、低层暖湿的对流不稳定型。暴雨发生在冷涡的东南部位,雨量分布不均。冷低压西部的暖脊比东部的暖脊要强,呈西高东低型,要求冷低压前 24 h 的移动方向为东到东南。预报关键区:40°N～48°N、105°E～115°E,850 hPa、700 hPa、500 hPa 至少有两层存在低涡,由低涡中心南伸的低槽,其槽底要通过 40°N,且槽线位置在 100°E 到北京之间(图 4.2b)。

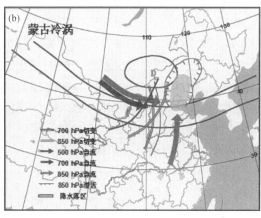

图 4.2　(a)冷涡云系图;(b)冷涡类暴雨天气形势综合图(见彩图)

(2)低槽类

在闷热的天气时,从西北方有冷空气急速移来,促使当地的暖湿空气激烈抬升,发生雷雨天气。这种阵性暴雨在气压场上表现为西来的低压槽与东部的高压脊之间的冷暖空气交绥。地面图上有移动较快的冷锋,雨前偏东风,降雨时或雨后变北风,气温降低也较明显,见图 4.3。这类暴雨时间短,范围小,总雨量也不大,但下雨时往往狂风骤起,雷雨大作,还可能伴随冰雹、龙卷等,破坏性很强。由于形成暴雨的天气系统尺度小,发展的过程时间短暂,往往事先难于监测和预报,如 2009 年 6 月 16 日和 2006 年 7 月 14 日天津暴雨。

2)持续性区域暴雨

大范围的持续性暴雨可酿成流域的洪涝灾害,这类暴雨是在东亚较大范围上空特定的大气环流系统配置下发生的。从环流形势分析主要有以下三种类型:

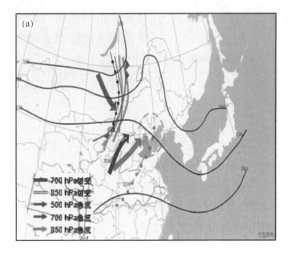
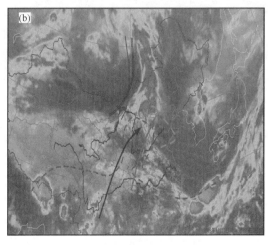

图 4.3　(a)高空冷槽东移引起的对流性暴雨模型图(b)和锋面云系图(见彩图)

(1)低槽低涡类暴雨天气过程(图 4.4)

西来的高压脊叠加在东边的西北太平洋副热带高压北面,增强了华北上空西南暖湿气流的供应,暴雨发生在高压脊后低压槽前,槽脊向偏东方向移动,暴雨区也随之移动,与第一类阵性局部暴雨过程有些类似,只是影响暴雨的气压系统在地面上反映更明显,常常可以看到有气旋发生或锋面活动,降水持续且雨量较大。500 hPa 表现为低槽,而 700 hPa 或 850 hPa 有低涡自偏西南方向移入天津。低涡又分为西北涡和西南涡两种。西北涡指 700 hPa 或 850 hPa 上,在甘肃、陕西附近发展东移的低涡。这种低涡原是暖性的地形低涡,当有冷空气入侵时,斜压性加强,低涡东移发展,并沿其前部暖切变东移,呈"人"字形切变线,暴雨主要发生在低涡前部和切变线上;西南涡指 700 hPa 或 850 hPa 上,在关键区形成、发展,并向偏东或东北方向移动的低涡。副高位置偏东,与此同时,河套小高压与副高合并,西南气流增强。从关键区移出的低涡,沿西南气流北上影响天津地区。

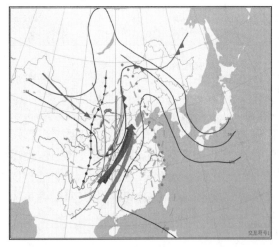
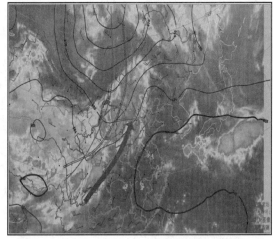

图 4.4　低槽低涡类暴雨天气形势综合图(见彩图)

（2）低槽切变类暴雨天气过程（图 4.5）

这类暴雨在 500 hPa 形势场上表现为"东面强（大）的副热带高压与西面弱（浅）的低槽"。而且强（大）副高明显西进，具有东风带系统的特征。西来弱槽规律地东移，两者相向而行，暴雨发生在低槽与副高边缘对流辐合带的"碰头"处。500 hPa 为低槽，700 hPa、850 hPa 为切变，其中切变又分为三种：暖切（偏南风与东南风的切变）、弱切（有弱暖切）、冷切（偏南风与东北风的切变）。切变线一般首先产生于地面，以后逐渐向上发展，当切变线与东北扩散南下的强冷空气相遇后，迫使暖湿空气剧烈上升，各层切变近于重叠，降水多为对流性降水，产生暴雨。有时低槽在副高边缘东移过程中趋于减弱，在地面形势中多数呈现为一弱低槽，或能分析出锋面或波动，特别是当西来低槽在 850～500 hPa 呈自西向东的前倾状态，气层具有强烈的位势不稳定，这时与西进或维持的副高脊相遇，便发生罕见的大暴雨。对于北方区域性特大暴雨本类型较常见，但自 20 世纪 80 年代后期以来华北地区夏季降水偏少，甚至持续几年干旱，这种类型的暴雨过程明显减少。

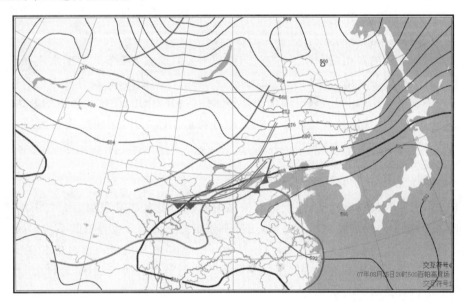

图 4.5　2007 年 8 月 25 日 20 时高空形势（切变型）图（见彩图）

（3）台风类暴雨天气过程

在中国南海生成的台风没有一个北上深入到北方内陆的。影响天津的台风产生的源地均在 20°N 以南及 120°E 以东的西太平洋上。台风在源地生成后逐渐向西偏北方向移动，靠近中国东海，而后在福建登陆，向北经浙江西部到安徽南部，分为两条主要路径：一条是向北经山东南部移向华北；另一条是向西移往河南。

环流形势和影响系统见图 4.6，500 hPa 副高中心在日本，强度大于 592 线，588 线与 120°E 的交点平均在 32°N～38°N，但不能低于 32°N 以南。脊线呈西北—东南向，西风带上有明显的低槽东移，并进入关键区（35°N～40°N、106°E～112°E）。700 hPa 或 850 hPa 上，东南急流轴平均位置在上海、南京、徐州、济南、天津。低空急流一出现，往往北方低槽东移，槽后的弱冷空气从西北侵入到台风环流内，和台风区域中心暖湿气流相遇，产生强烈辐合上升，使降水加强，从而产生暴雨。

台风影响天津（或华北）次数不多，在114°E～125°E之间北上的台风才有可能影响华北的降水，台风临近时会直接引发华北暴雨，但是当台风还在30°N以南的沿海地区时，由于台风北面倒槽中东南风急流先期到达，这股强风的前沿与西来的弱冷空气相遇，造成强烈辐合，也会产生华北的特大暴雨，有时会超过台风临近时的直接影响。

虽然台风影响的次数不多，但是一旦影响就会引发很强甚至是大范围的暴雨，有些重大的洪涝灾害（如1939年天津大水）就是由台风影响造成的。

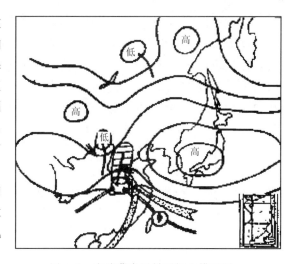

图 4.6　京津冀台风暴雨概念模型图

4.1.2.3　天津暴雨诊断分析

（1）对流性局地暴雨诊断分析

雷暴等对流天气的产生是积雨云的产物，而积雨云的形成需要有丰富的水汽和水汽供应，同时还要具有不稳定的层结。然而不稳定能量是一种潜在的能量，在没有外力抬升作用时，地面上的气块将不会自动地上升，只有产生了某种触发（抬升）作用，使气块强迫抬升达到自由对流高度以上时，这个气块才靠着气层浮力的支持自动地加速上升，从而形成强大的上升气流，使得气层的不稳定能量释放，从而暴发对流。因此水汽条件、不稳定层结、抬升力条件是产生对流天气的三个基本条件。

1）能量特征

局地暴雨有明显的对流性质，因此具有极强的对流不稳定能量积蓄。大气层结是对流性不稳定的，而且由于边界层复杂的下垫面，这些不稳定能量的分布也是极其不均匀的。利用大港探空资料结合天津地面加密自动站资料，计算了一次局地暴雨出现前后的相关对流参数。图 4.7 很好地反映了局地暴雨的大气层结和能量不均匀特性。研究表明，这种能量的空间分布与暴雨的落区有密切的关系。

较强的热力不稳定和适宜的动力环境是强对流发展的基础，在对流活动中，热力不稳定决定了对流发展的强度，而动力作用对触发对流及决定风暴类型起着重要作用。表 4.3 给出了一次长生命史低涡天气的热力对流参数：抬升指数（LI）、K 指数、总温度指数（TT）、沙氏指数（SI）、对流有效位能（$CAPE$）和动力参数：0～6 km 厚度内平均风切变（$Shear$）、风暴相对环境螺旋度（$SREH$），强天气威胁指数（$SWEAT$）是动力和热量的综合指数以及适应天津对流天气的相关阈值。

表 4.3　以 NCEP 1°×1°再分析资料计算的对流参数表（摘自 易笑园等，2010）

日期/参数	LI	K	TT	SI	$CAPE$	$Shear$	$SREH$	$SWEAT$	强度分类
阈值	−2.0	33	50	−2.0	600	35	70	330	—
08.06.23.14	−2.7	34	52	−3.9	612	46	75	397	强
08.06.23.14	02	35	45	−0.1	19	36	51	329	弱

注："08.06.23.14"指的是"2008 年 06 月 23 日 14 时"。

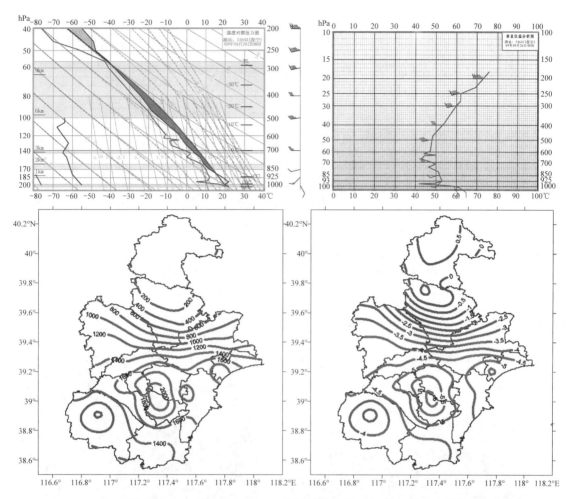

图 4.7　(a)天津大港 2009 年 9 月 26 日 08 时探空曲线；(b) 假相当位温和比湿的垂直廓线；
(c) 2009 年 9 月 26 日 08 时 CAPE 分布；(d) 2009 年 9 月 26 日 08 时抬升指数(LI)分布
(摘自 何群英等,2011)

2)水汽条件

水汽条件是对流天气发生的内因。强对流天气与区域性暴雨天气不同的是,湿层不深厚、上湿下干的特征很明显,并且一般都有中空干空气的侵入。图 4.8 是 2008 年 6 月 23—30 日持续一周雷阵雨天气期间相对湿度的垂直分布。从空间分布看到:6 月 23 日夜间 02 时开始至 7 月 1 日 08 时,850 hPa 以下相对湿度维持在 60%以上,说明对流层低层湿度大特别是 27 日 20 时以后,湿度层逐渐加厚,发展到对流层中层。中低层较好的湿度条件对强对流天气的产生非常有利。另外,23—28 日,850 hPa 至 700 hPa 始终有干空气(相对湿度≤60%)存在,对流层中低层干空气与冷空气活动相联系,而 500 hPa 高度以上基本是干区。

3)抬升条件

多数雷暴或局地暴雨的形成都与系统性辐合及抬升运动相联系。锋面的抬升及槽线、切变线、低压、低涡等天气系统造成的辐合上升运动都是较强的系统性上升运动,低空流场中风向或风速的辐合线、负变高或负变压中心都可产生抬升作用。另外,山地迎风坡的抬升、局地热力抬升作用也是重要的抬升机制。夏季午后陆地表面受日射而强烈加热,由于地表受热不均,造成局地温差,常常形成小型的垂直环流,这种上升运动也可起到触发对流的作用。图 4.9a～b 分别反映了这种山地抬升(蓟县)和局地热力抬升(汉沽)作用形成的雷暴天气。

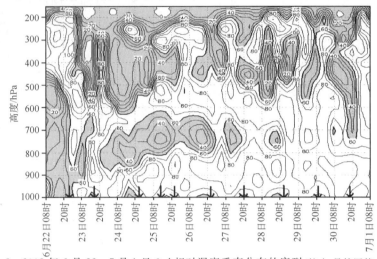

图 4.8   2008 年 6 月 22—7 月 1 日 9 d 相对湿度垂直分布的序列(摘自 易笑园等,2010)

(阴影为相对湿度≤60%相对干区;箭头指对流天气的开始时间)

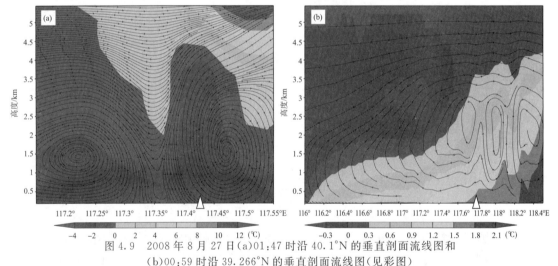

图 4.9   2008 年 8 月 27 日(a)01:47 时沿 40.1°N 的垂直剖面流线图和

(b)00:59 时沿 39.266°N 的垂直剖面流线图(见彩图)

(箭头表示冰雹发生地,底图为扰动温度,垂直速度扩大了 10 倍)(摘自 刘一玮等,2011)

(2)持续性区域暴雨诊断分析

降水是大气中水的相变过程,从其机制来分析主要有三个方面:水汽条件、垂直运动条件和云滴增长条件。而水汽条件和垂直运动条件主要取决于天气学条件,也是下面重点要进行分析的。研究表明形成暴雨必须满足以下三方面条件:

1)充分的水汽条件

很多学者对华北地区的夏季暴雨特征以及水汽来源进行了深入的研究,得出了有意义的结论,如梁萍等(2007)认为来自西太平洋和中高纬西风带的水汽输送变化及异常对华北暴雨的产生有重要影响,而来自孟加拉湾的异常水汽输送仅对华北暴雨的形成有一定的加强作用。天津地处华北平原东部,其暴雨特征和水汽特征与其有相类似之处。天津暴雨的水汽来源主要来自东海、南海和孟加拉湾,与之相配合的流场是 850 hPa 副热带高压西侧的东南急流、700 hPa 高空槽前的西南急流,这两支气流将南方丰沛的水汽输送到天津,形成天津持续性暴雨,如图 4.10 所示。另外还有一支边界层的东风急流,将渤海的水汽源源不断地输送至天津,因此渤海也是天津暴雨的重要水汽来源。

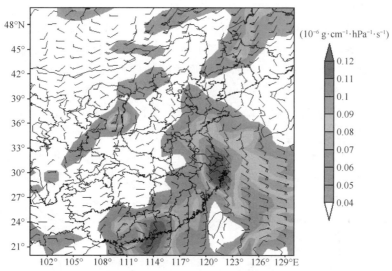

图 4.10　2006 年 8 月 25 日 14 时 850 hPa 水汽通量和风场图(见彩图)

(摘自 何群英和陈涛,2009)

2)强烈的上升运动

目前对大气中垂直运动的诊断分析主要是通过分析水平风场和温压场来进行。通常用 850 hPa 或 700 hPa 图上的风向风速所对应的散度来诊断辐合上升运动的强度,而高层辐散的判断可借助云图来判断。低层辐合、高层辐散以及抽吸作用有利于上升运动的发展和维持。采用 25 点平滑算子的尺度分离法,滤去低通滤波场得到 2006 年 8 月 25 日 850 hPa、200 hPa 流场,很显然滤波后 850 hPa 在天津附近为一中尺度涡旋,正好位于 200 hPa 反气旋环流的左下方。这种高层辐散、低层辐合的流场特征使得上升运动得到了发展,见图 4.11。

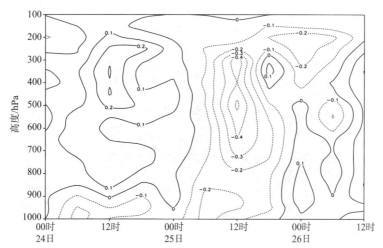

图 4.11　2006 年 8 月 24 日 08 时至 26 日 20 时沿大暴雨区(40°N,118°E)
垂直速度的高度—时间演变图(单位:Pa·s^{-1})

(摘自 何群英和陈涛,2009)

　　从图中可清楚地看到在天津出现暴雨前以及暴雨期间,对流层为一致的上升运动,且上升运动的中心在 500～300 hPa,正反映了天津夏季暴雨形成的普遍特征,只有极个别的过程上升运动中心在 500 hPa 以下。

　　3)较长的持续时间

　　降水持续时间的长短,影响着降水量的大小,降水持续时间长是暴雨的重要条件。一般中小尺度天气系统生命较短,只有在稳定的有利于中小尺度系统发展的大尺度系统天气背景下,才会有若干次中小尺度系统的连续影响,从而形成时间较长雨量较大的暴雨。2009 年 7 月 22—23 日,受中空冷空气的不断侵扰,一次次地激发对流发展,使得天津出现了一次持续达 14 h的强降水过程,11 站暴雨,3 站大暴雨,图 4.12 是暴雨发生期间温度平流和垂直速度的时空剖面图。从图中清楚地看到在 500 hPa 附近一直维持着冷平流,而低空则为暖平流,这种上冷下暖的不稳定层结为对流天气的持续发展提供了基础,冷空气的活动一次次触发了不稳定能量诱发强烈的上升运动,使得 22—23 日对流层始终维持一致的上升运动,造成天津一次全区性暴雨、部分大暴雨的天气。

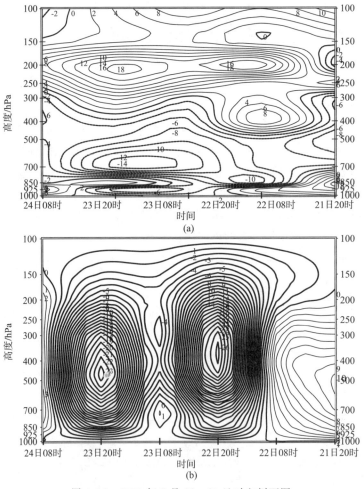

图 4.12　2009 年 7 月 22—23 日时空剖面图

(a)温度平流(单位:K・s^{-1});(b)垂直速度(单位:Pa・s^{-1})

(摘自 何群英:天津暴雨预报与分析)

4.1.3　天津暴雨的中尺度分析

4.1.3.1　对流性局地暴雨中的尺度分析

（1）动力热力结构特征

中尺度对流系统的发生发展是在有利的环流背景下生成的，而促进它发展加强的动力热力机制更加重要，即地面处在高能区或高能锋区附近，有能量和水汽的水平输送和垂直输送；近地面有造成带状中尺度抬升的辐合线，有冷池使得上升运动得以维持（见图 4.13 和图 4.14）。

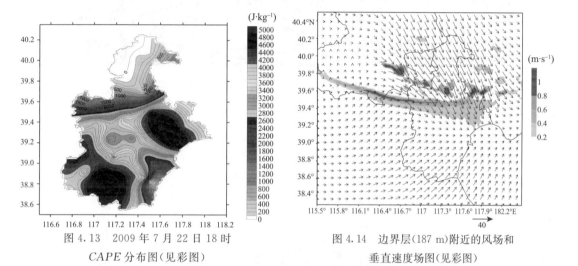

图 4.13　2009 年 7 月 22 日 18 时 CAPE 分布图（见彩图）

图 4.14　边界层（187 m）附近的风场和垂直速度场图（见彩图）

（2）雷达特征分析

回波特征是以飑线为主的对流回波带，在中尺度对流回波带中有若干个中 β 和中 γ 尺度对流单体，对流发展的高度一般能超过 8 km，他们是产生暴雨的直接影响系统。因此暴雨过程表现出明显的对流性和局地性，并伴有强雷电和短时大风，一般的小时雨强超过 30 mm（见图 4.15～4.17）。

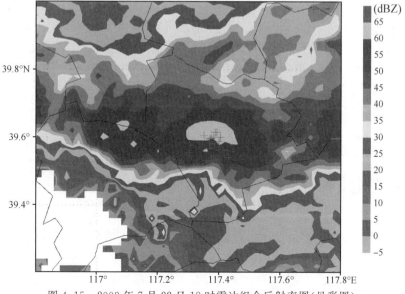

图 4.15　2009 年 7 月 22 日 18 时雷达组合反射率图（见彩图）

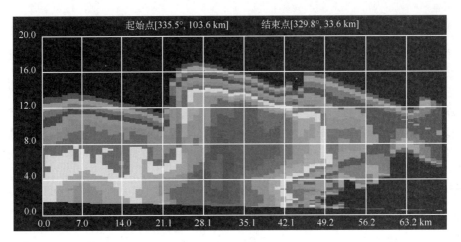

图 4.16　2009 年 7 月 22 日 18 时反射率因子剖面图（见彩图）

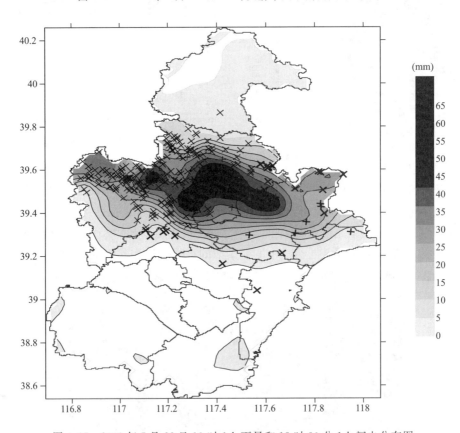

图 4.17　2009 年 7 月 22 日 19 时 1 h 雨量和 18 时 30 分 1 h 闪电分布图

4.1.3.2　持续性区域暴雨中尺度分析

（1）动力热力结构特征

天津持续性暴雨天气一般出现在每年的盛夏季节，与副热带高压的北抬关系密切，当副热带高压脊线位于北纬 30°以北并且西风带有高空槽或低值系统东移时，经常会形成有利于天津暴雨的东高西低的形势，有低空急流产生，天津具有高温高湿高能的条件，如图 4.18～

4.19。同时持续的水汽输送和空气中充沛的水汽含量是区域暴雨产生的基础,正是由于副高的稳定维持,偏南风急流形成了向华北输送水汽的重要通道,因此,在低空急流左侧以及高空槽前不断的有暴雨云团产生,从而形成暴雨天气。

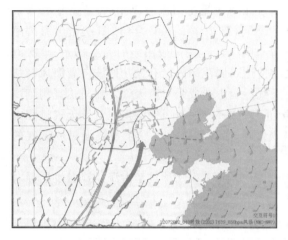

图 4.18　2012 年 7 月 21 日 08 时
中分析图(见彩图)

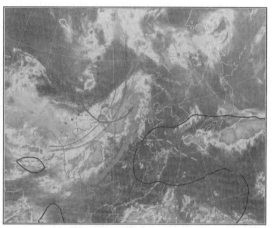

图 4.19　2012 年 7 月 21 日 08 时实况
天气图和云图的叠加图(见彩图)

(2)雷达特征分析

持续性暴雨的雷达特征多为 50 dBZ 左右的强回波群,呈片状,移动缓慢,一般都出现明显的列车效应,强回波发展的高度多数在 6 km 以下(图 4.20)。

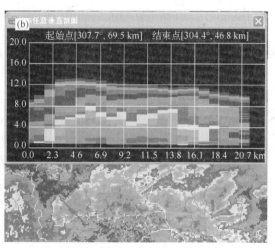

图 4.20　持续性暴雨的反射率因子(a)和相应的剖面图(b)(见彩图)

4.1.4　渤海海陆风环流对天津暴雨的作用

天津位于渤海西岸,海陆风是由海陆温差引起的距海岸线几十千米的中尺度现象。海陆风塘沽站全年均可观测到,且夏季强于冬季,海风强于陆风。天津新一代天气雷达地理位置正好位于渤海湾西岸的塘沽站,它能够捕获海风锋中尺度天气系统,并且能提供高分辨率(包括空间 1 km×1 km、时间间隔 6 min)的精细产品。海风锋只有在每年的 5—9 月才能在雷达上观测到,而且主要集中在 6—9 月。晴空环境下,单一海风锋不能产生强对流天气,仅能改变气温、风、湿度等气象要素特征,但在不稳定条件下海风锋与其他系统相遇会触发强对流天气。

根据海风锋在向内陆推进过程中是与大片回波相遇还是与出流边界相遇,还是在有零散回波存在时沿海风锋自身发生发展强对流天气的不同,对 2004—2009 年 51 日次由渤海湾海风锋触发强对流天气的过程分为三种类型。分型原则以过程特征最明显的为主,如一日次海风锋触发强对流天气过程中造成强对流天气之前雷达观测范围内已有大片回波向着海风锋移动,则归为第Ⅰ型;如一日次海风锋触发强对流天气过程中造成强对流天气之前雷达观测范围内有回波随出流边界向着海风锋移动,则归为第Ⅱ型;如一日次海风锋触发强对流天气过程中造成强对流天气之前雷达观测范围内有零散回波移动,沿海风锋自己发生发展强对流天气的则归为第Ⅲ型。

新一代天气雷达产品完整地监测到了 2004—2009 年 51 次三种类型由海风锋触发的强对流天气过程的回波演变规律(如表 4.4 所示)。

表 4.4　海风锋触发强对流天气过程的规律表

类型	Ⅰ(与大片回波相遇)	Ⅱ(与出流边界相遇)	Ⅲ(自身发生发展)
次数	8	15	28
占比/%	15.7	29.4	54.9
最大回波强度/dBZ	65	60 50(垂直相交)	60(有零散的降水回波存在) 55(无零散的降水回波存在)
达到最强所需时间/min	12	6~12(已存在回波) 12~18(新生单体)	18
发生时间	傍晚前后	午后	上午一午后

第Ⅰ型:渤海湾海风锋在向内陆推进过程中与向着海风风辐合线移动的对流回波相遇,对流回波突然加强或在辐合线推进的方向上突然有对流回波新生后加强。这种类型较少,占总次数的 15.7%。对流回波反射率因子一般每 6 min 增加 5 dBZ,12 min 最大增至 65 dBZ,如相遇之前为片状回波,强度为 55 dBZ,相遇之后强度一般会增至 65 dBZ,同时核心面积增大;如相遇之前为零散的块状回波,强度为 30 dBZ(或 55 dBZ),相遇之后强度一般会增至 50 dBZ(或 65 dBZ),同时回波形状会由零散的发展成为紧密的带状沿辐合线移动,造成列车效应,发生时间大多是傍晚前后。

例:2006 年 6 月 24 日过程造成宝坻、武清遭受冰雹袭击和暴雨天气(图 4.21)。

第Ⅱ型:渤海湾海风锋在向内陆推进过程中与向着海风风辐合线移动的出流边界相遇。这种类型占总次数的 29.4%,发生时间大多是在午后,如果平行相碰则使出流边界和紧随其后的对流回波突然加强,回波一般每 6 min 强度增加 5~10 dBZ,6~12 min 内最大增至 60 dBZ,同时核心面积增大,形状变得更紧密,甚至还会发展成为飑线。如果海风风辐合线和出流边界相交,交点附近会突然有 30 dBZ 左右的小块回波生成,12~18 min 后迅速加强至 60 dBZ,同时核心面积增大并稳定少动。如果海风风辐合线在向西北推进过程中与由北向南移动的出流边界垂直相交,交点附近有小块回波突然产生后迅速加强至 50 dBZ,紧随出流边界后的对流回波会减弱消失。

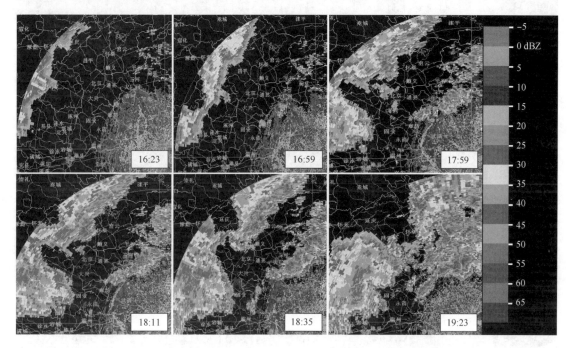

图 4.21　2006 年 6 月 24 日 0.5°仰角基本反射率产品演变图(见彩图)

例:2007 年 7 月 9 日过程造成宁河、东丽、塘沽遭受雷击、冰雹、大风天气(图 4.22)。

第Ⅲ型:渤海湾海风锋在向内陆推进过程中沿辐合线或其附近突然有对流回波新生并迅速发展加强产生强对流天气,该类型的次数最多(占 54.9%)。主要有以下两种情况:(1)多条海风锋辐合线向西或西北推进,雷达观测 150 km 范围内有零散的降水回波东移或北移,则在降水回波的前进方向沿湾海风锋辐合线有 30 dBZ 以上的小块回波突然生成,12 min 后迅速加强至 60 dBZ,同时核心面积增大,并沿辐合线向偏北方向移动;(2)多条海风锋辐合线向西或西北缓慢推进,沿辐合线或两条辐合线之间有 30 dBZ 左右的对流回波突然生成,18 min 后迅速加强至 55 dBZ,并沿辐合线伸展方向移动,移动过程中有的继续加强,最强至 60 dBZ,持续 30~60 min 后与辐合线脱离而逐渐减弱消失,一般越靠近辐合线西南段发展加强的强回波持续时间越长,发生时间大多在上午至午后。

例:2008 年 8 月 9 日过程造成宝坻中雨(伴有雷电)、蓟县的下营镇大雨(伴有雷电)天气(图 4.23)。

海风锋触发雷暴和强对流之前对应站点的低层水汽很大而且持续或随时间增大,层结不稳定度较高,三种类型 08 时 $\Delta T_{850-500}$ 均在 24℃以上。Ⅰ型 $\Delta T_{850-500}$ 要求大些,达 30℃,湿度小些,地面露点温度在 20℃左右;Ⅲ型湿度要求大些,地面露点温度在 26℃左右,$\Delta T_{850-500}$ 小些,为 24℃;Ⅱ型湿度和 $\Delta T_{850-500}$ 介于Ⅰ型和Ⅲ型之间。

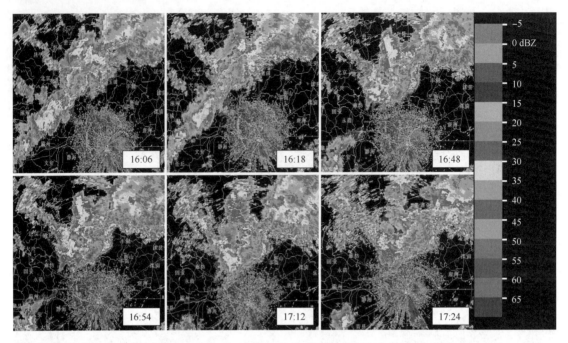

图 4.22　2007 年 7 月 9 日 0.5°仰角基本反射率产品演变图（见彩图）

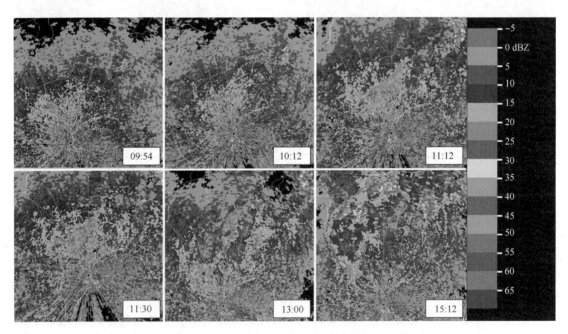

图 4.23　2008 年 8 月 9 日 0.5°仰角基本反射率产品演变图（见彩图）

4.1.5　天津暴雨典型个例分析

4.1.5.1　对流性局地暴雨

（1）2010 年 6 月 17 日蒙古冷涡暴雨天气过程

受高空冷涡型影响，2010 年 6 月 17 日天津出现了自年初以来最强的一次降水天气过程，全区有四个观测站、42 个乡镇降水量超过 50 mm,最大雨量出现在塘沽的雅园社区,为 96.8 mm;其中塘沽区 1 h 雨量达 73 mm。降水造成城区积水严重,许多重要路口的交通一度陷入瘫痪。伴随着降水,蓟县、宝坻、西青、津南、静海、塘沽 6 个区县出现冰雹,冰雹最大直径为 25 mm;津南、静海、塘沽、大港等地出现短时大风、阵风达 10~11 级。致使多个区县受灾,其中部分区县的农业及电力通讯、城市交通等受到一定程度的影响。图 4.24a 为此次天气过程的冰雹、大风的分布情况。

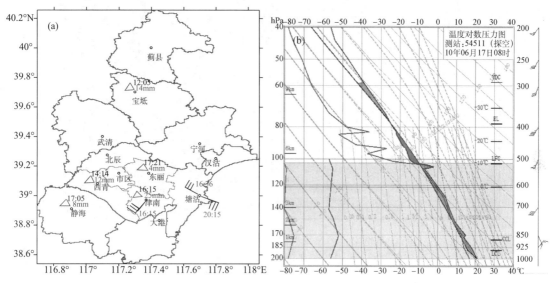

图 4.24　2010 年 6 月 17 日冰雹、大风的分布(a)和 17 日 08 时北京探空图(b)

天气形势:2010 年 6 月 17 日 08 时,500 hPa 高空在中国内蒙古中部有一高空冷涡,中心位于 113°E、43°N,该系统发展深厚,向上一直伸展到 200 hPa 高度,向下伸展到 700 hPa,天津处于冷涡的东南方、冷涡槽前的西南气流里。对应 850 hPa 为一冷槽,槽前的南风急流已经建立,天津处于槽前。从 08 时的北京探空图上看到(图 4.24b),自由对流高度接近 5 km、对流有效位能仅为 150.8 J/kg,但 500 hPa 以下大气湿度接近饱和,而 500 hPa 以上大气非常干冷,这种低层暖湿、中上层干冷的高低空配置,极易触发对流不稳定能量的释放、产生强对流天气。图 4.25 为高空冷涡的高低空配置情况。

(2)2009 年 7 月 6 日局地暴雨天气过程(低槽类)

2009 年 7 月 6 日天津地区出现强对流、局地暴雨天气,单站降水量最大为 111.7 mm;降水主要集中在 12—17 时的 5 h 时间内,其中自动站站点最大雨强为 54.5 mm/h,出现在宁河气象站。从降水实况看到:此次降水过程影响范围小、强度大、持续时间短,具有明显的中小尺度天气系统特征。

天气形势:从 6 日 08 时高空形势看到,从 1000 hPa 到 500 hPa 高度在 120°E、41°N 附近为一深厚冷涡系统,一高空槽从冷涡中心向南一直延伸到 37°N 附近,温度槽落后于高度槽。分析高低空槽区相对位置配置看到(图 4.26),700 hPa 槽明显前凸,形成低空槽随高度前倾、700~500 hPa 槽随高度后倾形成不稳定配置,500 hPa 的冷槽正好与低空 850 hPa 的暖温度脊相叠加,对应地面有一低压系统,其中心气压值为 995.3 hPa,一冷锋锋面正压在津京地区;从地面风场看到,在天津南侧有一中尺度切变,天津沿海地区处于切变南侧的东南风里。

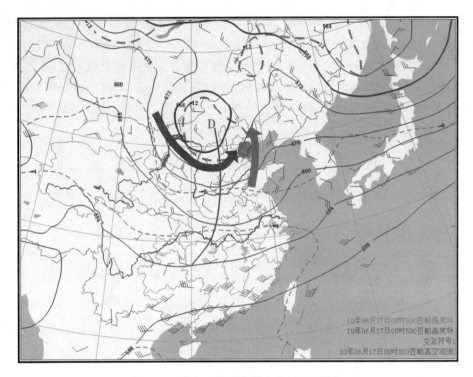

图 4.25　高空冷涡的高低空配置（见彩图）

（实线为 500 hPa 高度，虚线为 500 hPa 温度，槽线为 850 hPa 槽，紫色箭头为 200 hPa 大值风区，
红色箭头为 850 hPa 大值风区，阴影区为暴雨落区）

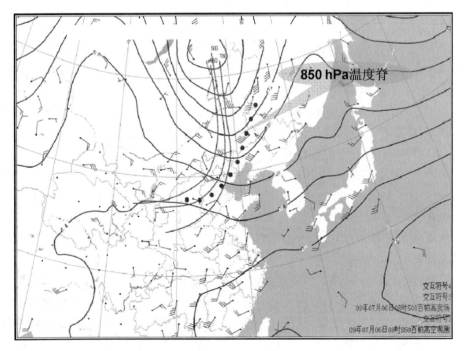

图 4.26　2009 年 7 月 6 日高低空形势配置图

（等值线为 500 hPa 温度场、高空观测为 850 hPa 风场）

从新一代天气雷达的监测来看(图 4.27),海风锋对此次降水过程有明显的触发和加强作用。海风锋的强度基本为 25~30 dBZ、伸展高度为 0.5 km,从垂直剖面图看,强回波随高度向海风锋一侧倾斜,且在低层近海风锋一侧出现弱回波区,说明海风锋一侧为强回波的入流方,由海风锋带来的湿空气随入流气流进入到雷暴体内,使得雷暴单体迅速发展增强,这说明海风锋对雷暴的发生发展起到触发作用。

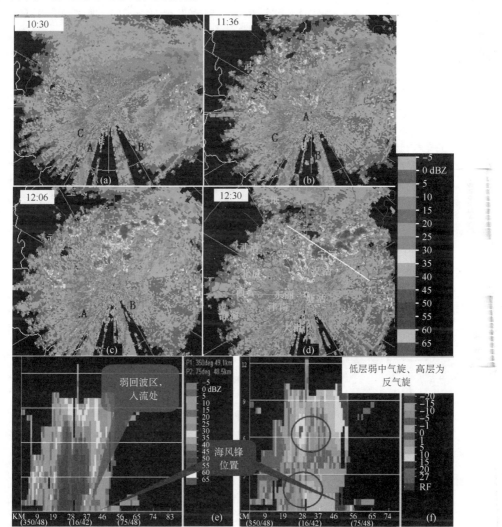

图 4.27　(a)~(d)为不同时间雷达 0.5°仰角探测到的海风锋与降水回波;
(e)~(f)为沿上图中直线位置作的垂直剖面图(见彩图)

4.1.5.2　持续性区域暴雨

(1)2005 年 8 月 16 日全区暴雨(高空槽+副高)

2005 年 8 月 16—17 日,京津冀大部地区普降暴雨,强降雨中心出现在天津南部和河北交界地区,天津地区 24 h 最大雨量为 216 mm,6 h 最大雨量为 177 mm,1 h 最大雨量为 78 mm,强降雨主要出现在 16 日上午。这次降水是天津近 55 年来同期出现的范围最大、强度最强、持续时间最长的一次降水天气过程。

　　此次降水过程的主要天气形势为(图 4.28～4.29)：降水前，500 hPa 等压面上在贝加尔湖附近一直有一宽广深厚的低压槽，东北高压与副热带高压合并控制中国东部及沿海地区，经向型环流特征明显。8 月 13—16 日，副热带高压经历了一次先加强北抬后减弱南退的过程。随东北高压减弱、副热带高压南撤，西风带低槽东移，850 hPa 上贝加尔湖与东北低涡后部的冷空气汇合从东路折向华北，与副高西侧偏南气流交汇于华北中部，在 38°N 附近形成一中-β 尺度切变线，地面为由台风珊瑚减弱的低气压倒槽。降水发生时，京津冀地区处在副高西北部边缘及西风带低槽前的西南气流控制下，并且有地面暖湿倒槽和高空西南急流(200 hPa 上西南急流达 48 m/s)的配合，这非常有利于华北暴雨的发生。

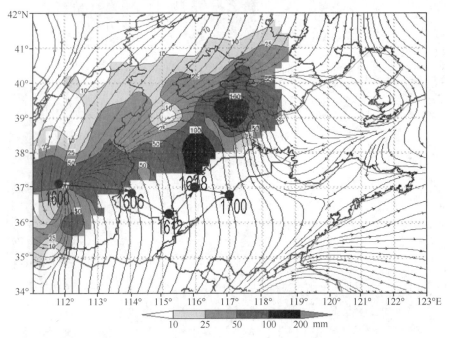

图 4.28　2005 年 8 月 16 日 08 时 850 hPa 流场和 24 h 强降雨区
(圆点为滤波后 1000 hPa 的中-β 尺度低压中心，阴影区为降雨区)

(2)2010 年 7 月 19 日区域暴雨天气过程(西南涡)

　　受低空西南涡影响，7 月 19 日白天到夜间天津地区普降大到暴雨、局部大暴雨，区县气象观测站中最大雨量出现在大港，为 96.4 mm。全市有 6 个区县观测站和 61 个乡镇站降水量在50 mm 以上，达暴雨量级，其中 6 个乡镇站降水量在 100 mm 以上，达大暴雨，最大雨量出现在大港的水产厂，为 139.5 mm。海河流域的漳卫河、徒骇马颊河、海河干流、北三河下游、滦河下游等地出现了暴雨、局部大暴雨。此次降水有效改善了农田土壤墒情，对秋收作物生长比较有利，但降水对城市交通运输也造成了不利影响。

　　天气形势(图 4.30)：降水前的 18 日 20 时，500 hPa 等压面上在东北地区上空形成一冷涡，天津处于涡槽底部，同时在山西—陕西—四川一线沿副高外围有一明显的切变。到 19 日08 时东北冷涡向东北方向收缩，同时沿副高外围在切变的北端切断出一低涡，位置位于山西的南部，天津处于低涡东北侧的偏南气流里。在低层，18 日 08 时在四川盆地东部生成的西南涡，随时间沿副高外围向东北方向移动，到 19 日 08 时移到河北、河南的交界处。同时，沿副高外围低空急流加强，700 hPa 上最大风速达到 20 m/s，天津、河北东部等地处于低空急流的北端。正是由于低空西南涡沿副高外围北上,同时副高外围低空西南急流的建立和加强,造成此次暴雨天气。

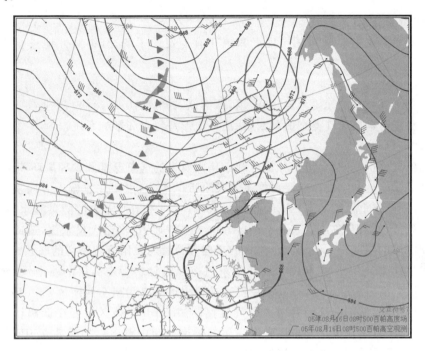

图 4.29　2005 年 8 月 16 日 08 时 500 hPa 天气形势图(见彩图)

(图中三角连线为 500 hPa 温度槽,红色实线为 850 hPa 东北低涡,红色双线为 850 hPa 切变线)

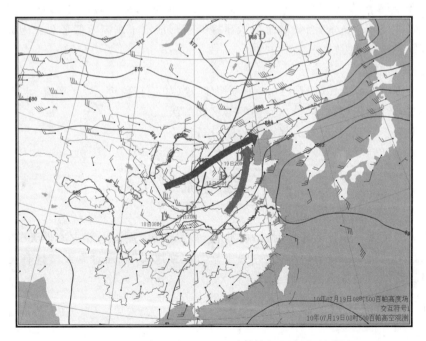

图 4.30　2010 年 7 月 19 日 08 时高低空配置图(见彩图)

(实线为 500 hPa 高度,槽线为 5000 hPa 槽,紫色箭头为 200 hPa 急流位置,

红色箭头为 850 hPa 急流位置,"D"为 700 hPa 西南涡随时间的移动位置)

4.1.6　天津暴雨的预报着眼点

(1)气候背景分析

要对天津暴雨发生发展的气候特点和规律有一定的了解,有针对性地进行重点时期的分析。

(2)天气形势分析

熟悉各种天气类型的暴雨形势(如台风、低槽低涡、低槽切变、冷涡),根据实况资料和数值预报产品资料进行暴雨天气类型的判断,找出环流形势特点和影响系统。

(3)物理量诊断分析

在天气模式分析基础上,重点分析有利于暴雨发生的气象要素和物理量环境:①冷暖平流和锋区条件。②能量和水汽。既要考虑本站及附近的水汽,更要注意偏南方向上游地区的高能大湿区,特别要侧重低层 850 hPa 的能量与水汽,它对暴雨所需要的能量和水汽贡献最大。③动力抬升条件,如低空急流。它是暴雨区的主要水汽通道,输送大量水汽,造成强水汽辐合上升运动和深厚的湿层。急流轴和急流核的走向和位置与暴雨有着密切的联系。④垂直风切变。暴雨发生前 12～24 h,风向由低层的偏东风按顺时针转为中高层的西南风(暖平流),也就是说由低层地面至 850 hPa 偏东风,在爬升过程中逐渐变为南至西南风,500 hPa 华北通常受副热带高压后部,低槽前部的西南上升气流控制。850 hPa 该区域处在低涡切变前部的偏东南气流,暴雨区发生在低层偏东风和中高层的偏南气流配置下。如果 500 hPa 华北维持东南气流,则表示仍受反气旋下沉气流的控制下,对天津暴雨的发生不利。

(4)暴雨的消空条件分析

当副高脊线位于 35°N 以北,或华北以及黄海北部、渤海处于暖高压(环流)控制之下,暴雨带将明显偏北或东移减弱;当黄渤海为低压控制就形成不了东高西低形势。因此,上述高压或低压的位置配置是很好的暴雨消空指标。

(5)暴雨落区分析

给出中尺度分析综合图,结合 T639 相关物理量(如垂直速度、温度平流、水汽通量、水汽通量散度、K 指数、沙氏指数等)给出暴雨的落区和等级。

综合以上分析,最后给出有无暴雨的诊断分析结论。

4.2　强对流天气

强对流天气通常是指伴有短历时暴雨、冰雹、雷暴大风、强雷电等灾害性天气现象。造成这类天气的强对流天气系统有时称之为"强雷暴"或"强风暴"。强对流天气具有突发性强、持续时间短、局地性强、破坏力大等特点。

4.2.1　强对流天气的定义

(1)短历时暴雨

与一般性暴雨不同,短历时暴雨突出的是一个"短"字。一般的暴雨是指 24 h 降水量为 50～99 mm,而对于短历时暴雨,在中国北方一般指连续 1 h 降水量 $R \geqslant 20$ mm,总之是指降雨强度(雨强)较大的降水。

(2)冰雹

降雹过程的强弱,常常用冰雹直径大小和单位面积内降雹粒的多少来衡量。一般将降雹分为弱、中、强三类:弱降雹指冰雹直径 $D \leqslant 10$ mm,可造成轻微灾害;中等强度的降雹指冰雹直径 $D \geqslant 10$ mm 且 $D \leqslant 20$ mm,并有大风报告,灾害程度中等;强降雹的指冰雹直径 $D \geqslant 20$ mm,且有大风报告,灾害程度较为严重,俗称"大雹"。

(3)雷暴(雨)大风

在出现雷雨天气时,凡观测站出现阵风 $\geqslant 17.2$ m/s 或风自记中出现 $\geqslant 17.2$ m/s 记录的(即 8 级以上大风)确定为对流性强风。为了与系统性大风区别,这类大风常被称作"雷暴大风"或"雷雨大风"。

(4)强雷电

与其他强对流天气相比,雷电是最常见的天气现象,其时常伴随着冰雹、雷暴大风、短历时暴雨出现。雷电(或闪电)分为云地闪和云间闪。目前全国闪电定位监测网(ADTD 型闪电定位系统)覆盖天津地区。闪电定位系统可以较准确地给出雷电的位置和次数,且大气电场仪能够给出雷电发生时段大气电场的变化。由于雷电探测数据的精度受设备仪器本身精度的限制,不同地区的数据很难放一起比较。但是,就某一地区而言,用雷电频数(即某一时间内雷电个数)或密度(即单位面积内的雷电个数)来衡量雷电强度是可行的。

4.2.2　常见的中尺度对流系统

中尺度对流系统(Mesoscale Convective System,MCS)是强对流天气的重要载体,泛指水平尺度为 10～2000 km 的具有旺盛对流运动的天气系统。Orlanski(1975)按尺度将 MCS 划分为 α、β、γ 三种中尺度。α 中尺度对流系统($M_\alpha CS$)水平尺度为 200～2000 km,β 中尺度对流系统($M_\beta CS$)为 20～200 km,γ 中尺度对流系统($M_\gamma CS$)为 2～20 km。按对流系统的组织形式分为三类:孤立对流系统、带状对流系统以及圆形对流系统或中尺度对流复合体(Mesoscale Convective Complex,MCC)。孤立对流系统有三种类型:①普通单体风暴;②多单体风暴;③超级单体风暴。带状对流系统最典型的代表就是飑线系统。

4.2.2.1　MCC 或圆形 MCS

MCC 是 20 世纪 80 年代初从增强显示卫星云图分析中识别出来的一种 α-中尺度系统,Maddox(1980)以云顶亮温 TBB(Blank Bright Temperature)$\leqslant -52$℃ 或 $TBB \leqslant -32$℃ 的等值线圈定的范围识别 MCC。MCC 的最大特征是有一个范围广、持续长、有着近似于圆形的冷云罩,其下覆盖的是塔状积云、对流群或 β 中尺度飑线对流系统。MCC 是一种生命期长达 6 h 以上、$TBB \leqslant -52$℃ 的面积大于 5×10^4 km² 、水平尺度比雷暴系统和飑线系统大得多的、近似于圆形的巨大云团,其云顶亮温 TBB 很低,有些可达 -72℃ 以下,这表明其内部塔状积云很高,经常可达到十余千米。圆形或准圆形的 MCS(Mesoscale Convective System)虽然也有圆形的冷云罩,但其冷云罩 $TBB \leqslant -52$℃ 的面积小于 5×10^4 km² 或者达到这一范围而圆形结构维持的时间短(小于 6 h),不足以达到 MCC 的标准。

图 4.31 是 2007 年 7 月 18 日造成天津短历时暴雨、雷暴大风等强对流天气过程的红外云图图像和雷达组合拼图像。可见,雷达和卫星观测到的 MCC 外观不同。由于卫星是从太空向下鸟瞰 MCS,它观测的是处于对流系统上部的冷云盖,而雷达观测到的是带一点仰角的一

个圆锥面上的情况。可以推断,在中低层是不同走向的线状对流墙,在高层是一个接近球冠状的冷云盖。而云墙是变化的,它是由 β 或 γ-中尺度对流单体组成。

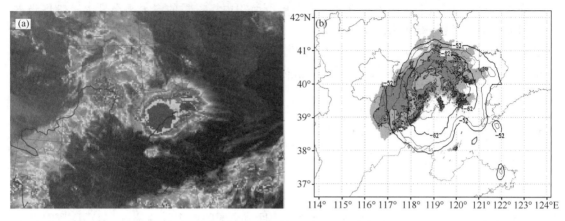

图 4.31 2007 年 7 月 18 日 09 时 fy2c 红外云图监测的天津及河北东部 MCC 图(a)和 5 km 高度上雷达强回波区域(阴影:反射率≥30 dBZ)与同时刻云图 TBB(实线:TBB≤−52 ℃范围)叠加图(b)(见彩图)

4.2.2.2 飑线

飑线这一名称早在 19 世纪后期就有了。为了将飑线和锋面区分开来,20 世纪 50 年代后期,飑线被定义为非锋面性狭窄的活跃雷暴带。20 世纪 70 年代后期,Houze 和 Zipser 等(1977)提出,飑线由雷暴单体侧向排列而成的对流区和层状云区(云砧)组成。飑线被认为是带(线)状的、深厚的中尺度对流系统,其水平尺度通常为几百千米,为 α 或 β-中尺度对流系统。Parker 和 Johnson(2000)提出三类飑线系统的主要模型,即拖曳层状型(TS)、先导层状型(LS)、平行层状型(PS)。所谓的拖曳层状型飑线就是强对流云带在层状云区的最前方;先导层状型是强对流云带在层状云区的最后方;平行层状型强对流云带在层状云区的中间。典型的飑线生命期为 6～12 h,远大于雷暴单体的生命期。飑线常常引起局地地面风向突变、风速骤增、气压跃升、温度剧降,并伴有雷暴天气,有时还出现冰雹、龙卷等灾害天气。飑线前方一般有中尺度低压,称为"飑线前低压",由于飑线造成降水,形成雷暴小高压;雷暴高压后部还有中尺度低压。

以 2008 年 6 月 23 日傍晚前后造成京津冀地区强雷电、短历时暴雨、对流性大风等强对流天气的飑线系统为例,借助于多普勒雷达,了解飑线的结构(图 4.32)。

图 4.32a 为 1.5°仰角基本反射率图,沿东—西横线剖面得到图 4.32b。从垂直剖面图可见,强回波墙有悬垂结构,说明其前侧上升气流很强盛,回波墙后有云砧,回波强度较弱。从径向速度图 4.32c 看,飑线系统前方的强回波墙内有很强的正负速度辐合区,其后部负速度中心达27 m/s。随着飑线系统的发展,层状回波内有一片 45 dBZ 以上的较强回波区(图4.32d)。

4.2.2.3 超级单体

超级单体风暴一词是 Browning 于 1962 年首先提出,"超级单体"顾名思义就是比通常的成熟单体更巨大,更持久,并带来更为强烈的天气,而且它具有一个近于稳态的,有高度组织的内部环流,并与环境风的垂直切变有密切关系。当讲超级单体风暴时,可以指孤立的超级单体风暴,也可以指包括超级单体在内多个单体构成的风暴,其中超级单体占支配地位。水平尺度在几十千米,一般是β-中尺度对流系统。生命期为几十分钟到几小时。近年来,随着多普勒天气雷达的普及,人们发现典型的超级单体风暴具有以下主要特征(下列特征满足 2 个体扫)(图4.33):

(1)在水平反射率图上,有钩状、螺旋状、逗点状回波,常有"三体散射"现象。

(2)有"V"型缺口。前侧"V"型缺口表明强的入流气流进入上升气流;后侧"V"型缺口表明强的下沉气流,并可能伴有破坏性大风。

(3)有界弱回波区(BWER),在 RHI 显示时有穹窿,它的水平尺度为 5~10 km,弱回波区经常呈圆锥形,伸展到整个风暴的 1/3 到 1/2 的高度,穹窿是风暴中上升气流很强的地方,上升速度为 25~40 m/s,甚至达到 60 m/s。由于上升气流强,水滴尚未来得及增长便被携带到高空,形成弱回波。从径向速度图上看到,有正负速度对和一个持久、深厚的中气旋存在。在距雷达 130 km 处,转动速度≥19 m/s。

(4)超级单体在径向速度图上常有中气旋(正负速度对)存在。

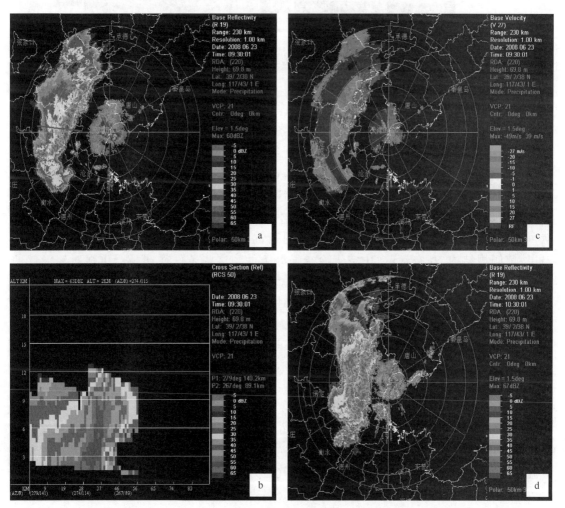

图 4.32　2008 年 6 月 23 日 16—20 时影响京津冀地区的飑线系统图(见彩图)

(a)1.5°仰角基本反射率图;(b)沿东—西横线剖面图;(c)同时刻径向速度图;(d)1 h 后 1.5°仰角基本反射率图

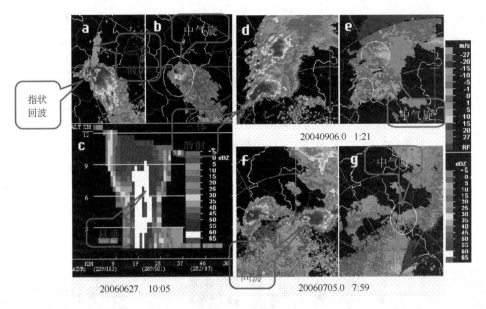

图 4.33　三次超级单体的反射率特征(a、d、f)、垂直剖面特征 c 和径向速度图特征图(b、e、g)(见彩图)

4.2.3　强对流天气形成发展条件

　　强对流天气产生的基本条件是:①水汽条件(如湿舌、低空急流、高湿度辐合);②不稳定层结条件;③抬升触发机制(如天气尺度系统的低层辐合、低空急流、低空辐合线、负变压、地形抬升、局地受热不均匀)。其中水汽条件所起的作用不仅是提供成云致雨的原料,而且它的垂直分布和温度的垂直分布,都是影响气层稳定度的重要因子。水汽和不稳定层结是发生对流天气的内因,而抬升条件则是外因。另外,强雷暴需具有明显的环境风垂直切变($\geqslant 2.5 \times 10^{-3}/s$);长生命史的强雷暴还应具有高低空急流相配合、低空逆温层、前倾槽结构、高空辐散、中空干冷空气等条件。这些条件往往是产生强对流天气的必要条件。

　　强对流天气系统是一种热力对流现象,而对流运动的主要作用是浮力,浮力越强产生的上升运动越强,对流系统的垂直发展越高。

　　所谓的大气的层结状态是指温度和湿度在垂直方向上的分布。层结稳定度则是表征这一影响的趋势和程度。主要有静力不稳定、对称不稳定、切变不稳定。

　　常见的触发机制有四种:

　　(1)天气系统造成的上升运动

　　在对流层中,大尺度上升运动虽只有 $1\sim10$ cm/s 的量级,但持续作用时间长了就会产生可观的抬升作用,这种抬升足以把一般的低层逆温消除掉;虽然天气尺度扰动不足以对触发强对流做出主要贡献,但天气尺度扰动可以使大气热力结构失稳和增加垂直风切变。系统性上升运动包括锋面、槽线、切变线、低压、低涡等,它们造成的辐合上升运动都是较强的,绝大多数对流性天气都是在这些天气系统中产生的。

　　(2)中尺度天气系统造成的上升运动

　　近年来的研究发现,产生强对流必需的抬升运动,主要不是来自天气尺度扰动,而是中尺度或对流风暴尺度过程。中尺度抬升机制来源于大气中的各种不稳定(如重力波不稳定、对称不稳定)、不连续线(如干线、出流边界、风向风速辐合线等)。

(3)局地热力抬升

由于地表受热不均,造成局地温差,常常形成小型的垂直环流。如夏季沿海地区因为白天海面日射增温弱,陆地日射增温强,因此海陆温差使得陆地上空气上升、水面上空气下沉,形成海陆风环流,湖泊与陆地交错分布地区也如此。另外山谷风环流、城市热岛环流等形成的机制同样是受热不均。

例如:2008 年 8 月 27 日夜间 00:45—01:05 天津汉沽区出现冰雹和 17.2 m/s 的短时雷雨大风,而位于蓟县山区的狐狸峪村在 02 时左右也出现了冰雹。最大冰雹直径达 20 mm,降雹密度为 1000 粒/m² 左右。

由图 4.34a～e 可以看出冰雹回波的演变,最强回波为 63 dBZ。在 26 日 20 时天津地区有三个 LI 的低值区,分别位于北部的蓟县(图 4.42f 中 A 处)、东南部的汉沽(图 4.34f 中 B 处)。三个中心 LI 中心值分别为 −5.448℃、−6.388℃ 和 −6.227℃(CAPE 的最大值分别为 2437.472 J/kg、2923.354 J/kg 和 2842.200 J/kg)。这种分布与高温高湿地区相对应。表明地面不均匀的温度分布和水汽分布造成了浮力不稳定和抬升指数的分布差异。从 CAPE 和 LI 逐时变化可以看出,从 26 日 20 时到 27 日 00 时,汉沽地区 CAPE 随时间增大,至降雹前的 00 时 CAPE 达到峰值,为 3671.154 J/kg,直到冰雹发生后才明显减小;而从 20 时到 00 时,LI 则随时间进一步减小,到降雹前的 00 时达到 −7.767℃。蓟县地区 CAPE 随时间减低,只是在 01 时较前一时刻略有升高;20 时到 00 时,LI 不断升高,只是在 01 时才较前一时刻略有降低。两地能量变化的差异表明,两地的冰雹发生机制存在差异,汉沽的热力作用显著,而蓟县热力作用不显著。

(4)海风辐合线对强对流天气的作用

海陆风环流是由海陆热力差异引起、沿海地区特有的一种中尺度环流,它普遍存在于中国各沿海地区。随着海风逐渐向内陆移动,对沿海地区的风向、风速、气温、湿度等气象要素等造成影响,常与内陆其他风场形成辐合带或辐合线,称为海风辐合线,其两侧的气象要素形成类似于冷锋的不连续面,一侧冷湿,一侧相对干热,因此,也称为海风锋。海风辐合线(海风锋)与沿海地区的雷暴天气有着密切的联系。

它的形成一般有两种因素:其一是单纯非系统性的,是由于海陆热力差异引起的白天由海上向内陆吹、夜间由内陆向海上吹的局地小尺度热力环流,通常发生在气压场较弱、风速较小的天气,也称做海陆风。在炎热的夏季,当海风发生时,会引起沿海内陆地区气温下降、湿度增加。还有一种就是伴随着系统性的,即由于倒槽、冷空气回流等系统造成的从海上吹向陆地的风,就天津地区而言就是偏东风。无论是系统性偏东风,还是非系统性偏东风,还是二者共同存在的偏东风,只要是在陆地出现锋面,都笼统地称为海风锋。

随着多普勒雷达、自动站的高分辨率监测设备的布设,在雷达图像上常常能够捕捉到沿海岸线边界的窄带回波,或者地面气象要素不连续线(见图 4.35a～b)。一般海风锋可以深入陆地几十千米。

图 4.36 为天津市区和沿岸塘沽站气象自动站观测得到的 2008 年 8 月 10 日 11—23 时温度、湿度、风随时间演变情况,可见:

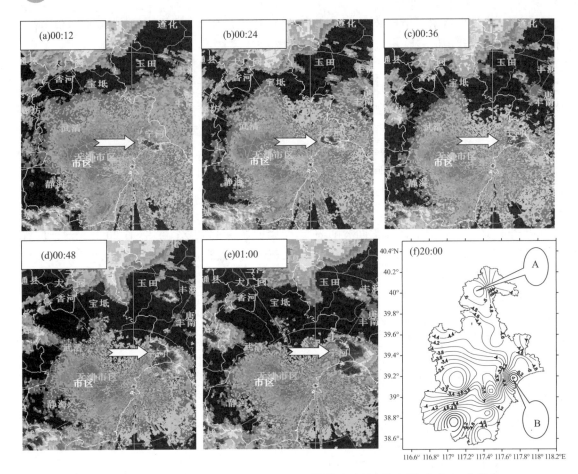

图 4.34　2008 年 8 月 27 日 00:12—01:00 天津雷达反射率演变图(仰角 1.5°,箭头
指示冰雹发生地)(a～e)和 20 时天津地区抬升指数 LI 图(单位:℃,B 点与强回波对应)(f)(见彩图)

　　1)沿海的塘沽站由弱西南风 2 m/s 转为弱东南风 2 m/s 的时间为 14:40 时,东风在 16:20
时加大到 4 m/s,20:20 时再次转为西南风,偏东风持续 4 h。这表现出海陆风明显的日变化特
征。市区由弱西南风 1～2 m/s 转为弱东南风 1～2 m/s 的时间为 17:40 时,比塘沽晚 3 h,市
区至塘沽距离 50 km,估算的海风移速约为 15.3 km/h。

　　2)从塘沽温湿度曲线可见:16 时之后,随着海风风速加大,地面湿度线出现快速增大的现
象,20 时之后,东风转为西南风,湿度骤降。市区湿度曲线也有同样的特征:17:40 时之后至
20:20 时,随着风向转为东风,地面湿度线出现峰值。由此可见,东风起到为近地面增湿的作用。

　　3)从两条温度曲线看到:午后增温时,沿海地区(塘沽)增温缓慢,从 13 时的低点 24℃上
升至 17:40 时的 31℃,用时 4.8 h。而远离海边的市区增温快,从 14:20 时的低点 26.5℃上升
至 16:40 时的 32℃,用时 2 h。

　　图 4.35c～h 为雷达回波演变图,可见 2008 年 8 月 10 日中午 14:48 时(图 4.35c),在雷达
1.5°仰角反射率图上,在 117.5°E 附近监测到一南北向窄带回波 M,这是海风登陆西进后,由
于与内陆气象要素的不连续形成的海陆风辐合线。此时回波强度为 5～10 dBZ。16:12 时,窄
带回波缓慢西进至 117.38°E,移速约为 8 km/h,但 M 上有 γ 尺度的对流单体生成。

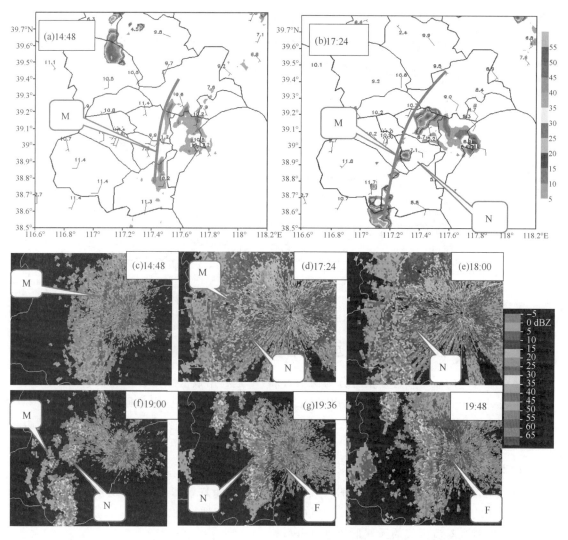

图 4.35 2008 年 8 月 10 日雷达回波自 14:48—19:48 演变图(M 指的为海风辐合线;N 指触发的雷暴)(见彩图)
(a)和(c)14:48;(b)和(d)17:24;(e)18 时;(f)19 时;(g)19:36;(h)19:48

17:24(图 4.35d),在 0.5°仰角回波图上可见:在海风辐合线 M 移过的区域,多个对流单体迅速发展,而且按海风辐合线的走向排列,简称 $M_\gamma CS$ 带—N,此时 M 强度加强到 20 dBZ。

18 时(图 4.35e),M 继续向西移动,其后部 N 继续发展,但 MN 之间的距离在加大。1 h 之后的 19 时,在 1.5°仰角回波图上,M 宽度加宽,$M_\gamma CS$ 带强度范围均加强、加大,N 上出现 55 dBZ 的强回波,且多个单体有合并之势。

19:36(图 4.35g),M 消失,但 N 上多个 $M_\gamma CS$ 已组织为一 $M_\beta CS$,形态似弓形,而此时,N 由向西进转为向东移动,在 $M_\beta CS$ 移向前有窄带回波 F 生成,这是对流系统 N 内强烈的下沉气流触发前部环境空气,而使之抬升形成的阵风锋,阵风锋回波强度为 5~10 dBZ。阵风锋的出现表明,回波所到之处出现雷暴大风。

19:48(图 4.35h),N 与其前沿的 F 快速东移,而后入海减弱直至消失。整个对流系统的生命史将近 4 h。演变过程可见以下特点:①海风辐合线在午后,于天津东部近海形成,后登陆西进,推进内陆约 50 km;②此次 $M_\gamma CS$ 带由海风辐合线激发,而对流系统发展在海风辐合线移过之后;③由于西北气流的侵入,$M_\beta CS$由西进转向东移,并有阵风锋出现。

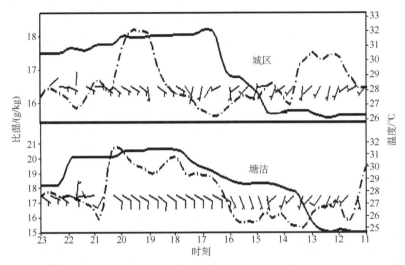

图 4.36　2008 年 8 月 10 日 11—23 时天津市区和塘沽站温度、比湿、风随时间的变化曲线图

(实线表示温度;虚线表示比湿;数据来源于自动气象站监测资料,间隔 20 min)

4.2.4　强对流天气短时临近预报着眼点

强对流天气的短时临近预报可分为两个方面:一是利用数值预报和探测资料对未来 12 h 内发生强对流天气的可能性做出潜势预报;二是雷暴生成以后依据雷达回波等实时观测资料对于雷暴演变趋势的临近预报,即对于可能出现的强对流天气如冰雹、雷暴大风、龙卷、短历时暴雨以及强雷电的临近预报。

4.2.4.1　天气系统分析

强对流天气发生与否离不开大的天气尺度背景环境条件,天气系统是预报员在分析天气时首先考虑的问题。各地发生强对流天气的天气系统具有地域性。下面仅以北京地区和上海地区为代表对强对流天气的天气形势进行分型。

(1)低涡型

此类天气形势具有建立不稳定层结的维持机制和动力强迫机制,易于产生区域性的强对流天气。冰雹、雷暴大风出现的概率为五类雷暴天气型之冠。水汽通量散度辐合厚度需要达到 850 hPa 以上(图 4.37a)。

(2)槽后西北气流、东北低涡型

此类天气形势中,华北上空处在冷平流中槽后西北气流控制下,天气晴朗,低层气团迅速增暖,当低层有低值系统发生发展、暖平流楔入西北气流下方时,导致静力不稳定加剧。强对流发生时,对流层中高层有较大的西北风,在对流层中下层形成较大的风垂直切变和动力不稳定的环境条件(图 4.37b)。此类冰雹、大风发生概率仅次于贝、蒙低涡型。短历时暴雨的发生概率也较低。

(3)西来槽型

此类天气形势当中高层有较大的风速时,利于雷暴大风天气的发生发展(图 4.37c)。

(4)切变线、华北东部涡型

此类天气形势出现冰雹、大风概率较小,短历时暴雨的概率也不高(图 4.37 d)。

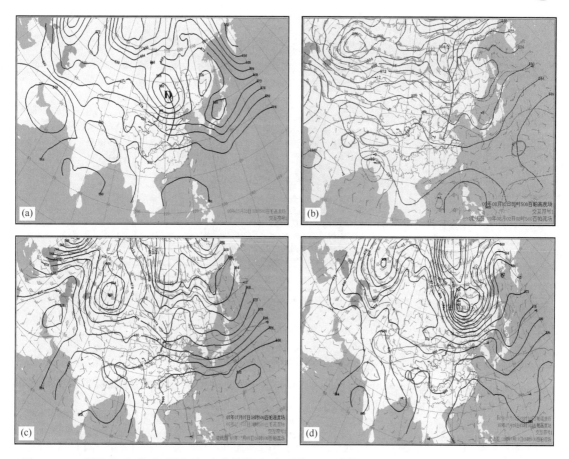

图 4.37 (a)低涡型;(b)槽后西北气流、东北低涡型天气形势;(c)西来槽型;(d)切变线、华北东部涡型图(见彩图)

4.2.4.2 常用的物理量场分析

(1)高低能量舌的配置

假相当位温 θ_{se} 是湿度、温度、气压的函数,它是描写能量的物理量。θ_{se} 的垂直分布反映了大气层结对流不稳定度的状况,将 850 hPa 上 θ_{se} 等值线分布与 500 hPa 等值线分布相叠加(如图 4.38 所示)。以往的许多强对流天气分析均表明:叠加在高能舌上的低能舌的形势加大了大气的不稳定度,有利于形成强对流性天气。对于 2008 年 6 月 23 日傍晚的强对流过程,在 500 hPa上出现低能舌,其下部的 850 hPa 是高能舌。这进一步表明:低层增温增湿,高层冷空气南下,具有高层低能舌叠加在低层高能舌之上的能量水平分布的垂直配置,从而导致大气对流性不稳定。

(2)"上干下湿"湿度层结

除了温度层结外,湿度层结也是环境热力结构的重要表征之一。一般来说,水汽丰富有利于雷暴对流活动的增强,但是边界层以上(离地 2～4 km,高度约 700 hPa)则相反,水汽缺少反而会使雷暴对流活动增强。这是因为中层大气干燥,一方面可以使对流不稳定度增强,造成有利于对流风暴发生发展的环境;另一方面,当对流风暴发生后可以造成干燥的中层入流,使降水蒸发加强,因此下沉气流因雨水蒸发而冷却,从而使下沉气流和雷暴水平外流增强,并引起严重的灾害性大风。

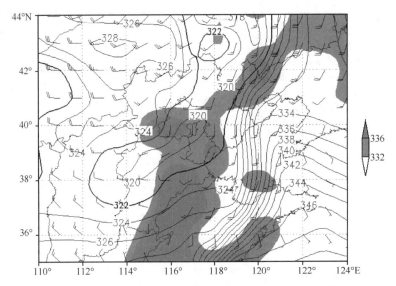

图 4.38   2008 年 6 月 23 日 14 时 850 hPa 上 θ_{se} 等值线分布和 500 hPa 等值线分布的叠加图

（阴影：$\theta_{se} \geq 332$ K；实线：500 hPa 等值线）

（3）强的垂直风切变

风的垂直切变决定了对流系统采取的是普通单体、多单体还是超级单体的雷暴形式（见表 4.5）。在强的热力不稳定层结的条件下，强的风垂直切变有助于普通雷暴组织，形成持续性的强雷暴，它是维持和增强对流风暴的因子。

（4）高、低空急流

低空急流（LLJ）出现在对流层低层，在 850 hPa 和 700 hPa 层中最明显，一般最大风速可达 15～20 m/s。低空急流是一种动量、热量和水汽的高度集中带。其作用是：

（a）通过低层暖湿平流的输送产生不稳定层结。

（b）在急流最大风速中心的前方有明显的水汽辐合和质量辐合或上升运动，这对强对流活动的连续发展是有利的。

（c）急流轴左前方是正切变涡度区，有利于对流活动。

高空急流是产生高空辐散的机制之一。高空辐散具有两个作用：①抽吸作用，有利于上升气流的维持和加强。②通风作用。因为在对流云体发展过程时，由于水汽凝结释放潜热，会使对流云的中上部增暖，整个气柱层结趋于稳定，从而抑制对流的进一步发展。当有高空急流时，对流云中上部增加的热量，就不断被高空风带走，因此有利于对流云的维持和发展。

高、低空急流的合理配合，将促使低层暖湿空气抬升，从而释放不稳定能量，造成强对流天气。强对流天气常产生于高空急流入口区的右侧和出口区左侧，对应低空急流在其左侧。这两处是高空辐散、低空辐合，有利于产生上升气流，形成强对流天气。

（5）逆温层

在强对流暴发前，中低层常常有逆温层和稳定层，它相当于一个阻挡层（干暖盖或逆温层），暂时将低空暖湿层与对流层上部的干冷层分开，阻碍了对流的发展。但是另一方面，它对于大气低层不稳定能量又有储存和积累作用。

（6）常用的对流参数及阈值

较强的热力不稳定和适宜的动力环境是强对流发展的基础，在对流活动中，热力不稳定决定了对流发展的强度,而动力作用对触发对流及决定风暴类型起着重要作用。在描述环境条件方面,物理意义明确的热力和动力稳定度参数以其直观性、可操作性等优势成为日常预报业务的重要指标。热力对流参数有抬升指数(LI)、K 指数、总温度指数(TT)、沙氏指数(SI)、对流有效位能($CAPE$);动力参数有 0~6 km 厚度内平均风切变($Shear$)、风暴相对环境螺旋度($SREH$);强天气威胁指数($SWEAT$)是动力和热量的综合指数。这些参数是日常预报业务中用来判断对流天气发生的重要参考指标(表 4.5)。MICAPS3.1 中给出的 T-lnP 图中红色部分的面积正比于 $CAPE$ 值;绿色曲线代表湿度垂直廓线,其与层结曲线越接近,说明大气中湿度越大。此外,MICAPS中还给出热力能量参数、动力能量参数和动力热力能量参数(图 4.39)。

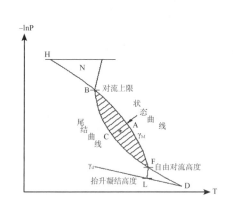
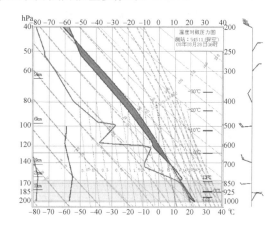

图 4.39 对数压力图解(见彩图)

表 4.5 天津地区发生强对流天气的参考指标表

K 指数 $\geqslant 30$	抬升指数 $LI \leqslant -3$
沙氏指数 $SI \leqslant -1$	$\theta_{e700} \geqslant 325$
$CAPE$ 对流有效位能 $\geqslant 400$,越大越不稳定	潜在性稳定度指数 $\geqslant 0$
$IC(\theta_{se850} - \theta_{se500}) \geqslant 0$	风切变 $_{(250\ hPa \sim 850\ hPa)}/s \geqslant (2.5 \sim 4.5) \times 10^{-3}/s$
$T_{850} - T_{500} \geqslant 25$	风切变 $Shear \geqslant 30$
总指数 $TT \geqslant 50$	$T_{850} - T_{d850} \leqslant 4℃$
风暴相对环境螺旋度($SREH$)$\geqslant 70$	强天气威胁指数($SWEAT$)为 300 左右

4.2.5 强对流天气的临近预报

临近预报一般指对未来几小时之内(一般指 0~2 h)的对流天气系统及其所伴随强雷电、冰雹、雷暴大风、龙卷、短历时暴雨等强对流天气的发生、发展、演变和消亡的预报。

4.2.5.1 冰雹

关于冰雹临近预报,主要指标是:①高悬的强回波(50 dBZ 扩展到 −20℃ 等温线以上);②弱回波区和回波悬垂;③有界弱回波区。且同时满足 0℃ 层到地面距离不太大(原则上不超过 5 km)。辅助指标有:①三体散射;②VIL 的相对大值;③风暴顶强辐散。

1)大冰雹的雷达回波识别

通常将落到地面上直径超过 2 cm 的冰雹称为大冰雹或强冰雹。强冰雹的产生要求有持续时间比较长的较强的上升气流,因为只有在这个条件下冰雹才有可能长大。较长持续时间的雷暴内强上升气流的形成要求环境的对流有效位能和垂直风切变较大。另外,环境温度 0℃层到地面的高度也不宜太高,否则空中的冰雹在降到地面的过程中可能融化掉大部分或者完全融化掉。因此,预报当天强冰雹潜势的主要思路仍然是从较大的对流有效位能、较强的深层垂直风切变和不太大的 0℃层到地面的高度这三个方面来考虑。

冰雹云的雷达回波特征有:

(1)回波强度特别强,一般在 50 dBZ 以上。

(2)回波顶高度高,说明云发展旺盛,一般在 10 km。

(3)"V"型缺口。由于云中冰雹等大粒子对雷达波束的衰减作用,雷达探测时雷达波束不能穿透大粒子(冰雹区),形成缺口。"V"型缺口在 3 cm 雷达上更清楚。

(4)钩状回波。

(5)RHI 强回波伸展高度高,核在 6 km 以上,有弱回波区(WER)、有界弱回波区(BWER)。

2)利用"三体散射"预报冰雹

1998 年,Lemon 对 WSR-88 D 天气雷达三体散射(TBSS)的研究认为:三体散射特征的出现预示着直径 $\geqslant$2.5 cm 的冰雹将在 $10\sim30$ min 降到地面,同时地面还会出现破坏性大风天气。三体散射现象是由于在云中大冰雹散射作用非常强烈,由大冰雹侧向散射到地面的雷达波被散射回大冰雹,再由大冰雹将其一部分能量散射回雷达,在大冰雹区向后沿雷达径向的延长线上出现由地面散射造成的虚假回波,称为三体散射回波假象(图 4.33d 中 6.2 km 高处的回波)。

3)利用垂直累积液态水含量(VIL)预报大冰雹

美国 400 多个冰雹事件统计发现,冰雹直径随着 VIL 的增大而增大,VIL 在 45 kg·m^{-2} 以上的风暴一般产生 1.9 cm 以上的冰雹,55 kg·m^{-2} 以上的一般产生 3 cm 以上的冰雹(Roger,1998)。降雹单体在成熟前期有明显的 VIL 跃增现象,降雹时间基本上是在 VIL 达到最大后开始。王炜和贾惠珍(2002)曾利用垂直累积液态含水量的大小和面积与对流性天气的关系,利用多元回归方法,建立是否降雹的回归方程(因子说明见表 4.6):

$$y=0.287-0.0000189VIL_{WGT}+0.0299VIL_{11}-0.0548VIL_{15}+0.008VIL_{20}$$

式中,y 值的大小表示降雹的可能性,但是 y 并不是数理统计上的降雹概率。在实际应用中,规定 y 值大于 0.7 将会有降雹出现。

表 4.6　回归方程因子说明表

因子名称	说明
$Size$	对流单体核的 VIL>5 kg·m^{-2} 以上的值占有像素点个数
VIL_{Max}	对流单体核中的最大 VIL 值
VIL_{WGT}	$VIL_{Max}\times Size$
VIL_{11}	VIL 取值在 11 kg·m$^{-2}\leqslant VIL<15$ kg·m^{-2} 之间的像素点个数
VIL_{15}	VIL 取值在 15 kg·m$^{-2}\leqslant VIL<20$ kg·m^{-2} 之间的像素点个数
VIL_{20}	VIL 取值为 $VIL\geqslant20$ kg·m^{-2} 的像素点个数

4.2.5.2　雷暴大风

雷暴大风指由雷暴引起的破坏性风或风速≥17.2 m/s 的阵风,雷暴大风与深对流有关,是由强下曳气流底部外流产生的。对流风暴中的下沉气流达到地面时产生辐散,造成地面大风,它是对流风暴经常产生的天气现象。在中等、强垂直风切变环境下,产生雷暴大风的雷暴种类很多,尺度变化也很大,John 和 Doswell(1992)给出 4 种造成雷暴大风的回波类型(图4.40),主要有超级单体(图4.40a)和弓形回波(图4.40b)。在超级单体风暴中,灾害性的地面大风通常发生在后侧下沉气流区(RFD)内,也是中气旋的出流区。弓形回波的尺度比超级单体大,且有时有超级单体环流嵌在其中,它有可能产生龙卷和强对流阵风。弓形回波的长度为15～150 km。

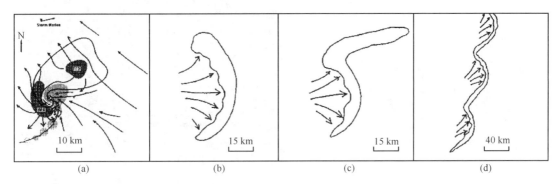

图 4.40　(a)超级单体流场示意图,显示前侧下沉气流和后侧下沉气流;(b)与相对大的弓形回波相伴随的下沉气流示意图;(c)与波状回波相伴随的下沉气流示意图;(d)含有弓形回波和波形回波的长飑线的下沉气流示意图(引自 John 和 Doswell,1992)

雷暴大风临近预报主要指标是:①中层径向辐合(如伴有中气旋,常常意味着加强的大风潜势);②弓形回波;③在距离雷达 70 km 以内时,低层的径向速度大值区;④反射率因子核心高度迅速下降,伴随 VIL 值或迅速下降。

(1)中气旋预警雷暴大风

中气旋是与强对流风暴相联系的最重要的雷暴尺度速度场特征。自 20 世纪 70 年代以来,多普勒天气雷达先是在研究中使用,后来随着 WSR-88 D 在美国全国的布网而开始在业务中广泛使用。小尺度的径向风速特征如旋转、辐合和辐散可用来判断对流风暴的强弱和进一步的发展趋势。超级单体风暴总是与径向速度场上称为"中气旋"(Fujita,1963)的小尺度涡旋相伴。成熟阶段中气旋的概念模型是:在对流风暴的低层,风场特征为辐合型气旋式旋转,中低层为纯粹气旋式旋转,中高层为辐散型气旋式旋转,高层风暴顶为纯粹辐散。在出现中气旋时,强冰雹、龙卷和雷雨大风三种强对流天气中至少出现一种的概率在 90% 以上(俞小鼎等,2006)。一旦识别出中气旋,要立即发布强对流天气警报。

(2)利用 VIL 预报雷暴大风

快速降低的反射率中心核或 VIL 值意味着破坏性大风的开始(俞小鼎等,2006)。统计分析表明:VIL 值达到 30 kg/m^2 是地面灾害性大风出现的阈值,40 kg/m^2 则可以看做是大风的一个预警指标;VIL 值达到最大后的快速减小意味着地面将有灾害性大风出现,VIL 值快速减小后的突然跃增则是地面灾害性大风开始的标志。另外,VIL 产品预警地面灾害性大风时,其阈值是随时间变化的(东高红,2007b)。

（3）阵风锋判据

图4.41a为在飑线前沿雷暴单体移动方向的垂直截面上的相对于雷暴的气流分布示意图，其中两个弯曲的大箭头分别表示雷暴下沉气流和雷暴移动前侧的上升气流，发散状分布的小箭头为下沉气流导致的地面阵风（地面大风），弧状标记为出流边界线。即在边界线上有单体新生（或新生单体），在回波主体前方形成阵风锋。如果雷暴自身产生的阵风锋逐渐远离雷暴，则该雷暴通常会趋于消散，如果始终与雷暴保持大致固定的距离，则雷暴的强度将可能维持不变或增强。如果两个雷暴合并，则雷暴会加强，另外雷暴如果遇到边界，通常雷暴也会加强。

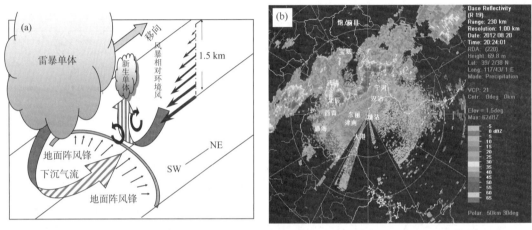

图4.41　（a）阵风锋与雷暴的低层冷出流和环境风垂直切变关系示意图；（b）2012年8月20日雷雨大风过程中弓形回波预期前部的阵风锋图（见彩图）

4.2.5.3　短历时暴雨

通过对天津地区2007年8月25日和2005年8月16日发生的短历时暴雨天气过程进行对比，得出短历时暴雨在速度图上和反射率图上的图像（图4.42）有以下几个特征：

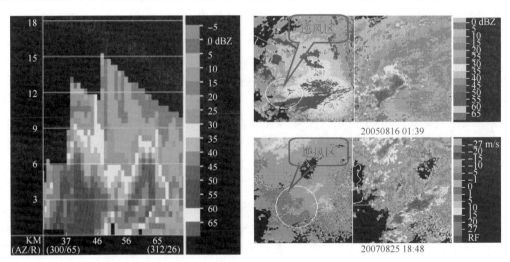

图4.42　短历时暴雨在速度图上和反射率图上的图像特征图（见彩图）

(1)短历时暴雨风暴 55 dBZ 回波所在高度低于－20℃等温线高度。

(2)速度图显示的是"逆风区"特征;雹暴显示的是中气旋特征。

(3)VIL 值不同。2005 年 8 月 16 日(暴雨)的 VIL 密度在 3.43 g·m⁻³以下,小于 2002 年 7 月 15 日(冰雹)的 VIL 密度(在 4.09 g·m⁻³和 6.36 g·m⁻³之间)。

(4)结合对卫星观测的总闪电资料分析,发现冰雹云的云闪与地闪的比值远高于一般的雷雨过程,其云闪密度也远高于雷雨过程。

4.3　高温

4.3.1　高温标准

规定大于等于 35℃(预警时要求连续 3 d)和大于等于 37℃为高温。

4.3.2　高温概述

天津的酷热天气主要出现在 6—8 月,个别年份(如 9 月份)也曾出现过。5—6 月为干热, 7—8 月为湿热,由大陆高压和副热带高压合并所致。天津自 1951 年以来极端最高气温为 41.7℃,出现在蓟县(1999 年 7 月 24 日)。

一般以 35℃以上的天数来统计高温日数,据 1949—2000 年资料记载,20 世纪 90 年代天津平均高温日数普遍增加,与 1961—1990 年的平均值相比,平均增加 2.6 d,静海县增加得最多,平均增加 6.7 d。

高温酷热不仅使人们中暑,还会使心脏血管病、中风、日光皮疹等疾病发病率增多,对人类健康伤害很大。如果空气中相对湿度较大,超过 70%,即使气温达不到 35℃以上,仍会引发中暑等疾病,因此人们也常将气温大于 35℃、相对湿度大于 70%作为对健康有影响的重要指标。另外,高温由于与干旱相联系,对农作物和城市工业用水、居民生活用水也带来极大影响。

4.3.2.1　1971—2000 年 5—8 月天津地区高温统计

总体来说,天津高温天气南部发生天数最多,其次是市区和北部,发生天数最少的是沿海的东部区县;就季节分布而言,高温容易出现在夏季 6 月中下旬至 7 月,5 月和 8 月出现的次数则相对较少(表 4.7~4.8)。

表 4.7　1971—2000 年≥35℃平均天数(单位:d)

时间 地点	5 月			6 月			7 月			8 月			平均年总次数(5—8 月)
	上旬	中旬	下旬	上旬	中旬	下旬	上旬	中旬	下旬	上旬	中旬	下旬	
北部 蓟县	0.0	0.0	0.2	0.6	1.0	0.8	0.8	0.7	0.8	0.1	0.0	0.0	5.0
市区市	0.1	0.0	0.4	0.6	0.8	0.8	0.8	0.9	1.1	0.4	0.2	0.0	6.0
台西青	0.2	0.1	0.1	0.5	0.8	0.9	0.5	1.0	0.8	0.8	0.8	0.4	6.8
东部 塘沽	0.1	0.1	0.1	0.3	0.3	0.2	0.3	0.5	0.5	0.2	0.0	0.0	2.5
南部 静海	0.1	0.1	0.6	1.1	2.0	1.2	1.2	1.6	1.4	0.5	0.2	0.1	10.0
平均数	0.1	0.06	0.7	0.62	0.78	0.78	0.72	0.92	0.92	0.4	0.54	0.58	—

表4.8 1971—2000年≥37℃平均天数(单位:d)

时间\地点	5月			6月			7月			8月			平均年总次数(5—8月)
	上旬	中旬	下旬	上旬	中旬	下旬	上旬	中旬	下旬	上旬	中旬	下旬	
北部蓟县	0.0	0.0	0.0	0.1	0.4	0.2.	0.2	0.2	0.2	0.0	0.0	0.0	1.4
市区市台西青	0.0	0.0	0.0	0.2	0.3	0.2	0.2	0.4	0.2	0.0	0.0	0.1	1.5
	0.0	0.0	0.0	0.2	0.2	0.3	0.1	0.2	0.2	0.3	0.1	0.1	1.9
东部塘沽	0.0	0.0	0.0	0.0	.01	0.0	0.0	0.1	0.1	0.0	0.0	0.0	0.4
南部静海	0.0	0.0	0.0	0.4	0.5	0.5	0.4	0.6	0.5	0.1	0.0	0.0	3.1
平均数	0.0	0.0	0.04	0.18	0.36	0.24	0.18	0.36	0.24	0.08	0.02	0.04	—

4.3.2.2 极端最高气温极值

从历史资料分析,极端最高气温极值出现在天津的西到西南部和北部,有两个极端最高气温中心,分别位于静海和蓟县。强度为41.6℃(出现在2000年7月1日)和41.7℃(出现在1999年7月24日),而市区为41.0℃(出现在2002年7月14日)。天津地区最高气温的年际变化比较显著(图4.43)。

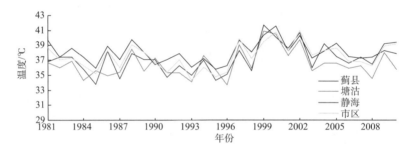

图4.43 天津市区、静海、塘沽和蓟县极端最高气温的年际变化曲线图(见彩图)

4.3.3 环流背景模型

4.3.3.1 贝加尔湖高压脊型

经过大量的资料分析结果表明,天津地区的高温天气多出现在:①高空从新疆、贝加尔湖蒙古为暖高压脊前或东部沿海为槽后西北下沉气流所控制;②地面处在南高北低的形势下,南部海上为高压带,北部蒙古和东北为低压带,天津及华北处在华北地形槽的西南气流里。

例如:东亚槽位于长白山至华东,蒙古至贝加尔湖以西为较稳定的高压脊控制,天津地区位于槽后或脊前西北气流里,经蒙古侵入中国的弱冷空气变性增温,特别是越过太行山脉以后发生下沉增温,使华北地形槽建立后并持续(图4.44)。

4.3.3.2 巴尔克什湖高压脊型

高空暖高压脊位置偏西大致位于巴湖附近,脊前西北气流经蒙古、华北北部、东北和日本;中层冷平流在40°N以北。巴湖高压脊在东移过程中减弱至华北,冷平流退至45°N,高温向东扩展至东北平原,与此同时纬向环流占优势,由于长时间干旱少雨,天气以晴为主,持续日照时间长,弱冷空气南下变性,下沉增温气温升高(图 4.45)。

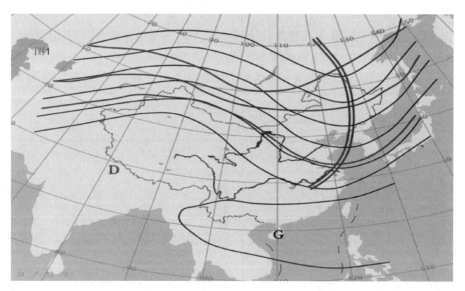

图 4.44 高温环流背景模型——贝加尔湖高压脊型示意图

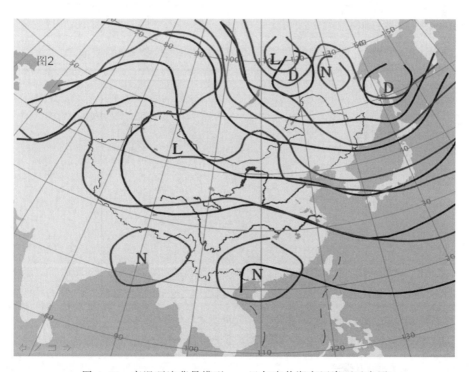

图 4.45 高温环流背景模型——巴尔克什湖高压脊型示意图

4.3.4 高温个例分析

对 2010 年 7 月 6 日天气(见图 4.46)分析得出:

(1)700 hPa 从河套伸向贝加尔湖为暖高压脊,40°N 以南无明显冷空气南下。

　　(2)850 hPa对应也是一暖高压脊并偏东,且北京温度为22℃,20℃等温线牢牢控制中国北方大部地区。

　　(3)700 hPa和850 hPa暖平流明显且维持,925 hPa河北中部为−28℃的暖中心。

　　(4)地面气压场较弱,无降水,以晴间多云为主。

　　(5)应用对数压力图分析:850 hPa温度沿干绝热线下滑至地面,与最高气温基本吻合。

　　(6)数值预报产品中850 hPa气温为24℃。

　　(7)地面西南风1~2级,相对湿度为12%。

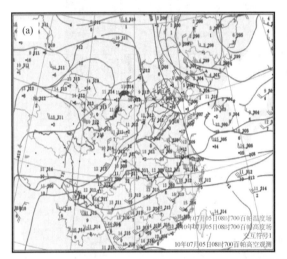
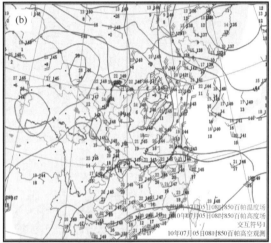
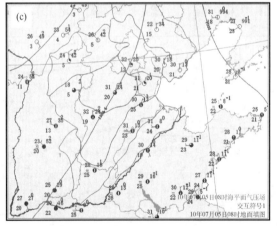

图4.46　2010年7月5日08时天气形势图(见彩图)

(a)700 hPa;(b)850 hPa;(c)地面

4.3.5　高温预报指标

　　在高温天气预报中主要预报指标有:

　　(1)大型环流背景:①要求高空贝加尔湖或巴尔克什湖为暖高压,华北脊前由西北气流控制,高空暖平流更有利;②副热带高压脊线在35°N及以北,河套和华北地区为高压环流控制,中低层以偏西或偏西南风为主,一般要求本地500 hPa大于或等于588值。

（2）高空脊前和地面高压后部，天空状况以晴为主，地面风场，风向为西到西南风 4 级或以下。

（3）中低层（850～700 hPa）暖温度脊或暖中心，控制华北，相对湿度减小。

（4）地面华北地形槽建立更有利于出现高温。

（5）数值预报产品中 850 hPa 气温必须大于 18℃，最好在 20℃以上，如大于等于 25℃，则极端最高气温有可能突破 40℃。

（6）实况要求：无降水，天气晴好，相对湿度小于 20%。

（7）应用对数压力图分析判断要求：850 hPa 温度沿干绝热线下滑至地面，近于当天最高气温。

4.4　雾

4.4.1　雾天气的定义及等级划分

雾是贴地层空气中悬浮着大量水滴或冰晶微粒而使水平能见度降到 1 km 以内的天气现象。按照能见度的大小将雾分为：雾（500～1000 m）、浓雾（50～500 m）、强浓雾（<50 m）。

4.4.2　雾天气的形成及类型

雾通常是在稳定的天气背景下形成的，并具有较强的地域性特征。大气中水汽含量丰富、近地层空气层结比较稳定、暖气流流经冷表面地区或辐射降温剧烈等条件决定雾的生成，由不同条件决定的雾的类型多为辐射雾、平流雾、锋面雾等。雾是华北地区冬季常见的灾害性天气，华北平原的雾大部分为辐射雾或平流辐射雾。

4.4.3　历史上最浓的雾事件

2007 年 1 月 1—4 日天津连续四天在清晨和上午出现雾，雾出现前地面有 2 cm 积雪。出现雾的时间是 1 日 01:36—11:20，雾持续近 10 h，最低能见度是 200 m（浓雾）。2 日 01:35—11:30，雾持续近 10 h，最低能见度是 50 m（强浓雾）。3 日 06:40—10:37，雾持续近 4 h，最低能见度是 10 m。4 日 04:31—13:10，雾持续近 9 h，最低能见度是 10 m。1—2 日雾生成时间较早，凌晨 01 时多出现雾，3—4 日雾生成时间稍晚些，但均在 07 时左右太阳升起前能见度最低，中午前后雾逐渐消散；此过程华北沿海地区均有连续雾日，由于气温低，迎风面容易形成雾凇，道路湿滑，对高速公路和机场跑道以及平台作业造成很大的隐患。

2007 年 10 月 25—27 日天津连续三天出现强浓雾，雾的出现时间是：25 日 02:30—20:00，26 日 20:00—12:35 及 15:40—21:32，27 日 09:20—16:30。雾持续近 3 天，只在中午前后能见度略有好转，最低能见度是 10 m。此过程华北沿海地区均是连续雾日，对高速公路和机场及海上运营造成很大的隐患。

4.4.4　天津雾的天气形势

4.4.4.1　高空 500 hPa、850 hPa 环流形势

雾发生时的高空环流形势比较稳定，雾区上空 500 hPa 图上一般为纬向型环流，偏西气流或西北气流控制，有利于弱冷空气向雾区渗透。可以归纳为：平直西风型（图 4.47a）和槽脊移

动型(图 4.47b)。

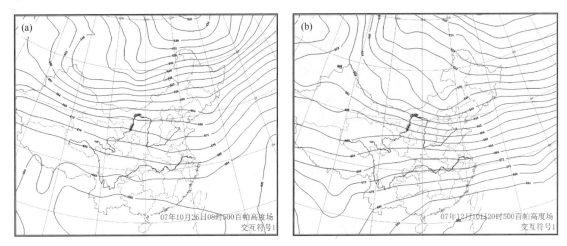

图 4.47　雾区上空 500 hPa 环流形势图

(a)平直西风型;(b)槽脊移动型图

850 hPa 图上一般盛行弱西北气流,从风场结构可以分析出反气旋;从温度场来看,对流层中低层一般为弱的暖性结构,但一般不存在明显的温度槽脊(图 4.48)。

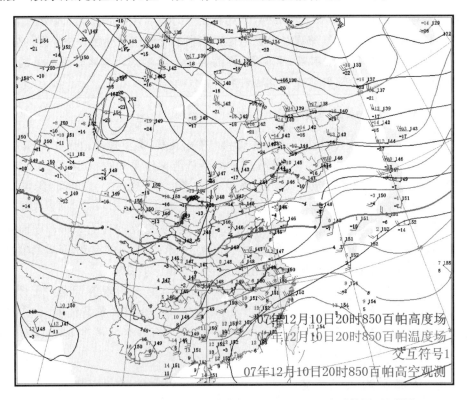

图 4.48　2007 年 12 月 10 日 20 时雾区上空 850 hPa 环流形势图(见彩图)

4.4.4.2　地面形势

从地面气压形势看,雾一般发生在气压梯度很小(如鞍型场、弱高(低)压区、高压区后部等)的区域,但是地面流场一般为弱辐合区,有利于近地面的水汽聚集。

平流雾比较容易出现在持续稳定的高压底部、倒槽前和东北低压等天气形势下,特别是在 850 hPa 为西南气流时,湿层厚,更容易出现平流雾。

华北地形槽、均压场、变性高压形势下,易出现辐射雾。

对于天津地区,雾发生时的地面形势可以归纳成高压类和低压类。

(1)高压类有四种类型:

1)西部或西北部高压型(约占 27%)。其特征是高压中心在河套以西或以北地区,天津地区受高压控制,天气晴好。

2)北部高压型(20%)。高压主体在京津冀地区北部至东北地区。

3)南高北低型(6%)。与东北低压相伴,从河套至朝鲜半岛为高压带,有时高压主体不突出,可有多个中心。

4)海上高压后部型(10%)。大陆变性冷高压进入日本海、朝鲜、黄海北部及中部,京津冀地区转入高压后部。

(2)低压类有两种类型:

1)京津地区处于大陆高压和海上高压之间的低压带中(22%),有时为鞍型场或弱低压。

2)倒槽型(14%),倒槽常常从西部或西南部移过来,与高空槽相配合。

当地面天气系统为北部高压型或倒槽、弱低压时,天津地区维持偏东风或东南风,水汽从渤海输送到天津地区,易出现平流雾。如 2007 年 12 月 10 日的平流雾过程,地面天气图上从蒙古国至日本海为宽阔的高压带,天津地区处于高压底部倒槽前的偏东气流中(如图 4.49 所示)。

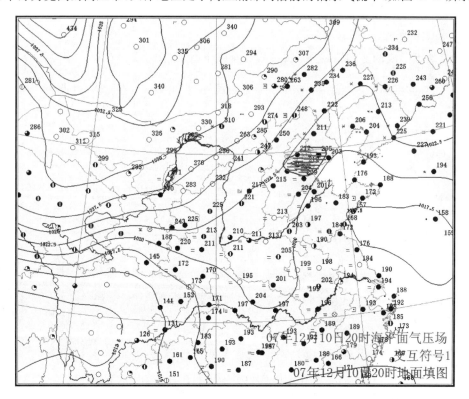

图 4.49 2007 年 12 月 10 日平流雾过程地面天气图

　　另一种情况是当天津地区处于海上高压后部或两个高压之间的低压带时,地面为偏南或西南风,水汽从黄海或东海输送至天津地区。如 2007 年 10 月 25—27 日连续三天的的辐射雾过程,26 日 08 时的地面天气图上日本海高压控制着黄渤海地区及东海北部,天津地区处于大陆高压与海上高压之间的鞍型场中,暖湿气流沿海上高压西部边缘向北输送(如图 4.50 所示)。

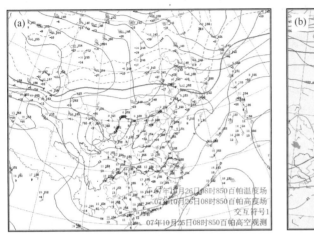 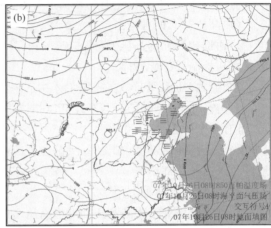

图 4.50　2007 年 10 月 25—27 日连续 3 d 的辐射雾过程的 850 hPa 环流形势图(a)
和辐射雾过程综合图(b)(见彩图)

4.4.5　雾天气形成的基本条件

4.4.5.1　探空特征

晴空背景下形成的雾,其探空廓线一般具有以下特征(图 4.51):

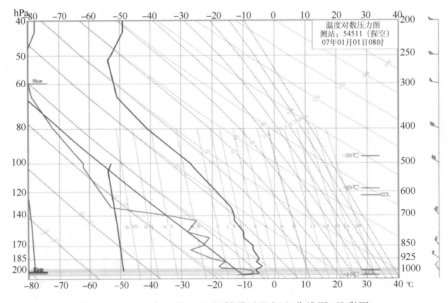

图 4.51　2007 年 1 月 1 日辐射雾过程探空曲线图(见彩图)

（1）3000 m 高度以下,存在明显的逆温层。一般情况下,能够形成平流雾的逆温层较厚,太阳辐射很难彻底破坏其逆温层结构;而辐射雾是由于晴空背景下,地面长波辐射降温而形成的逆温层,在 08 时探空上可以看到相对浅薄的逆温层,随着太阳辐射增强,逆温层将逐渐减弱,甚至消失。因此,平流雾可以维持相当长的时间,甚至连续数日,而辐射雾存在明显的日变化。

（2）逆温层内的温度露点差$(T-T_d)<3℃$,接近饱和;雾越浓,饱和层越厚。

（3）逆温层内的风速一般小于 8 m/s;陆地上形成雾时,近地面高度的风速很小。

伴随有降水或降雪天气现象时出现的雾,往往是低云云底下降到地面或者是由于降雨、降雪本身造成的视程障碍。因此,这种雾的探空特征具有稳定性降水的探空特征,边界层不一定存在明显的逆温层,而且饱和层相对较高,可以从地面一直到达 700 hPa 以上。

4.4.5.2　气温

无论是辐射雾还是平流雾,都需要气温下降到接近露点温度或者露点温度上升接近气温才可能造成水汽凝结。辐射雾主要是通过气温下降来实现水汽凝结,例如雪面反射、地表长波辐射等物理过程,都可能造成近地面气温下降而形成雾。而平流雾形成过程中气温的变化相对复杂,当暖湿气层平流到冷性地面(水面)时,当地气温呈上升趋势,如果气温上升幅度小于露点温度(或者说湿度)上升幅度,造成露点温度差迅速减小,就可能形成雾;当弱的干冷空气平流到暖湿下垫面(如潮湿的地表、海面、湖面等)时,当地气温呈下降趋势,而水汽条件(露点温度)变化不大,造成露点温度差迅速接近 0℃,就可能形成雾。陆地上的锋面雾一般是后一类平流雾。

4.4.5.3　湿度

（1）雾与相对湿度的关系

湿度是形成雾的必要条件,但并不是充分条件。

相对湿度是反映空气潮湿程度的一个物理量,相对湿度越大,空气越潮湿,在有利条件下形成雾的可能性就越大;反之,形成雾的可能性也就越小。图 4.52 是在不同相对湿度下雾发生的百分率分布,在近地面层比 925 hPa 特点明显,主要表现为:随着相对湿度的增加,发生雾的百分率也增加,在相对湿度为 80%～90% 间发生雾的可能性达到最大。因此,近地面的相对湿度对于雾的发生更有意义。

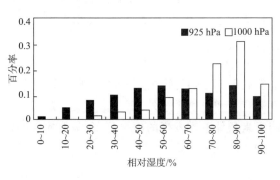
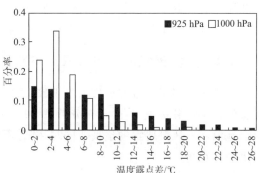

图 4.52　不同相对湿度区间发生雾的百分率分布图　　图 4.53　不同温度露点差区间发生雾的百分率分布图

（2）雾与温度露点差的关系

温度露点差$(T-T_d)$(以下用 T_t 表示)是反映空气中水汽饱和程度的一个物理量。当空气的温度在一定条件下降低到接近露点温度时，即 T_c 越来越小时，空气越接近饱和（准饱和），空气中的水汽就要凝结成小水滴，在边界层内形成雾。图 4.53 为对 T_c 的统计结果，从图中可以看出，对于 925 hPa，T_c 在 0～2℃时，发生雾的百分率相对最大，为 15%；1000 hPa 的统计结果却与之有明显不同，雾日 T_c 的区间更加集中，主要在 0～8℃或 0～10℃；T_c 在 2～4℃（准饱和）时，发生雾的百分率最大，为 34%，因此与相对湿度相同，1000 hPa 的 T_c 对雾的发生更具意义，在 0～6℃发生雾的百分率达到了 77%。它们在近地面的值对于雾的发生具有一定的指示意义。

4.4.5.4　饱和湿空气层结稳定度

$\frac{\partial \theta_e}{\partial p}$ 是表征大气饱和湿空气层结稳定度的物理量之一。对于两个不同的气层，定义 $\Delta \theta_{se} = (\theta_{se上} - \theta_{se下})$，如果 $\Delta \theta_{se} > 0$，则大气饱和湿空气呈稳定状态，反之则呈不稳定状态。

图 4.54 为两个气层厚度之间 $\Delta \theta_{se}$ 的不同区间出现雾的百分率分布，925 hPa 与 1000 hPa 这一较薄气层（近地层）的层结条件对于雾的发生更有意义，当 $\Delta \theta_{se}$ 值在 −2～6℃时，雾发生的百分率达到了 84%。

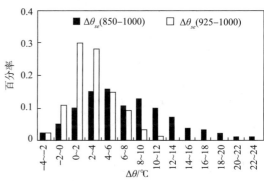

图 4.54　不同层结条件下发生雾的百分率分布图

4.4.5.5　风向风速

华北平原的雾大部分为辐射雾或平流辐射雾，生成雾的基本条件之一是预报区域低空垂直、水平运动微弱。这样上下层动量交换受到抑制，有利于辐射逆温的形成、维持，从而水汽在低空聚集并冷却凝结成雾。研究表明，代表站 850 hPa 以下风速一般不超过 8 m/s，且风速越小雾持续时间越长。华北生成雾的有利地面风向一般为偏南风或偏东风，雾一般从南向北或从东向西先后出现。具体情况要视微弱地面风场而定。如果平原以偏南风为主，雾区往往从南向北依次出现，吹偏东风时雾则从黄海、渤海海岸向西依次推进至太行山东麓。雾的消散往往取其相反的时间顺序。以上事实说明，近地面层的水汽输送对辐射雾的生成有促进作用。偏北风一般对雾生成不利，以天津为例，如果秋冬季 11 月至次年 2 月 14 时地面图上，北京、乐亭和天津有一站出现大于或等于 3 m/s 的偏北风，未来 24 h 以内天津一般不会出现雾天气。

4.4.6　雾天气的预报着眼点与预报指标

雾作为边界层特有的一种天气现象，其生消发展无不与边界层内要素的特征有关。因此，在雾的日常业务预报中，除了充分考虑大尺度环流背景和影响系统外，更要密切关注数值模式对当地温、湿、风等要素的预报。同时，结合不同要素条件下雾发生的概率分布，争取使雾的预报更加客观化。

4.4.6.1　平流雾的预报思路

（1）分析天气形势

首先需要进行天气配置的分析，特别是需要仔细分析对流层中低层系统的配置结构，尤其是地面环流特征，根据平流雾形成的机理，平流雾只有在适当的环境背景下才可能形成。产生平流雾的基本天气形势包括：

1)高压后部平流雾：变性冷高压的后部盛行的偏东气流或偏南气流有利于形成弱的冷平流，变性冷高压底部存在较好的湿度条件(如降水或降雪过程)，而本地冷空气过境后处于气温回升状态。上述类型平流雾出现时，850 hPa 和 700 hPa 上一般存在弱的暖平流。如果暖区的厚度太薄，出现平流雾的可能性就较小。

2)锋前的平流雾：静止锋、冷锋前面或低压槽中的偏南风流场有利于暖湿空气的输送，往往会有平流雾出现。

3)无论是哪种类型的平流雾，近地面层的弱辐合上升运动、对流层中层的弱辐散下沉运动是形成雾的基本形势，因此，500~700 hPa 一般盛行西风或西北气流，不存在明显的风速或风向辐合，而地面流场一般存在弱的辐合区。

(2)本地气象要素分析

1)探空分析：包括是否存在逆温层、逆温层的厚度、逆温层内的风速、饱和层的厚度，这些条件是雾能否形成或维持的基本条件。

2)风向和风速：平流雾的形成需要一定的风速条件，风速太大(例如 5 m/s 以上)不利于水汽的聚集，风速太小(例如静风)有利于降温但不利于水汽的平流作用。风向决定了水汽的来源、冷暖平流的方向，如风向由暖湿指向冷区，或者由冷区指向暖湿区均有利于平流雾出现。

3)上游地区的露点和本站的气温差值：差值越小，越有利于平流雾的形成。

4)本站温度露点差或相对湿度的变化：本站温度露点差逐渐减小(相对湿度逐渐增大)预示雾逐渐形成或变浓，反之则逐渐减弱。

5)本站周围的天气实况：上游地区已经出现雾，而本地气象要素与上游地区相似，表明本地出现平流雾的可能性在逐渐增加。

(3)平流雾的消散分析

1)分析平流逆温条件：当逆温层逐渐减弱(如太阳辐射)，表明雾将逐渐减弱，反之，雾将维持或发展。

2)分析风力条件：风向风速的突然变化将迅速造成雾的消散。

3)系统影响：锋面过境将彻底破坏平流雾维持的大气环境，如逆温层消失、风力加大强化了边界层内水汽的湍流扩散等。

4.4.6.2　辐射雾的预报思路

(1)天气形势分析

在秋冬季节，大多数雾主要以辐射为主，因此辐射雾是一种常见的天气现象。产生辐射雾的基本天气形势包括：

1)地面气压梯度很小，气压场比较弱或是均压场(如鞍形场)，风场上存在弱辐合。

2)850 hPa 上一般为弱的暖性结构，流场上一般为反气旋流出区。

3)500 hPa 上一般为西北气流或偏西气流。

4)925 hPa 以下为弱上升运动，对流层中层为弱下沉运动，这种天气背景下，雾区一般出现在大范围晴空区或少云区。

(2)当地地形等因素

辐射雾多产生于潮湿的谷地、洼地、盆地或水系比较发达的地区(如多河流、湖泊、水塘等)

(3)本地气象要素分析

1)探空分析:包括是否存在逆温层、逆温层的厚度、逆温层内的风速、饱和层的厚度,这些条件是雾能否形成或维持的基本条件。由于辐射雾具有明显的日变化特征,因此地面最低气温的预报与 850 hPa 温度预报将成为判断未来是否可能形成逆温的重要判据。

2)风向和风速:辐射雾的形成需要较小的风速条件。观测研究表明,形成能见度小于 1 km 的辐射雾的风速范围一般在 1~3 m/s。

3)本站温度露点差或相对湿度的变化:本站温度露点差逐渐减小(相对湿度逐渐增大)预示雾将逐渐形成或变浓,反之则逐渐减弱。在本地水汽条件变化不大的情况下,最低气温预报将成为辐射雾预报成功与否的关键因素。

4)本站及周围地区的天空状况:晴空背景下有利于地表辐射降温,如果未来本站上空云层变厚或有中低云出现,则不利于辐射雾出现。

5)本站最近是否出现过降水:秋冬季节降雨或降雪使得近地面层大气湿度迅速增加,天气迅速转晴且风力较小时,夜间的辐射降温,极易形成大范围浓雾天气。

(4)季节背景

辐射雾具有明显的季节变化特征,辐射雾发生最多的季节一般在秋季和冬季。夏季虽然湿度很大,但是气温也相对较高,当没有强冷空气活动时,夜间降温很难接近露点温度。因此,除东北北部地区外,一般不容易出现大范围的辐射雾;在隆冬或春季,华北、东北、西北等北方地区强冷空气活动频繁,而且空气干燥,出现雾的频率也很低。

(5)辐射雾的消散分析

1)逆温层:促使逆温层逐渐变薄甚至消失的条件出现时(如太阳辐射、风速扰动等),辐射雾将迅速减弱消散。

2)升温条件:当天空云量很多且以中低云为主时,由于地面辐射降温减弱,不利于辐射雾的形成;当辐射雾形成以后,天空布满中低云将会大大降低太阳辐射的升温作用,不利于辐射雾的消散。

3)风力条件:无论是偏北干冷气流,还是偏南暖湿气流,当风力达到一定程度(如大于 4 m/s)时,辐射雾将趋于消散。

4)天气系统的影响:锋面、深厚的辐合系统(如气旋、强对流等)等影响本站时,雾会迅速消散。

4.4.7　雾典型个例概述

4.4.7.1　高压型

如图 4.55 和图 4.56 所示,2007 年 1 月 1—4 日渤海湾在清晨和上午连续四天出现强浓雾天气,最小能见度不足 10 m。此过程 850 hPa 天津为弱脊控制,从西伯利亚到蒙古为一冷性高压带,高压中心在蒙古至贝加尔湖一带。其前缘的冷锋在河套至张家口之间,渗透到锋前的冷空气造成锋前降温。雾前期由于冷高压前是华北倒槽发展,槽前的东南暖湿气流向华北地区输送,出现降雪天气,当冷空气以偏北路径渗透南下时,由于辐射降温而出现连续性浓雾,这类型的雾在冬季出现较多。

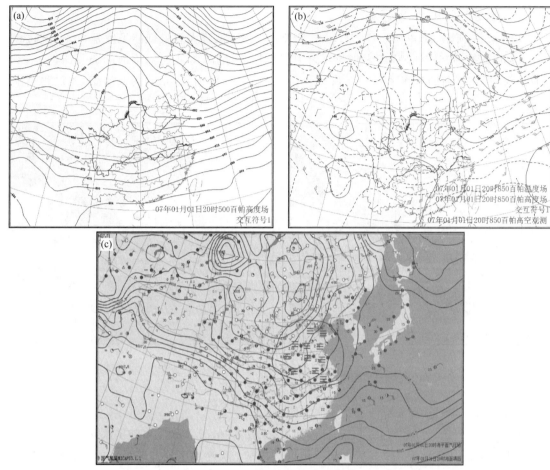

图 4.55　2007 年 1 月 1 日 20 时形势图（见彩图）

(a)500 hPa；(b)850 hPa；(c)地面综合图

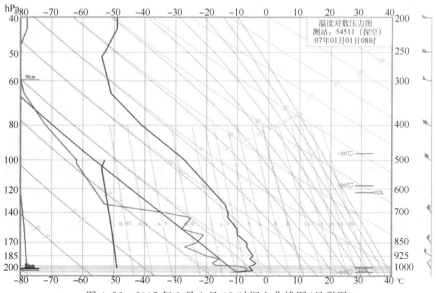

图 4.56　2007 年 1 月 1 日 08 时探空曲线图（见彩图）

4.4.7.2　低压倒槽型

如图 4.57 所示,2009 年 10 月 29—30 日天津出现强浓雾天气最低能见度是 20 m,此过程 850 hPa 在河套地区有浅槽,从华北到西南为倒槽控制,渤海湾处在倒槽前的弱气压场里,系统移动缓慢,倒槽前的东南暖湿气流源源不断地向华北地区输送,东北为高压带,此过程是平流辐射雾。

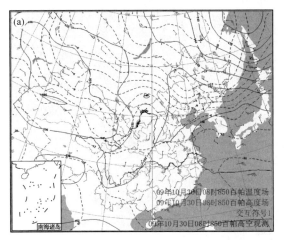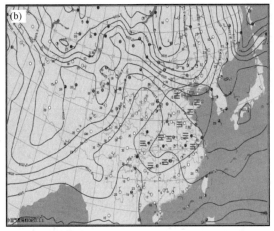

图 4.57　2009 年 10 月 29—30 日形势图

(a)850 hPa;(b)地面综合图

4.4.7.3　鞍型场型

如图 4.58 所示,2007 年 10 月 25 日夜间至 26 日清晨,天津地区出现了浓雾天气,最小能见度不足 100 m。此过程 850 hPa 在河套地区有浅槽。天津地区处在鞍型场里。在雾出现的前期有江淮气旋入海,气旋路径右前方的东南气流会把南方暖湿空气向华北地区输送;东北为高压控制,蒙古地区为热低压控制;天津处于低压前弱东南气流里,此型在天津出现雾日较多,会有连续性雾日。

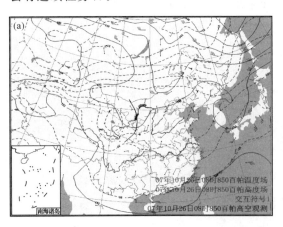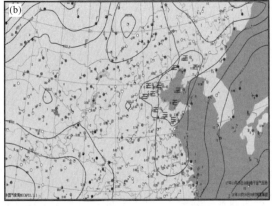

图 4.58　2007 年 10 月 26 日 08 时形势图(见彩图)

(a)850 hPa;(b)地面综合图

4.5 强冷空气

4.5.1 寒潮的定义及概况

寒潮是指中国北方强冷空气大规模地向南推进所造成的大范围内急剧降温和产生偏北大风的剧烈天气过程。寒潮天气的主要特点是剧烈降温和大风,有时还伴有雨、雪或霜冻天气。

4.5.1.1 寒潮标准

根据中国气象局下发的有关寒潮预报及检验的文件和规定:

当冷空气入侵后,凡气温在 24 h 内剧降 10℃以上,最低气温降至 5℃以下者,称为寒潮。以后又补充规定:一次冷空气活动使长江流域以及以北地区 48 h 内降温 10℃以上,长江中下游地区最低气温达 4℃或 4℃以下,陆上有相当于三个行政大区出现 5~7 级大风,沿海有三个海区伴有 6~8 级大风者,称为寒潮或强寒潮。未达到以上标准者,则称为较强冷空气或一般冷空气。

冷空气活动可划分为全国性寒潮、区域性寒潮、强冷空气和一般冷空气四大类。

对于寒潮的预报,分为大风降温消息、寒潮预报、寒潮警报、强寒潮警报、寒潮预警信号五级。

4.5.1.2 其他规定

大风:指气象站在定时天气观测时次任意一次观测到两分钟或有自记测风仪器任意 10 min 记录到的平均风力达到 6 级(10.8 m/s)或以上,或者瞬时风力大于等于 17.2 m/s。

强降温:指每年 9 月 1 日到下一年 4 月 30 日期间,24 h 内最低气温下降 8℃或以上,分为两个级别:8℃或以上、12℃或以上。

4.5.1.3 对天津的影响

寒潮是天津最主要的灾害性天气之一,寒潮带来的剧烈降温可使人、畜、农作物等受到冻害;暴雪、冰冻可导致道路结冰、河流封冻,影响交通和航空。

天津在 20 世纪 20 年代发生的寒潮较为严重,而 50 年代、70 年代较轻,80 年代以来寒潮活动减少,但强度有所增加,这可能与全球气候变暖以及城市化进程导致天津地区气温普遍升高,特别是暖冬发生频率增多有关。由寒潮带来的严寒、大风、霜冻等恶劣天气,给社会经济建设和民众的生活都会带来不利的影响。寒潮带来霜冻时,温度会降到 0℃以下,造成植株部分枯萎或完全死亡。大风能吹翻船只,摧毁建筑物,破坏牧场;严重的大雪、冻雨可压断电线、折断电杆,造成通信和输电线路中断,交通运输受阻等。同时,也会对人体健康产生危害。

但是寒潮对人类也有益处,这一点很少被人提起。研究表明:①寒潮有助于地球表面热量交换。随着纬度增高,地球接收太阳辐射能量逐渐减弱,因此地球形成热带、温带和寒带。寒潮携带大量冷空气向热带倾泻,使地面热量进行大规模交换,这非常有助于自然界的生态保持平衡,保持物种的繁茂。②寒潮是风调雨顺的保障。中国受季风影响,冬天气候干旱,为枯水期,但当寒潮南侵时,常会带来大范围的雨雪天气,缓解了冬天的旱情,使农作物受益。雪水中的氮化物含量是普通水的 5 倍以上,可使土壤中氮素大幅度提高。同时,大雪覆盖在越冬农作物上,就像棉被一样起到抗寒保温作用。寒潮带来的低温,是目前最有效的天然"杀虫剂",可杀死大量潜伏在土中过冬的害虫和病菌,或抑制其滋生,减轻来年的病虫害。③寒潮还可带来风资源。风是一种无污染的宝贵动力资源。

4.5.2　寒潮天气的统计特征

4.5.2.1　寒潮过程发生趋势

寒潮暴发以降温、升压和大风天气为主要特征。在所有因冷空气影响而降温的事件中,只有不到 1/3 的事件伴随有升压和大风天气。在过去的 45 年间(表 4.9),中国北方地区寒潮和极端寒潮事件普遍减少,特别是华北、东北地区,减少的幅度最大,达到 1～2 次/10a,并且降温事件、升压频次和大风频次也都在减少,大风频次以每 2.2 次/10a 的速率在同步减少。降温频次的减少在一定程度上导致了冬季最低温度平均值的升高,形成了持续的暖冬。

表 4.9　中国北方区域(35°N 以北)日降温≥10℃各级降温事件年频次在各年代的分布表

时间	降温频次/a⁻¹			最大降温/℃
	10～15℃	15～20℃	20～25℃	
1960—1969 年	4.20	0.72	0.10	−33.4
1970—1979 年	3.92	0.63	0.08	−31.2
1980—1989 年	3.50	0.41	0.04	−32.2
1990—1999 年	3.56	0.49	0.05	−29.3
2000—2005 年	3.61	0.46	0.05	−28.9

4.5.2.2　寒潮天气

天津位于华北地区东部,历史上多次出现不同程度的寒潮侵袭天津,带来大风降温、雨雪等灾害性天气。天津秋季寒潮最早出现在 10 月 15 日(1957 年),春季最晚出现在 4 月 23 日(1979 年),也有的年份并未出现寒潮,如 1989—1990 年度。11 月中旬至次年 4 月上旬是寒潮活动较多时期,因为此时冷暖交替容易发生寒潮。一次冷空气暴发寒潮的活动范围比较大,天津的宝坻区及蓟县寒潮相对较重。统计寒潮天气发生规律、掌握本区域气候背景,是做好天津寒潮天气预报的关键。

4.5.2.3　寒潮入侵时天气形势特征

(1)500 hPa 高度场脊线位置:寒潮影响时,500 hPa 脊线位于 60°E 及其以东地区,其中位于 80°E～90°E 的占 1/2 左右。

(2)500 hPa 温度场冷中心强度:500 hPa 冷中心强度在 −36～−52℃,其中≤−40℃的约占 90%,大部分冷中心强度在 −40～−48℃(占 80% 以上)。另外,冷中心强度因季节而异,10 月份冷中心强度一般≤−44℃;11～12 月冷中心强度在 −40～−48℃;而 1～3 月上旬冷中心强度最强的可达 −52℃;3 月中旬至 4 月,冷中心强度范围明显减弱,为 −36～−48℃。

(3)地面冷高压中心强度:寒潮的地面冷高压中心强度范围为 1030～1070 hPa。85% 以上的寒潮天气过程,地面冷高压中心强度≥1040 hPa,其中地面冷高压中心强度在 1040～1055 hPa 的占 60%。

地面冷高压中心强度也随季节的变化而变化:10 月为 1040～1055 hPa,11 月为 1040～1065 hPa,12 月地面冷高压中心强度最强,为 1045～1070 hPa,以后逐渐减弱,1 月为 1045～

1060 hPa,到了 4 月地面冷高压中心强度仅为 1030～1045 hPa。

(4)100 hPa 极涡状况:属绕极型(1 波)的占寒潮总数的 71％,其中极涡中心偏于东半球的占 62％,偏于西半球的占 9％;偶极型(2 波)占寒潮总数的 30％;3 波型强冷空气未达到寒潮标准。

4.5.3　影响天津的寒潮天气系统

寒潮天气过程是一种与强大冷高压相伴随的大规模的强冷空气的活动过程。亚洲冬季风起源于西伯利亚(冷)高压,当高压离开源地向南暴发时,在其东侧和南侧可产生很强的北风或东北风,这就是在冬季常见的冷空气活动。

寒潮作为一种大型天气过程,其形成与一些天气系统的活动密切相关,通过跟踪这些天气系统的发生发展和动态,可以了解和掌握寒潮天气的形成原因和发展规律。

4.5.3.1　极涡

亚洲高纬上空稳定维持一个强大的极涡时,对中国的寒潮天气过程有很好的指示意义。

中等以上强度的大范围持续低温都出现在北半球对流层中、上部,极涡发生一次断裂分为两个中心,形成偶极型环流。亚洲一侧的极涡中心南压到西伯利亚北部,冷空气从西伯利亚源源南下,造成中国大范围持续低温。如果欧亚大陆极涡是两个极涡中心,且靠近中国的较强,则伴随中国大范围持续低温是强的;若两个极涡中心强度接近,则中国持续低温中等偏强;反之,若亚洲极涡中心较弱或极涡分裂为三个中心,则持续低温偏弱。

4.5.3.2　极地高压

极地高压定义:

(1)500 hPa 图上有完整的反气旋环流,能分析出不少于一根闭合等高线;

(2)有相当范围的单独的暖中心与位势高度场配合;

(3)暖性高压主体在 70°N 以北;

(4)高压维持在 3 d 以上。

导致极涡分裂为偶极型,常常是由中、高纬度的阻塞高压进入极地并维持所致,当极地高压向南衰退与西风带上发展的长波脊叠加时,中国将有寒潮天气过程暴发。

4.5.3.3　寒潮地面高压

(1)冷高压概况

把寒潮全过程中的冷锋后地面高压称为冷高压,把高压路径当作冷空气路径。近期研究表明,寒潮地面高压多属于热力不对称的系统,高压前部有强冷平流,后部则为暖平流,中心区温度平流趋近于零,它是热力和动力共同作用形成;也有少数过程高压始终为冷性。冷高压(冷性反气旋)的活动与冷空气活动密切相关:在冷空气南下之前,冷高压提供了形成冷气团的最理想的环流条件,而且冷高压的强度也能反映冷空气势力的强弱;冷高压一旦南下,必然带着冷空气南下,常可形成寒潮。

(2)冷高压范围和强度

从范围和强度上来看,冬季欧亚大陆的冷高压是全球最强大的,其水平范围最大可达4000～5000 km,占据亚洲大陆面积的 3/4,小的只有几百千米;中心气压强度一般为 1040～1050 hPa,最高达 1083.3 hPa,到达江南一般不超过 1030 hPa,一般冷高压南下后都会减弱。

（3）冷高压类型

冷高压通常有两种类型：一种是温度分布对称的准静止型冷高压，另一种是温度分布不对称的移动型冷高压。第一种冷高压移动缓慢或呈准静止状态，在其控制下，有利于冷空气积聚、冷却和加强。冬季西伯利亚、蒙古地区常出现这种高压。第二种移动型冷高压是影响中国最多的冷高压，温压场分布不对称，低层为低温冷空气。高层东半部为冷槽，有冷平流，引导冷空气南下；西半部对应有暖脊，有暖平流北上，因而是移动型系统。冷空气表现为东厚西薄。高压中心轴线随高度向西南方倾斜，强度随高度减弱，到3～4 km高度处变成高压脊。

（4）冷高压发展机制

地面冷高压处在高空槽后脊前偏北气流中，冷高压的发展机制主要是高层负涡度平流。因为高层风一般都很大，负涡度平流很强，其绝对值比局地涡度变化的绝对值大，因而伴有高层辐合、低层辐散，故而盛行下沉运动。下沉运动以高压东部和中心附近为最强，西部因有暖平流，下沉运动弱，甚至可能出现上升运动。

4.5.3.4　寒潮冷锋

寒潮地面高压的前缘有一条强度较强的冷锋作为寒潮的前锋，在高空等压面上对应有很强的锋区。

冷锋的移动方向与寒潮地面高压的路径有关系，与锋前的气压系统和地形也有关系，还与引导冷空气南下、寒潮冷锋后的垂直于锋的高空气流分量有关，这种气流常称为引导气流。引导气流的经向度取决于与冷空气活动有关的高空槽，常称为引导槽和该槽后的脊。当引导槽后的脊发展，引导槽加深，锋后气流经向度加大，则有利于寒潮冷锋南下。

4.5.4　寒潮天气形势

影响中国的寒潮天气形势种类较多。寒潮暴发，即冷空气大规模南下，首先需要有冷空气的积聚，即酝酿阶段，这时南北空气交换少，有利于冷空气的积聚，同时也是能量的积聚过程，为冷空气向南暴发做准备；其次，大量冷空气积聚后向南暴发，即暴发阶段，这时，伴有大范围的强偏北风，在空中有较强的长波槽脊的配合，即在中国东部存在大槽，西部存在大脊，中国正好位于槽后脊前，但值得注意的是，在寒潮开始时，这种大槽大脊并不存在，而是由小槽小脊东移逐渐发展而成的。

4.5.4.1　寒潮暴发过程需要具备的两个基本条件

（1）要有冷空气的酝酿和积聚过程，即冷源条件。

（2）要有引导冷空气入侵中国的合适流场，也即引导条件。

实际天气分析表明，强冷空气或寒潮暴发南下，往往是一次高空槽发展加深成东亚大槽的过程，槽后的偏北气流不仅为冷空气南下提供了合适的环流条件，而且随着槽的不断发展加深，气旋涡度不断加大，使冷空气能保持一定的厚度和强度。

4.5.4.2　冷空气的源地和路径

冷空气的源地是指冷空气开始形成和积聚的地区。冷空气源地有三个：

（1）新地岛以西洋面，约为60°E以西、70°N以北的区域。冷空气经过巴伦支海、前苏联欧洲地区进入中国。来自这个地区的冷空气影响次数最多（约占40%），达到寒潮强度的次数也最多。

（2）新地岛以东洋面，约为60°E～100°E、70°N以北的区域。冷空气大多数经喀拉海、泰米尔半岛、中西伯利亚地区进入中国。来自这个地区并影响中国的冷空气次数较少(18％),但强度较强。

(3)冰岛以南大西洋洋面,冷空气经俄罗斯欧洲南部或地中海、黑海、里海进入中国。来自这个地区的也较多(约 33％),但因气温较高,达到寒潮强度的比例少,在东移过程中与其他源地的冷空气汇合后也可达到寒潮强度。

4.5.4.3　寒潮关键区

据中央气象台统计(图 4.59),来自三个源地并影响中国的冷空气有 95％都要经过西伯利亚中部(70°E～90°E,43°N～65°N),并在那里积聚加强,称该地区为"关键区"。

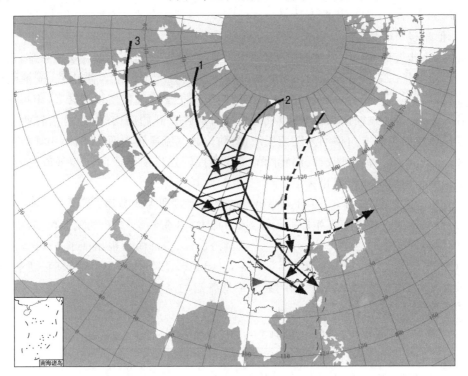

图 4.59　冷空气源地(1、2、3)与寒潮关键区(阴影)和路径(箭头)示意图

4.5.4.4　冷空气路径

冷空气经关键区南下入侵中国有三条路径,包括从西伯利亚东部经蒙古东部—中国东北地区南下的路径。在冬季,亚洲冷高压出现频数最高的地区是从蒙古西部到中国河套地区,呈西北—东南向的狭长地带内,其活动可延伸至华东沿海。应注意的是,冷高压的移动路径不完全一致,但有密切的关系。因冷高压的东部一般都是冷平流区,因此,高压出现频数最多的区域东边,显然是冷空气活动最多的地区。

4.5.4.5　影响天津的冷空气路径

影响天津的冷空气路径大体可以分为三种,分别为偏西路径、西北路径、偏北路径。统计表明,偏西路径占寒潮天气过程总数的 40％;西北路径占寒潮天气过程总数的 38％;偏北路径占寒潮天气过程总数的 22％。

(1)偏西路径:自关键区东移或东移略有南下,影响天津。进入关键区的冷空气,自黑海、里海、咸海东移进入关键区,或者冷空气自北欧东南下进入关键区。

(2)西北路径:冷空气自关键区东南下,影响天津。进入关键区的冷空气,除极少来自黑海、里海、咸海外,其他与偏西路径相同。

(3)偏北路径:冷空气极少通过关键区,大多来自泰米尔半岛与俄罗斯东北部,南下或西南下后再南下影响天津。

4.5.4.6　影响天津的寒潮天气形势

通过对寒潮天气个例的分析研究,可以把造成天津寒潮天气的短期天气形势归纳为四种主要的类型,分别为低槽东移发展型、横槽转竖型、纬向型和槽底宽广型。以下简要介绍上述四种类型寒潮发展的主要形势演变特点。

(1)低槽东移发展型

形势特征:此类过程以大风降温为主。寒潮出现在欧洲脊强烈发展并缓慢东移,以及北半球中高纬环流形势由纬向型向经向型转换的过程中。西脊前强偏北风带南移、横槽涡度西部大于东部、横槽前东南方的负变高和横槽后部的暖平流正变高等促使横槽转竖,南掉极涡与转竖低槽合并后,低槽明显向南加深,冷空气势力显著加强并开始向南暴发,自西脊西北部入侵小槽压迫高压脊向东南方向移动并逐渐崩溃,脊前偏北气流逆转为西北气流,引导冷空气大举向南暴发。强盛的冷平流是造成气温骤降的主要原因。强风的形成除与冷平流侵入有关外,还与高空动量下传的增加密切相关。

个例分析:2008年12月3—5日天津出现的寒潮型式即为此类型。

实况:冷空气从3日傍晚开始影响天津,风力加大,出现了5~6级的偏北风,其中武清、津南、汉沽的瞬时最大风速达17~20 m/s(8级),渤海西部、中部海面也出现了7~8级的偏北大风,瞬时最大风速达24 m/s(9级);从4日开始,气温显著下降,5日早晨除东丽、塘沽、大港和市区的最低气温在-9~-10℃,其他区县的最低气温均降至-10℃以下(见表4.10)。本次过程无雨雪天气。

表4.10　2008年12月3—5日天津各区县最低温度变化表

站名	最低气温/℃			站名	最低气温/℃		
	3日	5日	降幅		3日	5日	降幅
市区	5.3	-9.0	14.3	西青	1.6	-11.0	12.6
蓟县	3.5	-10.4	13.9	津南	2.2	-10.6	12.8
宝坻	1.0	-11.8	12.8	东丽	3.5	-9.0	12.5
武清	-0.6	-10.9	10.3	塘沽	6.7	-9.4	16.1
宁河	4.1	-10.1	14.2	汉沽	4.0	-10.4	14.4
静海	2.9	-11.3	14.2	大港	4.4	-9.2	13.6
北辰	-1.0	-10.9	9.9				

影响系统:高空有冷涡、低槽、急流;地面有冷锋、冷高压。

冷空气源地(图4.60):新地岛、泰梅尔半岛。

冷空气路经(图4.60):西北路。

最强冷中心强度:500 hPa为-48℃;700 hPa为-36℃;850 hPa为-36℃。

最强冷高压中心强度:1065/1074 hPa。

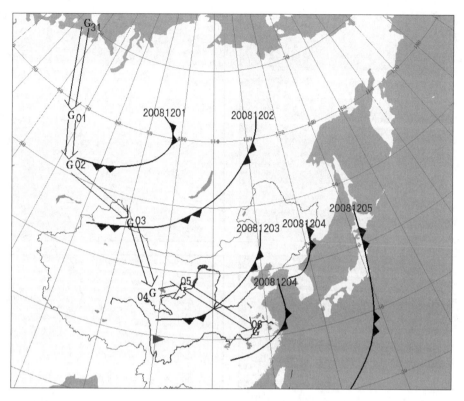

图 4.60　2008 年 12 月 2—6 日冷空气源地和路径图

天气形势(图 4.61)：2008 年 12 月 4 日 500 hPa 高空形势，高压脊强烈发展，脊线在 75°E 附近，位于贝加尔湖的低槽沿脊前西北气流向东南移动，携带冷空气大举南下，有冷涡与高空槽配合，冷中心强度一般在−40～−48℃。冷空气易于沿脊前强西北气流冲下影响天津。700 hPa 与 850 hPa 锋区相当密集。850 hPa 没有低值系统活动，地面表现为冷锋南移的活动。因此影响系统主要是高空槽和地面冷高压。地面冷高压的强度以及 850 hPa 的温度表征了冷空气的强度，850 hPa 最大 24 h 变温为 16℃。

数值预报产品 T639、ECMWF 和日本 3 种数值模式对这次亚欧中高纬大气环流的演变和调整均做出了较准确的预报，尤以 ECMWF 模式预报性能最好。

(2)横槽转竖型

实况：2009 年 10 月 30 日开始至 11 月 2 日，天津遭遇寒潮天气，并出现了 22 年以来最早的初雪。如表 4.11 所示，此次寒潮天气过程，天津日最高气温最大降幅达 17.1℃，塘沽站的降幅最小，也达到 13.1℃；全市平均气温下降 11.3(静海)～13.5℃(市区)；极端最低气温降幅在 12.8(宝坻、宁河)～15.5℃(大港)，尤其是 2 日清晨，全市各区县极端最低气温均在−3℃以下，静海最低气温仅−5.8℃，为 1959 年建站以来历史同期极值，乡镇自动站中北部山区蓟县八仙山最低气温为−11.5℃。11 月 1 日雪停之后，夜间陆地出现了 5～6 级偏北风，局部地区阵风 8 级。渤海海面出现了 8～9 级偏北大风。此次冷空气带来的降温幅度之大为历史同期少见。

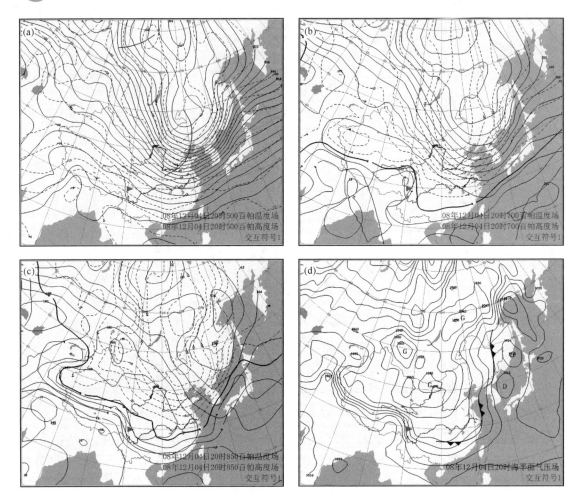

图 4.61　2008 年 12 月 4 日 20 时天气形势图

(a)500 hPa；(b)700 hPa；(c)850 hPa；(d)地面

表 4.11　天津各区县气温降幅一览表

区县	平均气温/℃			极端最高气温/℃			极端最低气温/℃		
	29 日	1 日	降温幅度	29 日	1 日	降温幅度	29 日	2 日	降温幅度
蓟县	13.8	0.6	13.2	21.4	6.1	15.3	9.9	−5.2	15.1
宝坻	12.2	0.2	12	22.2	5.1	17.1	7.7	−5.1	12.8
武清	13.5	0.6	12.9	22.1	5.8	16.3	9.5	−5.2	14.7
宁河	12.5	1	11.5	19.9	4	15.9	8.5	−4.3	12.8
静海	12.7	1.4	11.3	19.9	6.4	13.5	8.2	−5.8	14
西青	12.8	1	11.8	20.9	6	14.9	8.7	−4.2	12.9
北辰	12.6	0.8	11.8	21.3	5.5	15.8	8.3	−4.8	13.1
市区	15.1	1.6	13.5	20.1	6.8	13.3	12.2	−3.1	15.3
东丽	13.3	1.3	12	19.8	5.7	14.1	9.5	−3.4	12.9
津南	12.9	1.2	11.7	19.7	6.2	13.5	9.8	−3.8	13.6

续表

区县	平均气温/℃			极端最高气温/℃			极端最低气温/℃		
	29 日	1 日	降温幅度	29 日	1 日	降温幅度	29 日	2 日	降温幅度
大港	15	2.4	12.6	21	6.9	14.1	12.2	−3.3	15.5
汉沽	12.8	1.1	11.7	19.5	5.3	14.2	10.4	−4.2	14.6
塘沽	13.6	1.9	11.7	19.5	6.4	13.1	11	−3.7	14.7

影响系统:高空为冷涡、低槽、急流、极地高压;地面为冷/暖锋、冷高压、地面倒槽、气旋。

冷空气源地(图 4.62):白海北冰洋。

冷空气路径(图 4.62):西北路、西路。

最强冷中心强度:500 hPa 为−48℃;700 hPa 为−32℃;850 hPa 为−28℃。

最强冷高压中心强度:1065/1072 hPa。

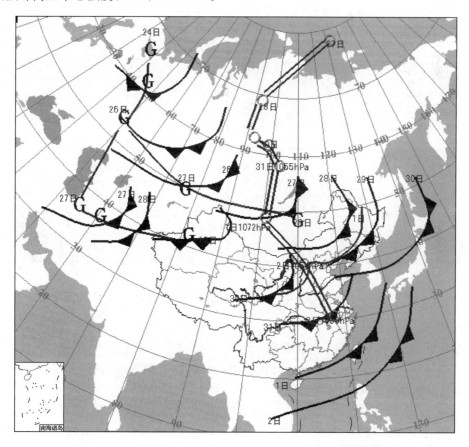

图 4.62　2009 年 10 月 29 日至 11 月 3 日冷空气源地和路径图

天气形势(图 4.63):2009 年 11 月 1 日 08 时,500 hPa 高空图上,东亚大槽槽区宽广,从中国东北地区到新疆北部有一准东西向横槽,横槽前 34°N～45°N 等高线密集,呈东西走向。温度槽落后高度槽,横槽仍在发展加强。同时,在华北东部到长江中下游地区有阶梯槽,阶梯槽有利于引导横槽转竖暴发南下。700 hPa 形势与 500 hPa 基本相似,天津地区等温线密集,锋区很强。锋区后等温线和等高线接近垂直,有强冷平流向天津输送。地面图上,冷高压以西北路径南下影响天津。高压中心位于新疆北部,中心气压达到 1060 hPa,地面冷锋位于东北—

华北—甘肃南部,冷锋后等压线密集,并伴有+6 hPa 的 3 h 变压中心。

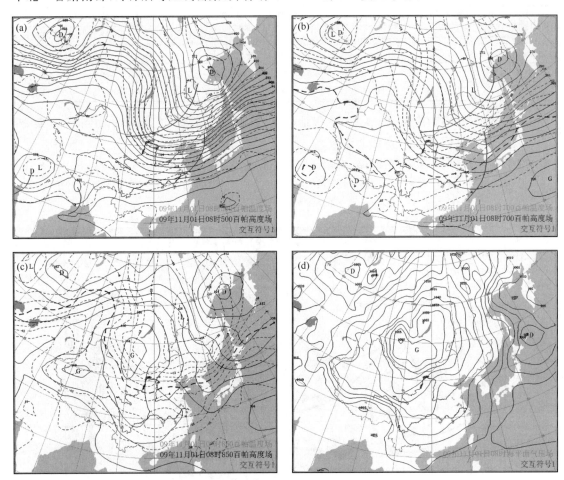

图 4.63　2009 年 11 月 1 日 08 时天气形势图
(a)500 hPa;(b)700 hPa;(c)850 hPa;(d)地面

（3）纬向型

环流形势(图 4.64～4.66)：这次强寒潮事件的强冷空气来自欧亚北部和北极地区的高纬平流层下部与对流层上部。中高纬度环流平直,仅在 85°E 附近有浅脊,105°E 附近有浅槽。此型冷空气活动时间较长,但强度较弱。

2004 年 12 月 22 日 08 时,500 hPa 欧亚大陆 50°N 地区为两槽两脊,巴湖以东有高脊向东北方向伸展,形成阻塞高压,中心强度为 5480 gpm,巴湖北侧和日本岛北部为两个低涡,中心强度分别达到 5320 gpm 和 5040 gpm,二者之间为弱脊控制,东部的低涡后部有横槽;中纬度地区处于纬向环流控制,多波动,河套地区附近有弱脊,其东部有浅槽;有两个冷中心与低涡中心对应,强度均为−40℃。中纬度地区等温线也呈纬向分布,华北地区上空为弱的温度脊,其西侧为浅的冷温槽。850 hPa 从西伯利亚到中国内蒙古中部为高压控制,两侧为低值区,有两个冷中心分别位于巴湖北侧和中国东北地区,中纬度地区为短波槽脊。地面气压场为北高南低形势,高压中心位于贝湖东侧,中心强度在 1055 hPa,40°N～50°N 间有 8 根等压线,河套地区有倒槽,中纬度地区以偏东风为主,变压不明显。

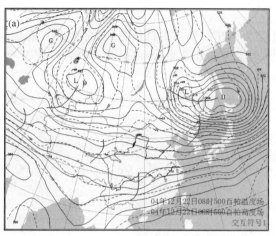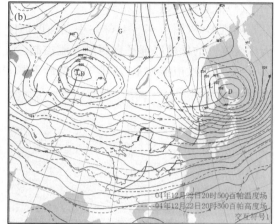

图 4.64　2004 年 12 月 22 日 08 时(a)和 20 时(b)的 500 hPa 形势图

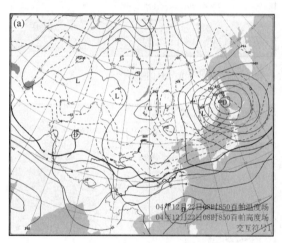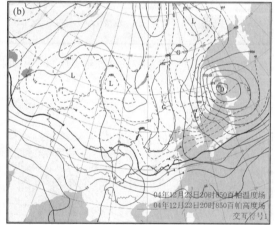

图 4.65　2004 年 12 月 22 日 08 时(a)和 20 时(b)的 850 hPa 形势图

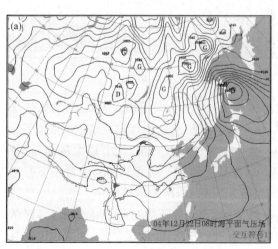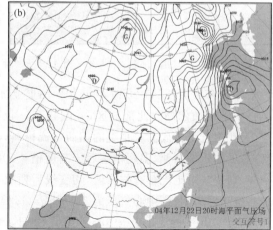

图 4.66　2004 年 12 月 22 日 08 时(a)和 20 时(b)的地面图

（4）槽底宽广型

环流形势（图 4.67～4.69）：中高纬度地区上空为一东西轴向的低压控制，低压中心偏北，天津受宽广的低槽底部平直西风气流控制。此型冷空气主力偏北，入侵形式多以锋区逐渐南压、冷空气逐次南推为主，造成气温持续下降，持续低温天气。

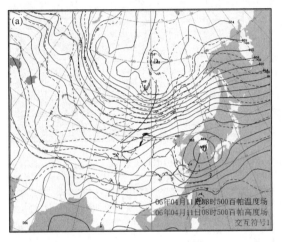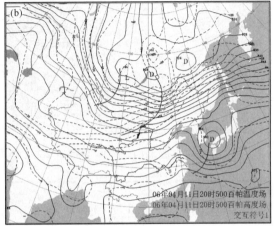

图 4.67　2006 年 4 月 11 日 08 时(a)和 20 时(b)的 500 hPa 形势图

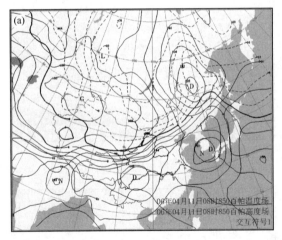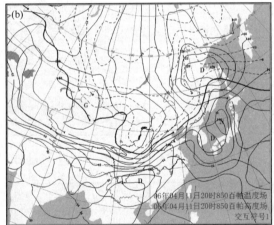

图 4.68　2006 年 4 月 11 日 08 时(a)和 20 时(b)的 850 hPa 形势图

2006 年 4 月 11 日 20 时，500 hPa 图上亚洲高纬地区上空为一东西轴向的低压控制，低压中心位于贝加尔湖西北部地区，并配合有－47℃冷中心。低压南侧为纬向气流，呈现为平底槽，天津附近受槽底部较平直的偏西气流控制，40°N～50°N 等高线密集，配合以大风速轴（急流）在贝加尔湖西侧，温度槽落后于高度槽。700 hPa 在辽宁西部—河北北部—山西中部有切变线，切变线附近配合有强锋区，切变线后西北风与等温线垂直，冷平流非常强。地面冷高压中心位于磴口附近，中心气压为 1038 hPa，冷锋移到黄河下游，处于锋后等压线密集区，西南部伴有＋4 hPa 的 3 h 变压中心。到了 12 日 08 时，锋区进一步南压，低压中心、冷中心位置与强度基本维持不变。700 hPa 冷中心位置略有南压，切变线后西北风仍与等温线垂直，有强冷平流。地面冷高压进一步向东南移，高压中心位于河套地区，中心强度不变。冷锋锋后等压线仍非常密集,呈东北—西南走向,天津仍维持较大气压梯度,3 h 变压减弱。在此有利的高空地面形势配置下,造成了大范围寒潮天气。

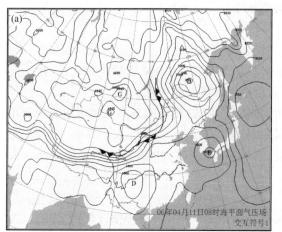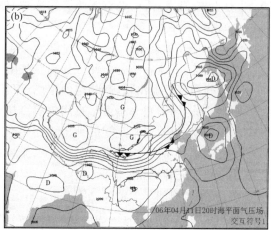

图 4.69 2006 年 4 月 11 日 08 时(a)和 20 时(b)的地面形势图

4.5.5 冷空气活动和天气

冷高压和冷空气活动伴随的天气,随不同季节、不同地区以及冷高压的不同部位有很大的差异。冷空气活动主要出现在冷高压的东南部,冷高压的前沿一般都有冷锋存在,如果冷空气很强,达到寒潮强度,则寒潮前沿的冷锋也被称为寒潮冷锋。

4.5.5.1 寒潮天气

偏北路径的寒潮天气,一般以大风、强降温为主,有时伴有降水;西北路径的寒潮天气,多以大风降温为主;偏西路径的寒潮天气,多伴随降水天气,一般降温不剧烈,若有偏北路径的冷空气配合,可造成强降雪。由此产生的平流降温及因融雪从大气中吸收大量的融解热而引起的降温,也是可观的。强冷空气或寒潮过境时,有时也伴有风沙、雨凇和霜冻。

4.5.5.2 大风

除偏西路径的寒潮外,其他路径的冷空气,只要强度足够,均可造成全市大风天气。

4.5.5.3 霜冻

(1)概念

霜冻,是指春、秋季节日平均气温高于 0℃时,夜间或清晨出现的足以使植物遭受冻害或死亡的短时低温天气,也可以指地面或叶面的温度突然下降到农作物生长所需最低温度以下,农作物遭受冻害的现象。

一般情况下,最低气温降到 0℃时,大部分作物开始受到冻害。因此常用最低气温小于等于 0℃作为霜冻预报的指标。

出现霜冻时地面可以有白色的结晶物——白霜,也可能没有白霜,无白霜出现的霜冻亦称为黑霜。霜冻主要是由于冷空气入侵引起的,在冷空气影响下造成的平流降温,加上夜间地面辐射冷却作用,使局地降温幅度加剧。因此,霜冻多出现在夜间或早晨最低温度出现的时间。

（2）对农业影响

霜冻分初霜冻和终霜冻，初霜冻出现在秋季，主要影响秋菜、甘薯、棉花等，终霜冻发生在春季，对小麦、蔬菜、果树都有影响。霜冻与寒潮或强降温天气密切相关。

（3）霜冻的种类

分为以下三种类型。

平流霜冻：平流霜冻是由北方强冷空气南下直接引起的霜冻，常见于早春和晚秋，在一天的任何时间内都可能出现，影响范围很广，而且可以造成区域性的灾害。

辐射霜冻：辐射霜冻是由于夜间辐射冷却而引起的霜冻，这种霜冻只出现在晴空或少云和风弱的夜间或早晨，通常是零散地出现在一个区域内。

平流—辐射霜冻：这类霜冻是由于平流降温和辐射冷却降温共同作用而引起的霜冻。大多数霜冻即属此种类型。

（4）天津霜冻的一般情况

每年秋季出现的第一次霜冻称为初霜冻，每年春季最后一次出现的霜冻称为终霜冻。大范围的冷空气活动的时间与强弱直接影响着天津初、终霜冻的开始及结束的日期。

从天津的霜冻出现时间分布情况看（表 4.12），东部地区出现时间最晚，结束时间最早，即霜冻历经时间最短。而北部地区受冷空气及山地地形影响，出现的时间最早。

初霜冻平均于 10 月中、下旬出现，蓟县、宝坻出现较早，市区、东部地区及南部地区出现较晚，天津出现初霜冻历经约 48 d 之久，蓟县最早出现初霜冻在 9 月 28 日，初霜冻出现最晚的是塘沽 11 月 16 日。

终霜冻平均于 4 月上、中旬结束，天津终霜冻日期相差 64 d 之久，武清终霜冻日期在 5 月 16 日，而塘沽终霜冻日期最早在 3 月 13 日。

表 4.12　历史上天津初、终霜冻出现时间表

	最早		最晚	
	时间	地区	时间	地区
初霜冻	9 月 28 日	蓟县（1968 年）	11 月 16 日	塘沽（1954 年）
终霜冻	3 月 13 日	塘沽（1959 年）	5 月 16 日	武清（1962 年）

（5）霜冻的预报

霜冻的预报归根结底是地面最低气温的预报。值得注意的是常规要素预报中的最低气温预报与霜冻所考虑的地面温度预报是有差别的。一般情况下，在冬春季节里，当冷空气强度足够强，又无降水天气出现时，若预报冷空气过后，夜间无云或少云，静风或微风，相对湿度较小，则要注意考虑可能出现霜冻。通常西北路径的冷空气活动，容易造成天津的霜冻天气，特别是风后天空无云或少云，平流降温与辐射冷却降温共同影响造成的。

4.5.5.4　降雪

伴随寒潮常常出现降雪天气（详见第 4.6 节大雪内容）。

4.5.6　寒潮的预报

寒潮能否暴发与冷空气的源地和堆积程度有着密切关系。寒潮的大尺度关键系统主要是乌拉尔山地区阻塞形势或高压脊和东亚大槽。从因果关系来说，寒潮的形成和暴发过程常表

现为乌拉尔山地区阻塞形势的建立和崩溃导致东亚大槽的破坏和重建。另外,寒潮还有一种比较重要的大尺度关键系统,就是东亚横槽。

一次寒潮的形成,必须经过两个阶段:一是冷空气堆积阶段,二是冷空气暴发阶段。

4.5.6.1　寒潮暴发的条件

(1)大西洋东部低槽斜压不稳定发展,位于低槽前的西欧高压脊受到暖平流动力加压作用迅速加强,脊线由 NW-SE 向顺转为 S-N 向,脊点向北伸展,环流经向度加大。

(2)高脊东侧的低槽区扩大加深,北半球中高纬环流形势转变为两脊一槽的倒 Ω 流型,脊前偏北气流显著加强并形成中心风速大于 $32\ \mathrm{m \cdot s^{-1}}$ 的急流带,急流核风速大于 $40\ \mathrm{m \cdot s^{-1}}$。

(3)鄂霍次克海至白令海为高脊区,阻挡冷空气东移,促使冷空气堆积加强,与之配合的冷中心强度超过 $-40℃$,高空锋区位于 $50°N$ 附近,呈 WNW-ESE 走向,等温线密集。

(4)500 hPa 高空槽东移至蒙古国中部,地面锋面位于华北地区北部至河套西侧,冷高压中心加强。极涡中心(位势高度为 488 dagpm)位于 $60°N、110°E$ 附近,冷中心加强至 $-44℃$ 以上。南掉极涡与低槽携带的冷空气合并,低槽明显向南加深,环流经向度进一步加大,西脊振幅增加到约 45 个纬距,锋区南压至 $40°N$ 附近,并转为 ENE-WSW 走向,锋区增强。

(5)地面图上,蒙古国西部至新疆北部有冷锋活动,冷高压中心大于 1068 hPa,冷空气势力加强并开始向南暴发。此时,天津北部 24 h 气温下降幅度达到 $8\sim12℃$。

4.5.6.2　寒潮降温的预报

寒潮天气过程中,强盛的冷平流是造成气温骤降的主要原因。

当 850 hPa 温度场上冷平流进入新疆北部,冷平流中心值为 $-2×10^{-4}℃ \cdot s^{-1}$ 时,表明冷空气很强,此时锋区呈准 W-E 向,冷平流亦呈水平带状分布,前沿位于 $40°N$ 附近,有一个或两个冷平流中心,分别位于新疆吐鲁番附近地区和内蒙古西部。高空低槽明显向南加深后,锋区和冷平流区均转为 ENE-WSW 走向,冷平流范围亦明显加大、强度加强。

根据统计分析表明,冷平流强度低于 $-1×10^{-4}℃ \cdot s^{-1}$ 的区域与日最低气温下降幅度在 $10℃$ 以上的区域大体一致,冷平流区向南扩展的速度比地面气温 24 h 负变温区向南扩展速度超前 12 h 左右。

4.5.6.3　寒潮大风的预报

(1)气压场形势

在中高纬度,风场与气压场基本上符合地转风、梯度风。因此,预报寒潮大风,首先应该分析寒潮高压和寒潮冷锋的强度变化和移动路径,冷空气南下的主力方向,在预报寒潮高压、寒潮冷锋和冷空气主力方向的基础上,根据锋附近风的不连续变化特点和地转风、梯度风原理,预报寒潮冷锋移过本站时风向风速的可能变化。

寒潮冷锋逼近时,风力一般都要加大,冷空气沿主力方向南下,冷平流最强处,风力最大,寒潮高压加强或气压梯度加大时风力亦加大。反之,如果高空图上冷平流减弱,而且冷平流所及高度变薄,寒潮冷高南下因气团变性减弱,风力相应减小。

寒潮冷锋后偏北大风的风向与风力大小还与冷空气南下的路径有关。冷性高压前部气压梯度最大,锋后有强冷空气活动,锋区的大气斜压性加强,环流加速使冷空气下沉、暖空气上升。在低层水平方向上,加速度的方向由冷气团指向暖气团,这就使冷锋后的偏北大风加大。冷空气下沉,动量下传也使锋后地面风速加大。另外,冷锋后上空的冷平流使锋后近地面层出现较大的正变压中心,变压风亦加强了地面风速。

西路冷锋:冷空气经河西走廊、黄河中下游东移,冷锋过境后偏北大风出现概率最低,大风持续时间短,风力也弱,大都在 7 级以下,风向以西北风出现的频率最高。

西北路冷锋:冷空气从蒙古中部经华北平原移入天津,它影响时冷高压在萨彦岭或蒙古中部。这类冷锋出现次数最多,偏北大风持续时间较长,风力较强,风向多为北—东北风。

北方冷锋大风:冷空气从贝加尔湖以东南下,经东北平原南下,高压中心在蒙古东部或东北平原。这类冷锋出现频率与大风持续时间都介于上述两类之间,以东北风出现频率最高。

寒潮冷锋前若有气旋或低压产生时,它们与锋后的寒潮冷高压形成北(西)高南(东)低的地面气压形势,偏北大风出现的概率比单一冷锋时高得多,最大风力也大得多,强风多出现在这种形势下,是危害最严重的一种偏北大风形势。

(2)摩擦作用

粗糙的下垫面摩擦作用使风力减小,并使风向偏离等压线指向低压一侧。在陆地上因摩擦力较大,于是风向与等压线交角可达 $30°\sim45°$,风速甚至只有地转风的一半。在海上因摩擦力较小,实际风接近地转风,约为地转风的 2/3,交角也只有 $15°$ 左右。根据经验,在同样气压梯度下,渤海海面上风力可比陆地上大 $2\sim4$ 级。

(3)温度层结

摩擦层厚度约 1500 m 左右。在摩擦层中,因摩擦随高度减小,所以风向做顺时针转变,风速随高度增加。也就是说,地面以上的风基本上按著名的埃克曼螺线规律随高度变化,所以一般说高层动量较大。当空气层结稳定时,铅直交换弱,空气的动量下传较小。若空气层结不稳定时,铅直交换强,空气的动量下传较强,因而使地面风速明显加大。当上空有锋区,风的垂直切变比较大时,温度层结的日变化常常可以引起风速更为明显的日变化。例如,白天地面加热,空气层结变得不稳定,致使午后风速增大;夜间地面冷却,空气变得稳定,风亦减小。这种情况在春天、夏天较为常见,在晴天变化比较明显,阴雨天就不明显。冬季因为层结稳定,这种情况比较少见,但当冷空气刚南下而层结变得不稳定时也会产生空气动量的下传现象。

(4)具体分析内容

预报大风时,主要应分析冷空气的活动。具体的分析工作可以从以下几方面进行:

1)利用高空图分析冷平流的分布和强度

冷平流区的分布,反映了冷空气的活动情况。一般情况下,与地面冷锋相配合的高空槽愈深、槽后的冷平流愈强,就愈有利于冷锋后出现大风,大风区出现在冷平流最强区域所对应的位置。如果高空图上冷平流不明显,且所及的高度又低,则表明冷空气既弱又浅薄。这时在移动过程中的冷高压将不断地变性和减弱。这种形势下不利于地面出现大风,而且已出现的大风亦将趋于消失。

2)利用地面图分析 3 h 变压的分布和强度

如冷锋后 3 h 变压分布主要是由冷暖空气的活动所引起时,则 3 h 变压数值的大小是预报锋后大风的良好指标。冷锋前后 3 h 变压正负中心的差值越大,则风力越强。大风区出现在正变压中心附近变压梯度最大的地方。一般如锋前后变压中心值相差 7 hPa 以上时,则在锋经过后,常有大风出现。

根据经验,从冷锋后 3 h 变压的强度看,在 02 时、08 时、20 时地面图上,正变压中心值大于或等于 4 hPa,或在 14 时地面图上大于或等于 3 hPa 时,则在锋过后常出现大风。正变压中心数值愈大,则大风出现的可能性及强度也就愈大。值得注意的是,如利用 3 h 变压来预报大风的话,则时限以在 6～12 h 的效果较好,而时限过长的,效果不一定好。

另外,还应考虑到风的日变化特点。如 08 时地面图上冷锋后有正 4 hPa 的变压,且预报冷锋在后半夜过境,则风速不应预报得很大。相反,如在 02 时地面图上,锋后出现较大的 3 h 正变压,而预报冷锋在白天过境,则可预报从冷锋过境时起,直到傍晚,都会出现大风。

(5)大风的预报方法

大风的预报内容主要包括起风的时间、风向、风力(平均风力与阵性风力)和大风持续时间等。预报方法有:

1)从形势预报入手的方法

预报着眼点放在考虑在预报地区范围中今后是否会出现产生大风的气压场形势,会不会出现"南高北低"或"东高西低"的气压场形势,或其他可能产生大风的天气系统。若在预报区中将会有产生大风的气压场形势,并预报有大风出现的可能,则要考虑出现大风的起止时间及风力多大。一般方法是,在产生大风的天气系统移来的方向上游选取几个指标站,用历史资料统计出指标站的气象要素,或指标站与本站之间的要素差值(近似的梯度值)与本站出现大风的时间与风力的关系。这种方法简单易行,只要气压场形势预报正确,大风预报一般也都会正确。

2)天气模式与统计物理量相结合的预报方法

把历史上预报区域中所发生的大风分不同季节按风向(偏北大风、偏东大风等)归类,然后按不同类型的大风找出产生各类大风的起始场讯息作为产生这类大风的起报条件。日常预报工作中只要看到天气图上出现某类讯息,就可预报在预报区中未来 24 h 内有这类大风出现,再用一些指标或统计物理量把风力大小具体地预报出来。

4.5.6.4　寒潮预报分析内容

寒潮是一种大范围的天气过程,因此在寒潮预报的业务中,首先要分析形势预报场,随着数值模式的不断发展和完善,数值天气预报准确率已经有了非常大的提高,在数值预报的基础上,结合预报经验和天津地方特点,重点考虑寒潮天气的要素预报。主要内容包括:

(1)根据数值天气预报判断寒潮天气的类型,属于哪一种路径的冷空气影响。如:偏北路径的寒潮天气,一般以大风与强降温为主,有时伴有降水;西北路径的寒潮天气,多以大风降温为主;偏西路径的寒潮,多伴随降水天气,一般降温不剧烈,若有偏北路径的冷空气配合,会造成强降雪。

(2)高空环流背景分析:包括 500 hPa、700 hPa 槽脊位置及强度、冷中心强度(−44～−48℃)、锋区强度、冷平流强度(风速大小及与等温线的交角)。

(3)低空形势分析:主要是 850 hPa,分析锋区强度、特征线(如 0℃线)的位置(判断雨雪情况)、冷平流强度(风速大小及与等温线的交角)、24 h 变温。

(4)地面图分析:高压位置与形状(冷空气路径)、高压中心强度、锋面位置、气压梯度、3 h 变压强度。

(5)高低空系统配置情况:高空一致为强西北风,且有强冷平流,地面气压梯度大,则有强降温且伴随大风天气;如果高低空配置不理想,虽有强降温但不一定有大范围大风天气。

(6)物理量分析:温度平流、涡度及涡度平流、垂直速度等。

(7)统计经验指标:

1)地面偏北风或偏东风,降温幅度较大,同时,吹偏东风时云量增多,高空配合较好时容易产生降水天气。

2)降水相态分析,雨雪转换指标:850 hPa 温度≤−4℃,925 hPa 温度≤−2℃,1000 hPa 温度≤0℃,地面温度≤2℃。

3)在考虑降温幅度时,还要考虑寒潮过程前期的气温回暖情况,如果前期维持气温偏高的状态,则降温幅度较大;反之,如果不断有冷空气影响,前期维持气温偏低的状态,则降温幅度偏小,但最低气温仍可达到较低的程度。

4)在前期干旱,尤其是春季,大风时注意沙尘天气预报。

4.6　大雪

随着城市规模的扩大和经济的高速发展,降雪成为严重影响城市正常生活的高敏感天气之一。特别是大雪、暴雪会给城市交通、道路运输、飞机起落、蔬菜生产和人民生命财产造成严重损失。各级政府及相关部门对大(暴)雪预报的精确性、准确性、及时性等高度重视,同时也提出了更高的要求。因此,掌握大(暴)雪天气的变化规律、提高预报准确率是气象工作者不断努力的方向。

4.6.1　定义及概述

24 h 降雪量达到 5～9.9 mm 为大雪;24 h 降雪量达到 10 mm 及其以上为暴雪,或 24 h 雨夹雪的降雪量达到 10 mm 及以上,且雪深(北方)达到 10 cm 以上为暴雪。在业务实践中,按照发生和影响范围的大小将大(暴)雪划分为局地大雪和区域性大(暴)雪。

自 1958 年以来,天津出现大雪以上天气过程共计 34 次,其中 1962 年 2 月 8—10 日过程降雪量最大,达到 31.8 mm;1979 年 2 月 22—23 日单日降雪量最大,达到 24.5 mm。20 世纪 80—90 年代,天津大(暴)雪过程日较少;进入 21 世纪以来,天津大(暴)雪过程有明显增多的趋势。

4.6.2　大(暴)雪环流分型

华北大雪的环流形势中重要的成员是冷空气自东北平原经渤海回流形成偏东气流,回流气流与倒槽、气旋共同作用,造成大雪。

回流型的高空形势:东亚大陆纬向环流背景下,有南北两支锋区,北支锋区位于 40°N 以北,有一短波槽,从乌拉尔山快速移动。短波槽经过东北地区,其尾部扫过河北北部,引起中低层大量冷空气经渤海侵入华北平原。地面形势,华北处于北高南低的形势(偏东风)。同时,又有一短波槽或低涡从新疆、河西走廊缓慢东移,冷空气亦随着东移。一条冷锋从河西走廊也向东移动(或河套伴有倒槽)。

(1)按照高空形势,天津大(暴)雪主要分为以下两个类型:

1)纬向型

典型个例为 2005 年 2 月 15—16 日天津大雪和 2007 年 3 月 4—5 日天津及河北大部大雪天气过程。典型环流形势如图 4.70 所示。

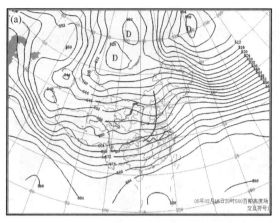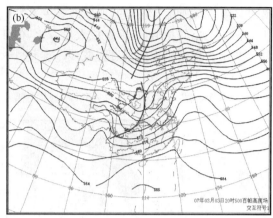

图 4.70　500 hPa 高度场（单位：gpm）

(a)2005 年 2 月 15 日 20 时；(b)2007 年 3 月 3 日 20 时

　　纬向型的主要环流特征：500 hPa 高空图上，东亚地区无明显高压脊，贝加尔湖附近为低槽或切断低压，冷空气经新疆北部、甘肃河西走廊沿着高空锋区输送到西北地区东部，40°N 以南有南支槽活动，华南、江南和江淮上空的低空急流强盛，西南气流与来自河西走廊的西北气流交汇于华北地区，造成天津及华北地区的大雪天气。

　　2）经向型

　　典型个例为 2006 年 2 月 6 日天津大雪和 2008 年 12 月 20—21 日天津及河北东部降大—暴雪天气过程。典型环流形势如图 4.71 所示。

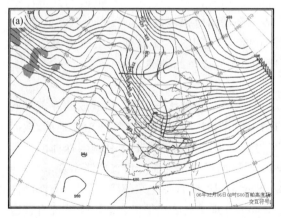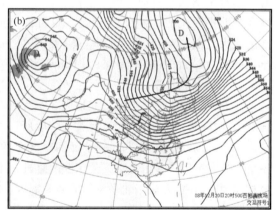

图 4.71　500 hPa 高度场图（单位：gpm）

(a)2006 年 2 月 6 日 08 时；(b)2008 年 12 月 20 日 20 时

　　500 hPa 图上，大（暴）雪前，东亚维持两槽一脊的环流形势，极涡稳定加强，不断有冷空气沿其前西北气流南下，不断有短波小槽产生或短波槽与南支槽同相叠置，使得南支槽发展加深。随着系统缓慢东移，华北处于强盛的西南气流中，湿度继续增大，有利于降雪加强，直到华北上空被西北气流控制，降雪才逐步减弱、结束。

　　(2)按地面形势，天津大（暴）雪主要分为 4 个类型：

　　1）江淮气旋型

　　典型个例为 2004 年 2 月 21—22 日、2007 年 3 月 4—5 日天津大到暴雪天气过程。环流形势如图 4.72a 所示。该型的地面形势主要是由江淮气旋间接参与,江淮气旋携带大量水汽北上与南下冷空气相遇,沿途造成大量降水,但江淮气旋路径对天津降雪强度关系极为密切。天津历史上此类型出现大雪过程较多。

2)回流+倒槽型

典型个例为 2005 年 2 月 15 日天津大雪天气过程。环流形势如图 4.72b 所示。

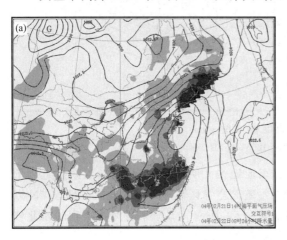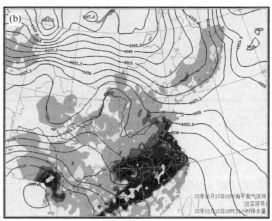

图 4.72　海平面气压场与 24 h 降水量(阴影)图(见彩图)

(a)2004 年 2 月 21 日 14 时;(b)2005 年 2 月 15 日 02 时

该类型华北平原处于冷空气回流形成偏东气流,为东(北)高西(南)低的形势(偏东风),同时河套有倒槽向东移动。倒槽前的暖湿空气与偏东气流相遇,两支气流汇合加强,与北方冷空气在华北平原交汇,出现较大降雪。这种回流形势与倒槽同时强烈发展的形势并不多见,但常常造成大范围、持续时间长的大(暴)雪天气。而 2009 年 11 月 9—11 日河北山西遭遇历史上罕见的特大暴雪(石家庄降雪 91.4 mm,积雪深度 50 cm),也是此种类型。

3)华北锢囚锋型

华北锢囚锋系统是造成华北地区冬季大雪(暴雪)天气的重要天气系统,其造成的降雪具有强度大、时间长、落区变化大等特点。一般所谓的锢囚锋是指冷锋前的暖空气被抬离地面,锢囚到高空,冷锋后的冷空气与暖锋前面的冷气团的交界面。锢囚锋系统是指含有锢囚锋面的天气系统。华北锢囚锋多由冷空气分东西两路进入华北地区,两股冷空气前沿均有冷锋出现,两条冷锋相向而行,在河套或华北平原形成迎面锢囚。2008 年 12 月 21 日华北东部降大暴雪(天津塘沽最大降雪 11.6 mm)和 2009 年 10 月 31 日至次年 1 月 1 日京津地区均是华北锢囚锋系统直接造成的。典型个例为 2008 年 12 月 21—22 日天津大到暴雪天气的环流形势,如图 4.73a 所示。

从 20 日 23 时地面图(图 4.73a)上可见:东部冷高压由东北伸向渤海西岸,表明有冷空气经渤海回流,即 20 日早晨沿辽东平原南下的,并形成冷锋,渤海维持东风。西部冷高压极其强盛,中心强度达到 1060 hPa,冷锋在河套附近,冷锋后为西北风,风力明显大于锋前。在同时刻的 850 hPa 总温度平流上,正的总温度平流高能舌控制着研究区域,暖舌被两侧负的总温度平流夹挤,西部平流中心值是东部的 3 倍,说明此时西部冷空气的势力远远强于东部回流冷空气。跟踪演变过程,发现东部冷锋南压,且东移缓慢。但西部冷锋移动迅速,两条冷锋在研究区域附近相遇形成锢囚锋,其东边为东北风,西边为西北风。

4)气旋、倒槽型

地面图上河套、华北平原为低压气旋或未闭合的倒槽。典型个例为 2006 年 2 月 6 日天津大雪天气过程。环流场为图 4.73b。5 日 20 时 500 hPa(图 4.73b)南支槽东移到山东,华北平原处于槽后的弱西北气流中,850 hPa 位于内蒙古的切变线略东移南压到锡林浩特、呼和浩特到宁夏北部一带,天津处于切变线前侧的西南气流中。地面图 4.73b 华北平原有闭合小气旋,维持时间短,6 日 08 时天津位于气旋前部的偏南气流中。2010 年 1 月 3—4 日天津大雪天气过程也是此种类型。

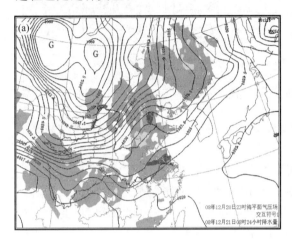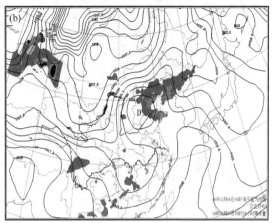

图 4.73　海平面气压场与 24 h 降水量(阴影)图

(a)2008 年 12 月 20 日 23 时;(b)2006 年 2 月 6 日 08 时

4.6.3　大(暴)雪的形成机制

雪是固体降水,其发生在对流层低层气温≤0℃(地面气温≤5℃)的情况下。因此,雪的形成与降雨一样,应具备三个基本条件:水汽条件、垂直运动条件、云滴增长条件。前两者取决于天气学条件,后者取决于云物理条件。除此之外,能否降雪,关键要看温度场的变化。而大(暴雪)雪的形成除了基本条件外,还应具备持续的降水时间。另外,降雪的强度还与层结稳定度、地形及中尺度环流等动力因素有关。

4.6.3.1　水汽条件分析

(1)水汽通量的水平分布对降雪的作用

典型个例为 2007 年 3 月 4—5 日天津大雪天气过程(图 4.74)。这次过程的主要水汽源来自江淮气旋。3 日 20 时(图 4.74a),江淮气旋的 1007.5 dagpm 闭合线北上至安徽,0.005 g·s^{-1}·hPa^{-1}·cm^{-1} 水汽通量区北端北上至天津,0.01 g·s^{-1}·hPa^{-1}·cm^{-1} 水汽通量大值区覆盖气旋东部地区,西南和东南两支气流源源不断地将水汽向华北平原输送;此时,500 hPa 槽加深,径向度加强,槽前气流明显加强,而华北平原正处于低空急流中。4 日 08 时(图 4.74b),江淮气旋中心位于山东半岛东部,中心最低气压为 1002.5 dagpm,中心东北部有水汽通量 0.02 g·s^{-1}·hPa^{-1}·cm^{-1} 的高值区,偏南气流将水汽向黄海、辽宁输送,与此同时,渤海内的东风继续将水汽向渤海西岸输送,这支由东风输送的水汽为天津局地大到暴雪的产生起到关键作用。之后,4 日 08 时,华北平原完全在江淮气旋后部的偏北风控制之下,且水汽来源中断,西北路冷空气继续南下东进。5 日 02 时,江淮气旋中心移至 40°N、130°E,其强度仍没有减弱。

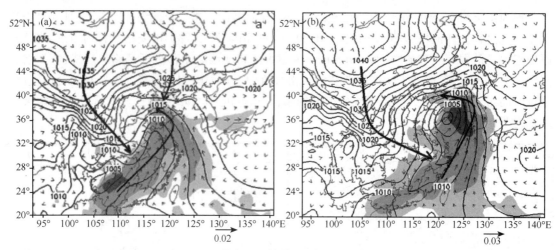

图 4.74　2007 年 3 月 3—4 日 1000 hPa 等压面上等高线、江淮气旋位置和 850 hPa 水汽通量图(见彩图)

(a)3 日 20 时；(b)4 日 08 时

(实线为等高线，单位：dagpm；阴影为水汽通量，单位：g·s^{-1}·hPa^{-1}·cm^{-1}；→为水汽通量方向)

(2)水汽输送的垂直分布对降雪的作用(2008 年 12 月 21 日天津大雪天气过程)

图 4.75 为 2008 年 12 月 20 日 20 时沿 38°N 的相对湿度垂直剖面。由图可见，此次大雪天气过程有高低空两条水汽通道：一条来自 850 hPa 以下，一条来自 700 hPa 附近。两支水汽通道为大雪的形成提供了充足的水汽。

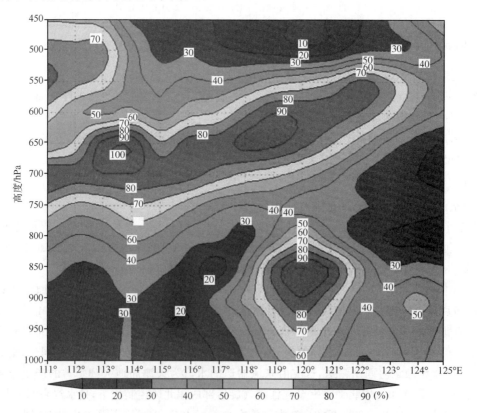

图 4.75　2008 年 12 月 20 日 20 时沿 38°N 的相对湿度垂直剖面图(见彩图)

4.6.3.2　抬升运动分析

动力诊断中,垂直上升速度、涡度、散度等均是常用的判定抬升运动的物理量。以典型个例为例(图 4.76):2008 年 12 月 20 日 20 时 700 hPa 垂直速度场(图 4.76a)和 2006 年 02 月 06 日 05—20 时天津塘沽上空平均 60 km 范围内大气平均散度时间高度剖面图(图 4.76b)。从 700 hPa 垂直速度场看到:天津地区为上升区,其两侧有下沉区,上升速度中心达到 28 hPa·s^{-1}。从图 4.76b 可以看出 07 时前,0.7~1.3 km 高度出现强辐合,最大辐合出现在 1.1 km 高度上,随后辐合区迅速向下延伸、辐合层加厚,同时上升区高度下降、垂直上升区厚度加厚。到 11 时 0.3~1.3 km 高度辐合一直存在,说明 1.0 km 上的上升气流也维持,1.0 km 以下为弱的下沉气流区。实况显示这一时段降雪强度最大。冷锋过境前 12—13 时,0.5 km 高度以下为辐合、0.5~1.5 km 高度出现弱的辐散,随冷锋过境辐合区向上扩展、辐合加强、辐合层厚度加厚。这表明冷锋过境前,由于锋面抬升,大气也出现了明显的辐合、上升,并对应着较强降雪的持续。

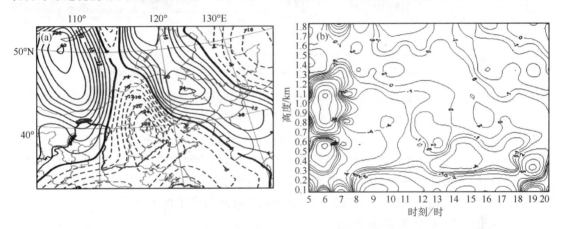

图 4.76　(a)2008 年 12 月 20 日 20 时 700 hPa 垂直速度场(实线表示下沉;虚线为上升;单位:hPa·s^{-1});
(b)2006 年 2 月 6 日 05—20 时大气平均散度时间高度剖面图(单位:10^{-5}·s^{-1})

4.6.3.3　"冷垫"的作用

冬季,南方暖湿空气向北输送,遇南下的冷空气,暖湿空气沿冷的下垫面爬升;或从东北回流的冷空气经渤海进入华北平原,如果对流层低层盛行偏南气流,存在冷空气楔入在暖空气之下,此时冷空气就起到"冷垫"的作用。

图 4.77 是针对 2007 年 3 月 3—4 日大雪过程,沿 117°E 做位温与南北风的垂直剖面图,从图中可以清楚地看到冷暖空气在垂直方向上的结构和冷空气在降水中的作用。3 日 08 时至 4 日 08 时 400 hPa 厚度内,北风分量(粗线负值,阴影部分)的特点是:3 日 14 时(图 4.77a),风速值不大,为 2~4 m/s,北风分量处于低层,且呈现"南薄北厚"的楔型结构,冷垫前锋维持在 34°N 左右,垂直厚度达到 850 hPa;4 日 02 时(图 4.77b),风速加大,出现 11 m/s 大值区,而且冷垫南推至 29°N 左右,厚度加厚。相比之下,南风分量(粗线正值)的特点是:3 日 14 时,南风分量明显大于北风,风速随时间增大。配合等位温线(细线)由南到北递减的分布发现:3 日 20 时之前,北风分量携带的干冷空气以冷垫楔型结构形式锲入南风分量携带的暖湿空气之中;而且南风势力明显强于北风,大量暖湿气流在南风带动下沿冷垫向北、向上爬升,暖湿空气被强迫抬升,有利于凝结而产生降水;3 日 20 时之后,北风分量主要贡献者由沿东北路径南下的弱冷空气转变为江淮气旋后部偏北气流,虽然北风势力加强,冷垫厚度加厚,前锋

南伸,但是冷垫楔型结构仍然维持,南风仍有一定的势力,因此,在南北风势力的抗衡中,降水持续。而在 4 日 08 时之后,冷空气占主导地位,楔型结构被破坏,降水减弱。

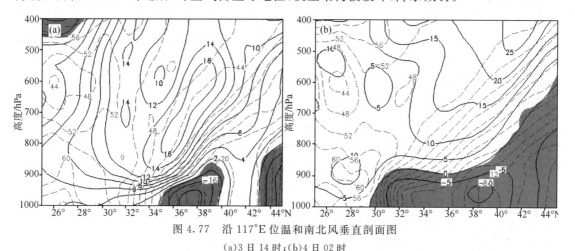

图 4.77　沿 117°E 位温和南北风垂直剖面图

(a)3 日 14 时;(b)4 日 02 时

(实线为南北风分量,负为北风,正为南风;虚线为位温,单位:℃;阴影区域为北风风速)

另外,锋生过程明显也是影响这次降水量、降水持续时间的原因之一。等位温线在冷垫附近非常密集;在冷垫之上,等位温线水平梯度和垂直梯度都较大,在冷垫前锋处,等位温线水平梯度非常大。由此可知,等位温线在有速度辐合的水平流场作用下变密,为锋生作用。在冷垫前锋(锋面处)处,存在南北风分量的辐合,产生上升运动,而冷垫之中为北风,冷垫之上存在着南风,在锋面前端构成直接次级环流,次级环流的加强维持了冷暖空气交汇处的垂直上升运动,从而使暖湿空气抬升获得进一步的动力,这对较大降水的产生极为有利。

4.6.3.4　层结不稳定的作用

干冷空气叠加在暖湿层上有利于不稳定层结的形成。与温度层结一样,湿度层结也是环境热力结构的重要表征,中层大气干燥,使对流不稳定加强,同时在雨滴下落中增强蒸发,降低温度,改变温度层结,进一步加强层结的不稳定性,即使低层无强迫抬升机制时,干冷空气也能引发强的翻转现象和对流性天气。图 4.78 清楚地记录了 2007 年 3 月 3—4 日天津大雪过程干

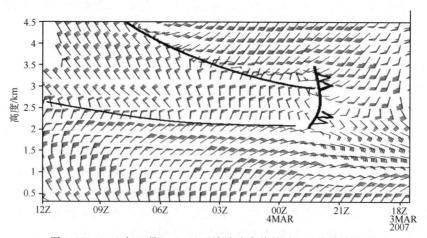

图 4.78　2007 年 3 月 3—4 日天津塘沽多普勒雷达风廓线演变图

(实线之间为冷空气输送带活动范围)

冷空气侵入暖湿区的情况。4 日 06：31 之前，除了在近地面层 0.9 km 以下有弱冷平流外，1.2～2.4 km 径向风风向随高度呈顺时针旋转，说明有暖平流存在。

06：31 开始，在 2.4～3.0 km 高度首次出现偏北风，2.4 km 附近径向风风向随高度呈逆时针旋转，说明有冷空气侵入，同时 3.0～5.5 km 仍然维持西南风场，这说明次冷输送带开始活动时，干冷空气是从对流层中低层 3 km 附近插入暖湿层内的。到 17：10 时，携带冷空气的偏北气流始终没有向低层下沉伸展，而是不断向高层扩充，冷空气层在不断加厚，其下维持偏东气流。"上冷下暖"的不稳定层结是造成天津局地大雪的重要因素。

4.6.4　大雪中的中尺度特征及其与降雪强度的关系

研究发现：固态降水粒子（冰晶和雪等）和液态降水粒子（雨）在雷达回波强度产品上有较明显差异，固态降水粒子（冰晶和雪）比液态降水粒子（雨）回波强度要小得多。而融化的冰晶散射有可能大大超过同体积球形水滴的散射，因此当雷达扫描区域温度接近 0℃ 或以上时，降水粒子相态转变使得雨雪交界处回波强度有较大的梯度。降雪回波强度通常在 30 dBZ 以下，30～40 dBZ 的回波为固态降水粒子（冰晶和雪等）和液态降水粒子（雨）并存，当回波强度在 40 dBZ 以上时，通常以液态降水粒子（雨）为主。

雷达气象学理论指出：雷达测雪的方法基本上和测雨相同，由于降雪强度较小及雪片的大小分布复杂，另外雪片的下降速度仅为降水粒子的 1/50，降雪量与降雪回波呈正相关。

4.6.4.1　反射率特征

以华北锢囚锋型 2008 年 12 月 21 日天津暴雪天气过程为例可以了解回流降雪回波、冷锋降雪回波、中尺度涡旋回波的雷达反射率特征。

（1）第一阶段（12 月 20 日 16—20 时）图 4.79a～c，即东路回流降雪阶段。

弱回波在渤海生成时，强度很弱，为 10～20 dBZ。在北进中回波加强，20 dBZ 以上的回波范围增大。对应同时段风场可见，此时对应的回波下方均为偏东风，唐山、秦皇岛地区风力为 4～8 m·s⁻¹，天津东部风力略大于西部。这段时间回波的发生发展与东北回流的冷空气有关。天津东部这段时间最大降雪量仅为 0.9 mm。

（2）第二阶段（12 月 20 日 22 时—21 日 04 时）图 4.79 d～g，即涡旋降雪阶段。

降雪回波前锋停滞于北京东部，锋头开始由向西北转向西南，回波呈条纹状，表现出明显的涡旋回波特征，回波发生旋转。20 dBZ 以上的回波范围达到最大，最强回波达到 30～35 dBZ，且从图 4.79j 看到，20 dBZ 回波高度为 3 km 附近，回波顶在 4 km 以下。21 时 02 时（图 4.79f），回波具有"人"字状特征。对应同时段风场有东—东北—北—西北的气旋性旋转，并与回波对应。唐山、秦皇岛地区偏东风风力加强，为 8 m·s⁻¹ 左右，天津东部为东北风 6 m·s⁻¹，西部为北到西北风 2～4 m·s⁻¹。天津塘沽 20 日 20 时—21 日 02 时，降雪量为 7 mm。

（3）第三阶段（12 月 21 日 06—08 时）图 4.79 h～i，即冷锋降雪阶段。

涡旋回波范围缩小，但在京津交界处有一东北至西南带状回波形成并东移。对应同时段风场可见，此时带状回波对应西路冷锋，冷锋后为西北风 6～10 m·s⁻¹。唐山、秦皇岛地区偏东风风力维持，天津东部东北风加强，南部河北沧州地区被西北风占据，风力加强为 4～8 m·s⁻¹。至 21 日 08 时（图 4.79i）渤海西岸均为北风，风力达到 8～10 m·s⁻¹，从转北风时间上看：渤海西岸南部最先转为西北风，其次天津地区，最后是河北东部。天津塘沽 21 日 02—08 时降雪量为 4 mm。伴随着北风，普遍出现吹雪，08 时之后塘沽降雪量为 1.2 mm。

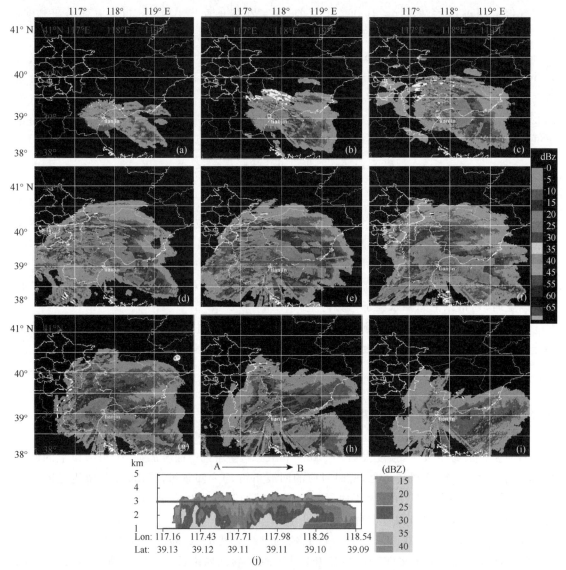

图 4.79 (a)～(i)2008 年 12 月 20 日 16 时—21 日 08 时雷达组合反射率演变图(见彩图)

(a)16 时;(b) 18 时;(c) 20 时;(d)22 时;(e)00 时;(f)02 时;(g)04 时;(h)06 时;(i)08 时

(a)～(c)东路回流降雪阶段;(d)～(g)涡旋降雪阶段;(h)～(i)强冷锋降雪阶段;(j)沿图 e 上 AB 剖面反射率 R

暴雪过程主要降雪集中在涡旋阶段,其次是西路强冷锋阶段,东路回流降雪最少。降雪回波强度均小于 35 dBZ,回波顶高在 3～4 km。

4.6.4.2 径向速度特征

总结多普勒雷达径向速度图像在降雪中的特征,对预报员了解、掌握降雪过程中的热动力结构及其演变十分重要。随着多普勒雷达的布设使用,一些有意义的径向速度的特征已被发现并在业务中得到了应用。如:

(1)在大雪过程的开始阶段:零速度线一般比较清晰,呈"S"型,为暖平流风场结构,在有利的水汽、热力条件下,回波会增强,面积将增大。

(2)在大雪过程的发展阶段:具有风速辐合特征的,同一圈层上负速度面积大于正速度面积,说明暖湿气流辐合抬升。这预示降雪强度将加强,对预报降雪强度的变化有意义。

(3)在大雪过程的成熟阶段:暖平流与大尺度辐合风场叠加形成的复合风场结构说明存在强的风向辐合,预示降雪回波将达到最强;当辐合型风场减弱时,预示降雪回波将减弱。

除此之外,径向速度场还表现出"下层冷平流、上层暖平流"的稳定结构和冷锋特有的零速度 90°折角的特征。

以 2006 年 2 月 6 日天津大雪过程为例,进一步说明大雪中径向速度场的特征。

(1)降雪开始阶段

从 1.5°仰角径向速度图(图 4.80)看出,6 日 04 时雷达站周围 20 km 内为回波覆盖,且负速度回波面积大于正速度回波面积,环境风场出现弱的风场辐合特征,说明将有降水天气出现或降水将持续。

(2)降雪加强、强降雪阶段

07:48 时后在 1.5°仰角径向速度图上(图 4.80a),雷达周围 100 km 范围被回波覆盖,近距离 38 km 内,零速度带随高度逆转,为冷平流;38 km 外,零速度带随高度顺转,为暖平流,低层冷平流、高层暖平流,"上暖下冷"说明大气层结较稳定;同时雷达探测范围内同一圈层上负速度回波面积大于正速度回波面积且最大负速度值(−12 m/s)大于最大正速度值(7 m/s),风场表现为辐合,稳定的降水形势与辐合风场相叠加说明降雪将加强。08 时后,38 km 以内在 0.7~1.1 km 高度层,零速度线出现折转,说明有一个西南风与东南风的中尺度切变,风向随高度逆转,称为"中尺度逆切变"。图 4.80b 为 09:25 时 1.5°仰角基本速度图,图中箭头所指为中尺度逆切变位置。

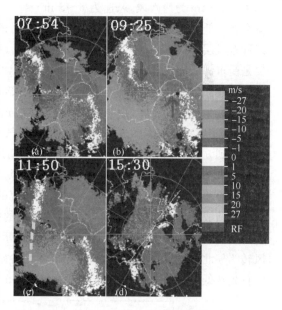

图 4.80　2006 年 2 月 6 日 07:48 时
1.5°仰角速度图(见彩图)
(b 中箭头所指为中尺度逆切变位,
c 中箭头所指为冷锋锋面、断线为冷锋位置)

(3)降雪维持阶段

11:50 时(图 4.80c)径向速度图上,雷达西北方零速度带随高度又出现不连续变化特征:雷达探测范围内在 50 km 处出现明显折角,即由 NW-SE 向折为近似 S-N 向,为冷锋锋面在多普勒雷达径向速度图上的特征表现。冷锋的南段,由于锋前后都是朝向雷达方向的径向速度,没有正负速度的过渡区,因而零速度带不存在,看到的只是冷锋的北段,图 4.80c 上断线位置为根据实况画出的冷锋南段。随冷锋的南下,锋区轴向发生倾斜,由近 S-N 向转为 NE-SW 向,锋后较冷的负速度回波自西北向东南移来,与锋前自西南向雷达站移动的较暖湿的负速度回波合并发展,表现为负速度区面积不断扩大,风场辐合加强。随冷锋的移来,冷空气与锋前暖湿空气在华北上空交汇,风场辐合再次加强,较强降雪持续。

(4)降雪消散阶段

15:30 时冷锋正好压在雷达测站上空(图 4.80 d),此时零速度带出现断裂,锋面特征已不明显,但仍存在弱的风向风速的辐合。18 时开始雷达周围 50 km 外(1.5 km 高度)出现风速辐散特征：负速度区(−12 m/s)面积转为小于正速度区(12 m/s)面积，且随时间推移辐散向低层传播，19:55时后在雷达有效探测范围内从低层到高层为风速辐散，此时零速度带呈反"S"型，为冷平流，冷平流加辐散，预示降雪将要结束。

4.6.4.3　风廓线特征

雷达风廓线产品(VWP-VAD wind profile)是速度方位显示风廓线产品。即利用多普勒雷达测速功能，用 VAD 算法得到雷达上空 60 km 左右范围内风向风速随高度的变化。根据2008 年 12 月 21 日，VWP 得出的平均风场垂直配置的时间序列有代表性地反映了降雪区上空风场的演变特征，从而掌握高低空热动力结构变化及其与降雪强度的关系。

图 4.81 为 2008 年 12 月 20—21 日降雪全过程的雷达 VWP 图。为了便于分析，图中最右边为开始时间。20 日 23 时之前，偏东风维持在 1 km 以下，很薄，此时存在偏东风急流，而东风层上部 1～2.5 km 为西南风，风速为 6～8 m·s⁻¹。风向在垂直向上有顺时针的风切变，说明有暖平流存在。低层东风楔入上层西南风之下，此时的东风来自回流冷空气，而西南风为暖湿气流，所以称东风层为"冷垫"，起到抬升上部暖湿空气、促进凝结，有利于降雪。可见这段时间的降雪主要是受东部弱冷空气回流的影响。23 时以后，"冷垫"逐渐加厚，之上的西南风开始加强，西南急流逐渐建立，说明暖湿气流输送加剧。20 日 23 时—21 日 05 时，偏东风层厚度急剧增厚到 2 km，其风向发生气旋性旋转，由东风转为东北风，这可能与偏东气流与西部的偏北气流相互作用有关，也可能与垂直切变的加强有关(中层西南气流，低层东北气流)。其上的西南风明显加强，厚度增高到 5 km，3 km(约 700 hPa 处高度)西南风为 16 m·s⁻¹，5 km(约 500 hPa 处高度)西南风更是达到 16～20 m·s⁻¹。可见这段时间东风急流和西南风急流均是降雪全过程最强的，降雪集中在该阶段，与高低空急流和水平气旋性环流的存在有关，同时，前一阶段东路弱冷锋回流阶段的降雪造成的凝结潜热的释放也对后一阶段的降雪有影响。21 日 05 时开始，5 km 以下的西南风转为西北风，暖湿气流被干冷气流取代，预示着降雪将减弱。05—08 时，在 3 km 以下的偏东风转为偏北，风速达到 12～14 m·s⁻¹，说明冷空气暴发南下，冷锋过境。值得注意的是，此时风向首先从低层(1.5～2 km)开始转变，而 2.5 km 以上为风力≤4 m·s⁻¹ 的弱西风。

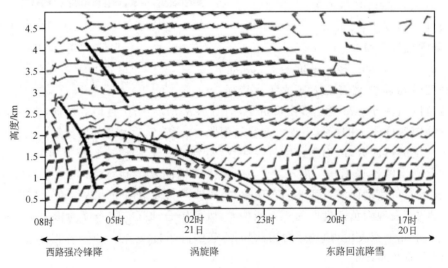

图 4.81　2008 年 12 月 20—21 日天津塘沽降雪全过程的雷达 VWP 图

(最右边为开始时间)

可见,东风急流和西南急流与降雪强弱有着密切的关系,东风层厚度和气流的变化表征了降雪系统的三种变化。在锢囚降雪阶段,东风急流和西南风急流均是降雪全过程最强的,水汽、热量输送也是最强;加之水平气旋性环流加强了垂直运动、东路弱冷锋回流阶段的降雪造成的凝结潜热的释放,使这一阶段的降雪最强。对流层中层西南风转为西北风,是降雪将要结束的信号。

4.6.5　大雪预报的基本思路

首先,对实况观测资料进行仔细分析,包括降水实况(24 h、6 h、1 h 降水量),高空和地面观测资料、自动观测站资料、卫星云图、雷达资料等以及它们的前期演变情况。

第二,分析降雪的影响系统,包括大尺度环流形势、高空冷涡、高空短波槽、高原槽、南支槽、高低空急流、地面冷锋、地面倒槽、温带气旋、中尺度气旋、切变线等天气系统。

第三,分析相关物理量场,如涡度、散度、垂直速度、水汽通量及散度、温度场、假相当位温、位涡等。

第四,进行数值预报产品分析,包括分析数值预报场的形势演变(移动趋势、强度变化)以确定属于哪种降雪天气概念模型,分析降雪实况与数值预报分析场(天气概念模型)的配置关系,比较主观分析场与数值预报分析场的差别,分析降雪实况与物理量的配置关系,检验数值预报场(环流、降水)以数值预报环流形势为基础进行检验、订正,确定订正后的预报场和主要影响系统(包括位置、强度),分析并检验物理量场以确定降雪落区,分析影响区域的地形地貌特点以确定降水量级,最后做出降雪的落区预报结果。

最后,以某一模式为主要参考依据,根据各家数值预报模式的预报性能,做出主观集成降雪强度、落区预报。

4.7　沙尘

本部分内容要求预报员能够了解本地沙尘天气气候背景及形成沙尘天气的大气环流形势,把握好预报着眼点。认识到沙尘天气与沙尘暴是两个既有联系又有区别的概念。沙尘天气是指强风从地面卷起大量尘沙,使空气浑浊、水平能见度明显下降的一种天气现象的统称,根据能见度和风速的不同标准,中国气象局于 2006 年首次颁布了《沙尘暴天气等级》,把沙尘暴划分为浮尘、扬沙、沙尘暴、强沙尘暴、特强沙尘暴五个等级。沙尘暴是其中的一个等级。沙尘天气是天津春季主要的气象灾害之一,对生态环境的破坏、空气污染以及对人类健康的危害都是不容忽视的。

4.7.1　沙尘天气标准

4.7.1.1　五种等级划分

浮尘:无风或微风时,尘沙浮游在空中,水平能见度小于 10 km;

扬沙:风将地面尘沙吹起,使空气相当混浊,能见度在 1~10 km;

沙尘暴:强风将地面尘沙吹起,空气很混浊,能见度小于 1 km;

强沙尘暴:大风将地面尘沙吹起,空气非常混浊,水平能见度<500 m;

特强沙尘暴:狂风将地面尘沙吹起,空气特别混浊,能见度不足 50 m。

4.7.1.2　沙尘天气过程标准

依照中国气象局《沙尘天气预警业务服务暂行规定(修订)》(气发〔2003〕12 号)文件的要求,结合天津本地特点,天津市气象局制定了相应的《天津市沙尘天气预警业务服务暂行规定(修订)》。按照规定,同一天中,天津 13 个台站中如果:1 个站有沙尘暴、2 个站有扬沙、3 个站有浮尘、2 个站有浮尘且 1 个站有扬沙,满足上述条件之一即为 1 个沙尘天气日。

4.7.2　沙尘天气概况

天津沙尘天气主要发生在春季,其次是冬季和初夏。按照天津市气象局规定沙尘天气过程统计标准,1951 年以来天津沙尘天气过程有明显的阶段性变化,20 世纪 50 年代至 70 年代沙尘天气过程偏多,80 年代以后明显减少。

天津各地沙尘暴年平均日数(1971—2000 年)在 0.4～1.9 d,静海最多。各地扬沙年平均日数(1971—2000 年)在 1.1～16.4 d,市区最多。各地浮尘年平均日数(1971—2000 年)在 1.6～7.0 d,津南最多。

4.7.2.1　沙尘天气的年特征

以天津市区为例,天津市区 20 世纪 80 年代中期之前,沙尘暴相对较频繁,大部分年份沙尘暴日数在 1～7 d;20 世纪 80 年代中期以后,沙尘暴发生的概率明显降低,特别是 1993 年以来没有出现沙尘暴。

天津市区近 60 年来,年浮尘日数的变化趋势与扬沙天气发生的规律基本是一致的,即在 1955 年出现了最高值,之后迅速减少,20 世纪 70 年代是浮尘出现频繁的时段,80 年代以来浮尘日数明显减少,全年浮尘日数小于 6 d。历史上浮尘日数最多的是 27 d,分别出现在 1955 年和 1977 年。

4.7.2.2　季节特征

天津沙尘天气主要发生在春季,其次是冬季和初夏。以天津市区为例,春季沙尘暴、扬沙和浮尘多年平均值分别为 0.5 d、8.3 d 和 4.0 d,均占全年的 50% 以上,历史上秋季没有出现过沙尘暴天气。

4.7.3　沙尘天气的预报着眼点

天津的沙尘暴大多是受中国西北或偏北地区沙尘暴过程影响所致,蒙古高原和黄土高原是天津沙尘暴的主要来源。沙尘天气不仅与气象条件有关,而且与地表状态有关系,很多时候沙尘是从上游移来。

出现沙尘暴时,绝大多数个例在 500 hPa 上有强锋区,锋区的位置在 35°N～45°N、115°E～120°E 区域;近半数的沙尘暴天气发生在 500 hPa 上中国东北上空有低压且有强锋区的区域。而天津正处于低压西南的强锋区之下,且低压中心在 45°N～50°N、115°E～130°E 区域。

4.7.4　形成沙尘天气的气象条件

2001 年天津市气象局承担完成了北京区域气象科技项目之一"天津市春季沙尘天气概念模型及预报方法研究"。该项研究采用模式识别的方法,根据近 21 年 500 hPa 高度场再分析资料经反复识别分型得到易出现沙尘天气的四种天气模型。

4.7.4.1　500 hPa 环流分型

四种沙尘天气模型如下：

强锋区、东北有低压型：有低压在中国东北部，中心位于 115°E～130°E、45°N～50°N 区域内，在 115°E～120°E 范围内，35°N 和 45°N 两点间高度差≥200 gpm（图 4.82）。

强锋区、东北无低压型：一般在槽后或低压后部，在 115°E～120°E 范围内，35°N 和 45°N 两点间高度差≥200 gpm（图 4.83）。

极强锋区、东北有低压型：有低压在中国东北部，中心位于 115°E～130°E、45°N～50°N 区域内，在 115°E～120°E 范围内，35°N 和 45°N 两点间高度差≥300 gpm（图 4.84）。

极强锋区、东北无低压型：一般在槽后或低压后部，在 115°E～120°E 范围内，35°N 和 45°N 两点间高度差≥300 gpm（图 4.85）。

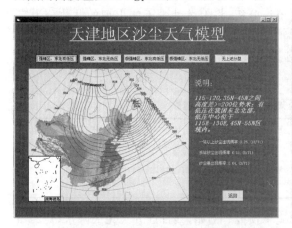

图 4.82　强锋区、东北有低压型图

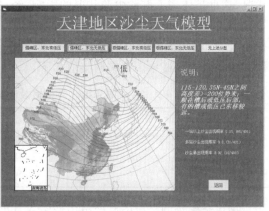

图 4.83　强锋区、东北无低压型图

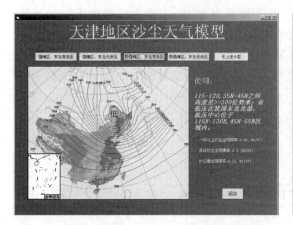

图 4.84　极强锋区、东北有低压型图

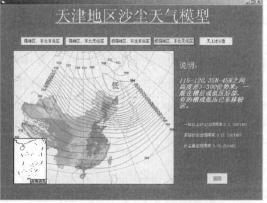

图 4.85　极强锋区、东北无低压型图

其中，极强锋区、东北有低压型是沙尘天气出现的最典型的形势。沙尘天气的概率达到 45.9%，远高于 21 年的平均状况，而且最强的沙尘暴也发生在这种天气型下，在这种天气模型下应该尽早考虑发布沙尘天气预报。

强锋区有低压型和极强锋区无低压型沙尘天气概率也较高。它们都高于气候概率，可以考虑发布沙尘天气预报。而强锋区无低压的概率除沙尘暴高于气候概率外,其他沙尘天气仅接近气候概率。这时要考虑是否还有其他有利因素,锋区是否接近极强锋区等再发布沙尘天气预报。

4.7.4.2　前期降水和上游沙源

结合前期(前五天)降水情况及上游有无沙尘天气的情况给出在各种天气模型下出现不同级别沙尘天气的可能性。

首先考查近 5 日内是否有较大降水,如果降水总和超界值则预报无沙尘天气,若无大降水(在界值以下)则系统以模式识别方法对数值预报产品做识别,判定数值预报所给出的天气模型。前 5 天天津 13 站降水量累计临界值:3 月为 85 mm;4 月为 220 mm。如果超过界标值,不利于沙尘暴发生。

按表 4.13 的概率值作为沙尘天气出现的基础值。考虑到天津沙尘天气与上游沙尘天气状况,这也是体现上游沙尘源状况的影响,经过统计分析,将上游沙尘天气出现的站数分为三等。如果上游出现沙尘天气的站数少于 3 个,为上游沙尘少;如果上游出现沙尘天气的站数在 4～9 个之间,为上游沙尘中等;如果上游出现沙尘天气的站数多于 10 个,为上游沙尘多。它们影响沙尘天气概率。概率调整值如下:

表 4.13　不同时效沙尘天气出现概率调整值表

时效	沙尘站数≤3 个	沙尘站数为 4～9 个	站数≥10 个
24 h	+0	+0.2	+0.25
48 h	+0	+0.15	+0.2
72 h	+0	+0.05	+0.1

预报系统按调整后的概率给出沙尘天气的概率预报。例如,某日近五天无大降水,对 24 h 数值预报识别结果为极强锋区、东北有低压型。从表 4.13 得知 1 站以上沙尘天气概率为 0.459,多站沙尘天气概率为 0.298,沙尘暴天气概率预报为 0.126。当上游沙尘天气站数为 11 个时,则上述概率值分别+0.25,调整为 0.609、0.548 和 0.376。

值得注意无明显锋区或降水超过界值的情况。这种情况下地面没有大范围的大风,且大风持续时间短,极少有沙尘暴出现,21 年中仅出现沙尘暴 1 次,占总数的 3.3%,出现的概率只有千分之一,且各种沙尘天气概率都明显低于气候概率。这类情况中以无明显锋区为主,降水超过界值的次数较少。看来在这时以不发布沙尘天气为宜。但遇有雷雨大风、飑线和急行冷锋过境等天气时,也可能有扬沙天气出现。

4.8　干热风

4.8.1　干热风概述

在全球气候变暖的背景下,干热风气象灾害对全球变暖的响应表现最为突出和敏感,已成为气候变化研究中的重点和热点问题之一。干热风对农业安全生产造成严重威胁。当前,如何应对气候变化及其影响,应对极端气候事件的趋强、趋多,实现人类与自然和谐相处,促进经济社会可持续发展,是世界各国面临的共同挑战。

小麦是天津主要粮食作物之一,播种面积占夏粮面积的 95% 左右,占全年粮食作物的 30% 左右,主栽小麦为冬性品种。干热风是一种普遍发生、对产量影响较大的农业气象灾害。春末夏初季节,华北雨季尚未开始,常处于大陆变性气团控制之下,日照充足,气温回升很快。天津地区处在华北平原东部,几乎每年都有干热风天气出现,对处在开花灌浆期的小麦是严重的灾害,迫使小麦早熟、麦粒干瘪,导致大幅度减产,分析天津多年的干热风资料,小麦在不同发育时期遭受干热风对产量的影响不同,在灌浆前期(扬花乳熟期,5 月 15 日—5 月 31 日),一般减产 10%～15%;灌浆后期(乳熟中至乳熟后,6 月 1 日—6 月 10 日,部分年份可延迟到 6 月 15 日左右)发生,严重时可减产 40%～50%。因此,干热风天气是小麦生产的主要灾害天气之一。

4.8.2　天津干热风的气候特征

4.8.2.1　干热风的标准

分析干热风的危害机理,得知高温是主要危害因子,而低湿、大风则是在一定程度上起到了加强的作用。因此,将日最高温度作为判别干热风发生与否的首要气象要素,并考虑干热风发生的突然性、短暂性。气象指标在时间上应具有一致性,日最高温度的达到时间一般在 14:00 左右,因此选取同时次其他两气象要素的观测值作为干热风的气象指标,确定天津小麦干热风发生的气象指标,见表 4.14,当同时满足表中的三项气象要素值时,则定为达到一个干热风日标准。

表 4.14　小麦干热风标准表

	气温/℃	14 时相对湿度/%	14 时风速/(m/s)
轻干热风日	≥32	≤30	≥2
重干热风日	≥35	≤25	≥3

选取天津的蓟县、宝坻、武清、静海和市区五个测站为代表进行统计分析,凡是当日≥3 个站出现干热风,定为天津地区的干热风日。

4.8.2.2　干热风的分布特征

干热风天气多发生在 5—6 月,天津历史上最早出现日期为 5 月 3 日,结束日可到 6 月末。考虑到天津小麦收获日期为 6 月中旬,6 月 20 日以后出现的干热风对小麦无影响,因此选取对小麦有影响的时段进行统计,从 1960—1993 年 34 年干热风出现频次中可明显地看出:自 5 月 17 日到 6 月 20 日这段时间内干热风的出现有较明显的阶段性特征;5 月 20—23 日、27—31 日、6 月 3—7 日、9—16 日干热风出现频次最多。

4.8.2.3　干热风的强弱及地理分布特征

对 1960—1993 年 34 年干热风的出现强度、次数进行分析,发现宝坻强度最大,即为最严重地区,其次为静海、武清,再就是蓟县和市区。重干热风时,五个测站基本均达到标准。从地理区域分布来讲,较为均匀。历史上最严重的一次干热风天气出现在 1972 年 6 月 9—10 日,五个测站的气象要素值均在重干热风标准以上。例如宝坻,10 日最高气温达 40.3℃,相对湿度 18%,风速 10 m/s,达到最高值。这一年由于干旱较为严重,又是重干热风年,天津粮食总产量明显减少。

4.8.3   干热风的环流形势特征

如图 4.86 所示,在 500 hPa 高空图上为两槽一脊,蒙古到河套附近有一个稳定的暖高压脊,高压脊的强度在 570～584 dagpm,脊的振幅为 10～20 个纬距,脊后有暖中心或暖温度脊相配合,说明此高压脊尚属发展阶段,可见其强盛和稳定。在亚洲东海岸维持准定常的高空槽,天津处在槽后脊前的西北气流中,盛行下沉运动,下沉增温的作用使得气温迅速升高,形成高温低湿天气。另外在乌拉尔山地区附近也维持一低槽区,此低槽对蒙古高压脊的稳定、加强也起到了一定作用。干热风当日 850 hPa 为 ≥16℃ 强暖脊控制,如图 4.87 所示,地面图在地面增温的作用下,蒙古东部有低压发展,与东移入海变性的冷高压形成南高北低的形势,地面盛行较强的南风或西南风(图 4.88)。由此提炼出干热风的天气模型,如图 4.89 所示。

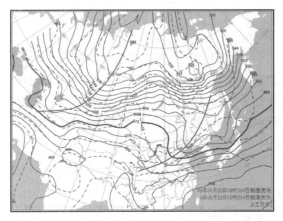

图 4.86   干热风出现前 24 h(2009052208)
500 hPa 高空图

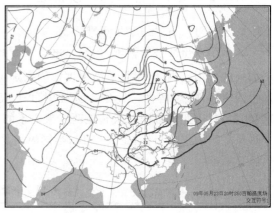

图 4.87   干热风当日(2009052320)
850 hPa 温度场(≥16℃暖脊)

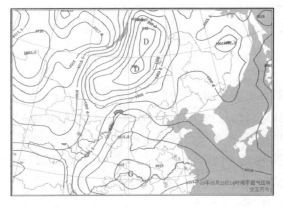

图 4.88   干热风当日(2009052314)地面图

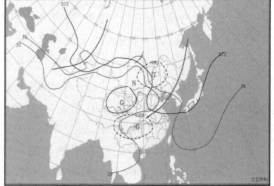

图 4.89 干热风的天气模型图(见彩图)
(黑实线:500 hPa 等高线;红线:
850 hPa 等温线;黑虚线:地面等压线)

4.8.4   干热风的预报着眼点

(1)500 hPa 环流形势:是否为两槽一脊形势。

(2)500 hPa 高压脊的位置:蒙古到河套;强度:572～584 dagpm;振幅:10～20 纬距。

（3）500 hPa 低槽位置：乌拉尔山、亚洲东海岸。

（4）地面形势：南高北低，盛行西南风。

（5）850 hPa 温度场：北京温度≥16℃，并有暖平流的持续输送。

（6）边界层的特征：高温、低湿。

（7）季节特征：5 月至 6 月 20 日为麦收之前的小麦灌浆阶段。

4.8.5　干热风的预报方法介绍

4.8.5.1　干热风的长期趋势预报

1）预报因子的选取

获取和使用好的预报因子能够使预报达到较高的准确率，通过对天津 300 多个气象要素和环流特征因子进行筛选，最后选出 8 个因子作为天津地区小麦干热风长期预报因子（见表 4.15）。

表 4.15　预报因子一览表

序号	因子	归档标准	
		0	1
X1	上年 8 月 500 hPa 亚欧月平均纬向环流指数（dagpm/纬距）	≤0.91	＞0.91
X2	上年 12 月月平均气温/℃	≤−1.6	＞−1.6
X3	上年 8 月日照百分率/%	≤58	＞58
X4	上年 10 月降水量/mm	≤18.2	＞18.2
X5	上年 3 月月平均气压/hPa	≤1021	＞1021
X6	上年 10 月月平均日照时数/h	≤217.8	＞217.8
X7	上年 5 月亚欧月平均纬向环流指数/（dagpm/纬距）	≤1.09	＞1.09
X8	当年 1 月月平均水汽压	≤67	＞67

（2）预报方程的建立

1）有无小麦干热风预报方程

采用概率回归方法建立方程：

$$Y_1 = b_0 + b_1 x_1 + b_2 x_2 + b_3 x_3 \tag{4.1}$$

式中，x_1、x_2、x_3 为预报因子（见表 4.15），b_0、b_1、b_2、b_3 为待定系数，通过 0、1 回归计算得出待定系数，从而得到有无小麦干热风的预报判别式：

$$Y_1 = 0.8261 + 0.3076 x_1 - 0.4381 x_2 - 0.4245 x_3 \tag{4.2}$$

其中，判别指数为 0.55，当 $Y_1 \geq 0.55$ 时，则年内有干热风天气过程出现；当 $Y_1 < 0.55$ 时，则年内无干热风天气出现，其历史拟合率为 84%。

2）小麦干热风轻重程度预报

采用同样方法得到干热风轻重程度预报判别式：

$$Y_2 = 0.4 x_4 + 0.34 x_5 \tag{4.3}$$

其中，判别指数为 0.5，当 $Y_2 \geq 0.5$ 时，则年内有重干热风；当 $Y_2 < 0.5$ 时，则年内有轻干热风，其历史拟合率为 92%。

3）小麦干热风过程出现时段

预报判别式：

$$Y_3 = 0.605 - 0.31 x_6 + 0.255 x_7 + 0.175 x_8 \tag{4.4}$$

其中,判别指数为 0.47,当 $Y_3 \geq 0.47$ 时,小麦干热风天气过程将出现在 5 月 26 日—6 月 6 日时段内;当 $Y_3 < 0.47$ 时,小麦干热风天气过程将出现在 5 月 26 日前或 6 月 6 日后,其历史拟合率为 85%。

4.8.5.2   干热风的中短期预报

(1)干热风的中短期环流模式

1)500 hPa 环流形势

通过对 34 年干热风过程天气学分析,尤其是对重干热风天气过程的分析,发现在 500 hPa 高空图上,蒙古到河套附近有一个稳定的暖高压脊,高压脊的强度在 570~584 dagpm,脊的振幅为 10~20 个纬距,脊后有暖中心或暖温度脊相配合,说明此高压脊尚属发展阶段,可见其强盛和稳定。在亚洲东海岸维持准定常的高空槽,天津处在槽后脊前的西北气流中,盛行下沉运动,另外在乌拉尔山地区附近也维持一低槽区,此低槽对蒙古高压脊的稳定、加强也起到了一定作用。这样的两槽一脊形势即为天津产生干旱少雨的干热风环流形势。

2)850 hPa 温度场

850 hPa 温度场上,在天津上游地区有较强暖中心维持,并不断有暖平流的持续输送。在这种形势影响下,2~3 d 内天津将出现干热风天气。在干热风发生及维持期间,北京 850 hPa 温度在 16℃ 以上,如达到 20℃ 以上,则会有重干热风出现。由此可见,500 hPa 蒙古高压脊的维持加强,东亚大槽的建立和低层 850 hPa 暖平流输送是形成干热风天气不可缺少的天气条件。

(2)干热风中短期预报指标

1)轻干热风预报指标

①500 hPa 图上,东海岸槽移至朝鲜半岛附近。

②850 hPa 图上,北京温度 $\geq$16℃,并且应 <20℃。

在满足干热风环流形势的基础上,上述两条指标同时满足,则 2~3 d 内将有轻度干热风出现,拟合率为 80%。

2)重干热风预报指标

①500 hPa 图上,东海岸槽移至朝鲜半岛附近。

②850 hPa 图上,北京温度 $\geq$20℃。

在满足干热风环流形势的基础上,上述两条指标同时满足,则 2~3 d 内将有重度干热风出现,拟合率为 92%。

4.9   干旱

本部分内容要求预报员能够了解本地干旱气候背景及形成干旱的大气环流形势。干旱是天津最严重的气象灾害之一。春旱,不仅使小麦不能成长,而且影响水稻、玉米的播种;夏旱,影响玉米、水稻的生长,雨季少雨干旱,无水可蓄,加剧了天津水资源的紧缺;秋旱,不仅导致夏收作物减产,而且影响冬小麦的播种。干旱连季发生时,危害更加严重。

4.9.1　干旱标准

干旱是因长期少雨而空气干燥、土壤缺水的气候现象。目前,在中国气象干旱监测业务中,干旱等级完全根据国家标准 CI 干旱等级划分定义,且全国各地采用统一的标准。

气候分析中,通常以计算某一时段内降水量距平百分率来确定干旱的程度,当降水量距平百分率在 $-10\%\sim-30\%$ 时,表示轻旱;$<-30\%$ 时,表示重旱。

4.9.2　干旱概况

近 50 年来天津年降水量和夏季降水量呈减少趋势,年干旱和夏季干旱呈明显增多趋势,春旱和秋旱有所减少,冬季干旱变化不明显。20 世纪 80 年代以来,天津进入干旱少雨阶段,干旱发生更为频繁。

天津干旱一年四季都有发生,每年都会在不同季节,不同区县出现不同程度的干旱现象,有时还出现全市区域性干旱、春夏连旱、夏秋连旱甚至春夏秋连旱等。

4.9.2.1　春旱

天津春季"十年九旱",旱情发生、发展严重,是对农作物影响最大的季节。然而,近 50 年来天津春旱呈减少趋势,春旱发生概率为 $44\%\sim62\%$,有 78% 的年份曾出现全区性或局部区域的春旱。总体上看,中南部地区春旱出现频率高于其他地区,东丽春旱频率最高,汉沽春旱的频率相对较低。自 1960 年以来,天津 70 年代出现春旱次数最多,其次是 80 年代和 90 年代,2004 年以来春旱相对较少。1965—1968 年、1971—1976 年、1992—1997 年和 1999—2003 年均出现不同程度的连续春旱现象(图 4.90)。

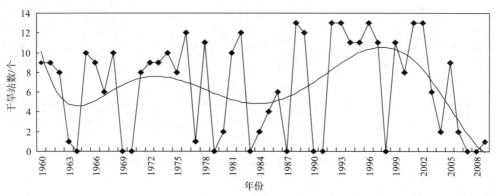

图 4.90　1960 年以来天津春季出现干旱站数变化图

4.9.2.2　夏旱

夏季正是农作物生长的旺季,水分需求量最多,干旱的出现严重影响了农作物的生长发育。

夏季是天津的雨季,干旱出现概率小于其他各季,旱情多呈间歇性,隔年或隔几年出现一次。近 50 年天津夏季干旱呈现明显加重趋势,平均每 10 年增加 1 个站次,出现夏旱的概率为 $36\%\sim54\%$,有 76% 的年份曾出现全区性或局部区域的夏旱。塘沽出现夏旱的概率较大,市区最小。从年代际变化来看,20 世纪 60 年代和 70 年代夏旱相对较少,一般仅有 2~3 年,而 90 年代干旱和 21 世纪初干旱发生概率最大(图 4.91),尤其是 1997 年以来,夏季连年少雨,给农业生产带来极为不利的影响,加重了城市水资源紧缺局面。

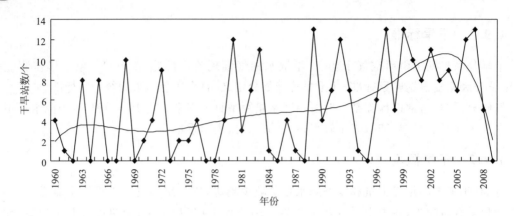

图 4.91　1960 年以来天津夏季出现干旱站数变化图

4.9.2.3　秋旱

天津秋旱的发生严重影响作物抽穗、灌浆及蜡熟期的生长,是大秋作物产量下降的主要原因,严重秋旱还影响小麦播种等。近 50 年天津秋旱呈减少趋势,秋旱出现的概率为 33%～56%,有 78% 的年份曾出现全区性或局部区域的秋旱。其中,静海出现秋旱的频率最高。从年代际变化看,20 世纪 60 年代秋旱出现概率最高,一般为 6～7 年,其次是 80 年代,90 年代秋旱明显减少。秋旱较严重的年份主要有 1965—1967 年、1975 年、1979 年、1981—1982 年、1984 年、1998 年、2000 年、2002 年、2005—2006 年等(图 4.92)。

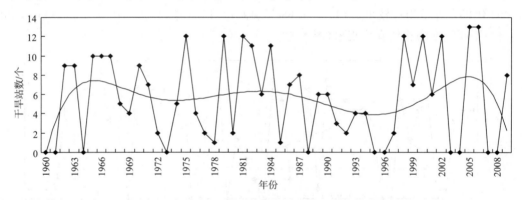

图 4.92　1960 年以来天津秋季出现干旱站数变化图

4.9.2.4　冬旱

天津地区冬季多年平均(1971—2000 年)降水量为 10 mm 左右。近 50 年来,天津冬旱出现的概率达到 50% 左右,区域性、局地性降水较其他季节表现更为明显。从 20 世纪 60 年代和 90 年代冬季干旱年份较频繁,有不少年份曾出现过整个冬季没有降雪的现象,由于天津冬季以设施农业生产为主,因此,受气象干旱影响不大。

4.9.3　干旱的预报着眼点

干旱是一种长时间的累计效应,它不是某几天环流特殊变化的结果,而是由于大气环流持续异常形成的,因此,应加强对大气环流、海洋特征等前期异常信号的分析,了解未来气候趋势预测结论,做好气象服务。

4.9.4　干旱的主要预报依据

就天津而言,华北春季有"十年九旱"之说。春季(3—5 月)多年平均降水量为 68.2 mm,秋季(9—11 月)多年平均降水量为 82 mm,较春季略多。春、秋季降水量分别占年降水量的 12.1% 和 14.5%。夏季是天津降水集中的季节,多年平均降水量为 403.9 mm,占年降水量的 71.4%,因此,夏季降水量的多少决定了天津的旱涝年景,以及可用水资源量的多寡。但是夏季降水量年变化很大,最多与最少可以相差近 5 倍,夏季降水量少的年份,不仅影响秋收农作物的收成,也影响天津可用的水资源。历史上天津夏季降水距平百分率≤30%,且全市干旱站数达到或超过 10 个的年份有 12 年。从降水年代际变化可以看出,20 世纪 80 年代末进入干旱少雨时段,尤其是 1997 年以来干旱少雨更加突出,在干旱少雨的背景下,少雨的发生概率为 71.4%,达到干旱年标准的有 8 年,分别为 1989、1992、1997、1999、2000、2002、2006 年和 2007 年;虽然多雨年代背景下,涝年发生的概率高,但也还会有干旱少雨年发生,如 1968、1972、1980 年和 1983 年。

影响天津夏季旱涝的因素非常多,气候预测一方面受到气候系统年代际变化的制约,另一方面还受到大气与海洋的相互作用和影响。

图 4.93 给出典型干旱年(1968、1997 年和 1999 年)初夏 5 月 500 hPa 高度场和高度距平场合成图。分析发现,在夏季干旱年发生前期(5 月)500 hPa 月平均位势高度场上,中高纬度环流呈明显纬向环流,亚洲区极涡面积(60°E～150°E)偏小,极涡偏向西半球,强度偏弱;西太平洋副热带高压偏弱,印缅槽(15°N～20°N,80°E～100°E)偏弱。同期,欧亚地区平均高度距平场呈"＋－＋"分布,地中海、乌拉尔山至贝加尔湖为正距平区,北欧至乌拉尔山为负距平区,不利于天津夏季降水偏多。

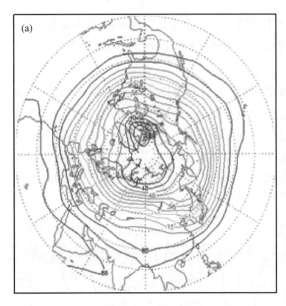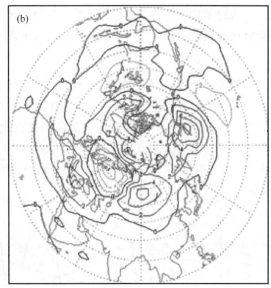

图 4.93　典型干旱年 5 月高度场(a)和高度距平场(b)合成图

分析发现,1961 年以来赤道中东太平洋 Nino-3 区海温与天津夏季降水呈反相关。多数年份,出现厄尔尼诺年时,Nino-3 海温呈持续偏高,天津夏季降水易偏少,而出现拉尼娜年时,

Nino-3 海温维持偏低,有利于天津夏季降水偏多。统计上述 12 个干旱年中,有 6 年是厄尔尼诺年,2 年是拉尼娜年。厄尔尼诺和拉尼娜事件与中国夏季降水的关系较为复杂,上述统计结果仅为天津旱涝趋势预测提供气候背景。

4.10　洪涝

本部分内容要求预报员能够了解本地洪涝气候背景及形成洪涝的大气环流形势。天津地处海河下游,上游来水面积大,而入海口小。洪涝是天津最严重的气象灾害之一,洪涝的发生严重威胁人民生命财产安全,同时对工农业生产、水利、交通运输等造成重大影响。

4.10.1　涝灾标准

天津全年的主要降水集中在 4—9 月的下半年内,这时段是洪涝的多发期。在气候分析中,以计算降水量距平百分率来确定涝灾的程度,当降水量距平百分率在 10％～30％时,为轻涝;＞30％时,为重涝。

4.10.2　洪涝概况

天津本地降雨过多时形成雨涝(或称内涝、沥涝),海河上游地区集中出现暴雨时,下泻的客水(外来的水)会形成洪涝。雨涝和洪涝都导致涝灾。涝灾多发生在暴雨较多的年份。

天津降水主要集中于夏季,因而雨涝现象以夏季为主。近 50 年来,天津雨涝年少于干旱年,尤其是 20 世纪 80 年代开始雨涝年明显减少。

天津境内河流纵横,上游多条河系通过汇集于海河入海,海河上游流域降水多而集中时,常常引发天津洪涝。近 50 年来影响较大的洪涝发生在 1963 年和 1996 年,均由客水造成。

4.10.2.1　春涝

虽然近 50 年来的历史统计天津春季旱情较多,但近年来春季降水呈明显增多的趋势,春季雨涝的出现概率为 30％～44％。有 58％的年份出现全区域或局部区域的春季雨涝。总体上看,东部地区春季雨涝的频率略高于其他地区;各地中,汉沽的春季雨涝频率最高,东丽最低。从年代际变化来看,自 1960 年开始,20 世纪 80 年代和 21 世纪初出现春季雨涝的次数最多,20 世纪 70 年代最少。其中,1983—1985 年和 2006—2009 年出现了连续春季雨涝的现象(图4.94)。

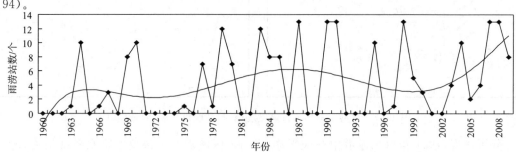

图 4.94　1960 年以来天津春季雨涝站数变化图

4.10.2.2　夏涝

天津降水主要集中于夏季,因而雨涝现象以夏季为主。近 50 年来,尤其是 20 世纪 80 年代开始雨涝年明显减少,其中,天津各地出现夏季雨涝的概率为 28%~40%,有 70% 的年份出现全区域或局部区域的夏季雨涝。各地中,静海出现夏季雨涝的频率最大,汉沽最小。从年代际变化来看,20 世纪 70 年代出现夏季雨涝的次数最多,其次是 80 年代和 60 年代,而 21 世纪初明显减少(图 4.95)。

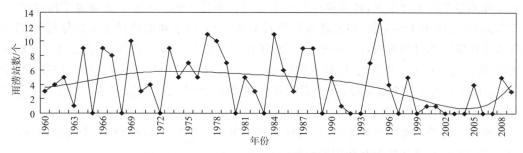

图 4.95　1960 年以来天津夏季雨涝站数变化图

4.10.2.3　秋涝

2000 年以来,天津的秋季雨涝明显增多。统计近 50 年来的资料显示,天津各地出现秋季雨涝的概率为 30%~44%,有 68% 的年份出现全区域或局部区域的秋季雨涝。总体上看,北部地区秋季雨涝的频率略高于其他地区;各地中,宝坻秋季雨涝的频率最高,静海最低。从年代际变化来看,从 20 世纪 70 年代开始出现秋季雨涝的次数逐渐增多,21 世纪初达 56 站次,为历史最高值(图 4.96)。

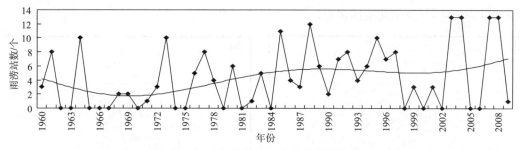

图 4.96　1960 年以来天津秋季雨涝站数变化图

4.10.2.4　历史洪涝概况

天津境内河流纵横,上游多条河系通过汇集于海河入海,海河上游流域降水多而集中时,常常引发天津洪涝。近 50 年来影响较大的洪涝发生在 1963 年和 1996 年,均由客水造成。

20 世纪 90 年代华北虽以干旱为主,但 1996 年 8 月上旬海河流域上游出现大暴雨,局地出现特大暴雨,河北省石家庄地区日雨量达 500 mm 以上。由于暴雨强度大、雨势猛,造成海河流域发生大洪水,直接威胁天津的安全。可见,洪涝发生的概率虽然不大,但其造成的直接经济损失要远远大于干旱造成的损失。

4.10.3　洪涝的预测着眼点

应了解未来气候发展趋势,关注大气环流、海洋特征等前期异常信号,对于中短期的预报,既要着眼于西风带的槽脊活动,也要兼顾低纬度东风带的气压系统,密切关注中纬度槽脊移动与西北太平洋副热带高压位置的变化。另外,还要特别关注热带气旋的位置和走向。

4.10.4　洪涝的主要预报依据

夏季(6—8月)是天津降水集中的季节,多年平均降水量为403.9 mm,占年降水量的71.4%,因此,夏季降水量的多少决定了天津的旱涝年景,以及可用水资源量的多寡。但是天津夏季降水量年际变化很大,最多年与最少年可以相差近5倍。历史上天津夏季降水距平百分率≥30%,且全市干旱站数(单站降水距平百分率≥30%)达到或超过8个的年份有11年;从降水年代际变化可以看出,20世纪60—80年代天津处于多雨的背景下,上述11个涝年有10年出现在这一时段,分别为1964、1966、1967、1969、1973、1977、1978、1984、1987和1988年;80年代末转为干旱少雨时段,在少雨的年代背景下,发生大范围涝灾的年份很少,达到上述标准的涝年只有1995年。

影响天津夏季旱涝的因素非常多,气候预测一方面受到气候系统年代际变化的制约,另一方面还受到大气与海洋的相互作用的影响。

图4.97给出典型涝年(1966、1969年和1977年)初夏(5月)500 hPa高度场和高度距平场合成图。分析发现,在夏季涝年发生的前期(5月)500 hPa月平均位势高度场上,中高纬度环流呈四波型分布,欧亚地区主要槽区位于贝加尔湖西部,西伯利亚至鄂霍次克海为高压脊;亚洲区极涡面积(60°E~150°E)偏大,中心偏向东半球,强度偏强;西太平洋副热带高压位于菲律宾及其以东的太平洋上,脊线位于15°N附近,强度偏强,印缅槽(15°N~20°N,80°E~100°E)略强。对应在同期欧亚地区平均高度距平场上,从极区至贝湖呈"-+-"分布,西伯利亚地区为正距平区,极地和贝加尔湖地区为负距平区,这种分布有利于冷空气从极地经西西伯利亚和贝湖南下,导致华北地区多雨。

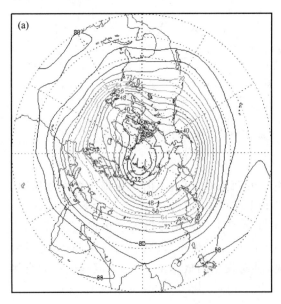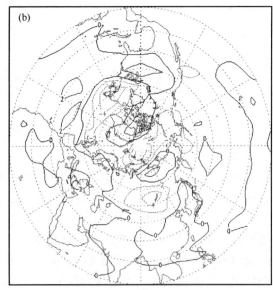

图4.97　典型涝年5月500 hPa高度场(a)和高度距平场(b)合成图

参考文献

北京大学地球物理系气象教研室.1976.天气预报与分析.北京:科学出版社

邓振镛,徐金芳,黄蕾诺,等.2009.中国北方小麦干热风危害特征研究.安徽农业科学,**37**(20):9575-9577

丁一汇,马晓青.2007.2004/2005年冬季强寒潮事件的等熵位涡分析.气象学报,**65**(5):695-706

东高红,李胜山,张桂荣.2007a.天津地区暴雨天气过程分型查询系统.天津市气象学术论文集(上):45-47

东高红,吴涛.2007b.垂直积分液态水含量在地面大风预报中的应用.气象科技,**35**(6):877-881

东高红,张志茹,李胜山,等.2007c.一次大雪天气过程的多普勒雷达特征分析.气象,**33**(7):75-82

东高红,解以扬,于莉莉.2010.一次局地大暴雨的落区分析与预报.气象,**36**(6):50-58

东高红,何群英,刘一玮,等.2011.海风锋在渤海西岸局地暴雨过程中的作用.气象,**37**(9):1100-1107

段丽,湖涛,徐祥德.1991.华北地区春季大范围强寒潮过程能量场及热源场的滤波分析.气象,**17**(1):3-7

樊明,冯军,尚学军.2002."2001.4.19"寒潮天气形成过程分析.气象,**28**(3):54-57

郭大敏,金士英,解以扬,等.1990.天津市7—8月暴雨预报专家系统.天津气象,(1):1-13

《河北省天气预报手册》编写组.1987.河北省天气预报手册.北京:气象出版社

贺皓,吕红,徐虹.2004.陕西省雾的气候特征.高原气象,**23**(3):407-411

何群英,陈涛.2009.2006年8月海河流域暴雨过程的成因分析.气象,**35**(1):80-86

何群英,东高红,贾慧珍,等.2009.天津一次突发性局地大暴雨中尺度分析.气象,**35**(7):16-22

何群英,解以扬,东高红,等.2011.海陆风环流在天津2009年9月26日局地暴雨过程中的作用.气象,**37**(3):291-297

胡玲,张殿江,吴强.2008.强降水和弱降水超级单体风暴的雷达回波特征对比分析.气象科技,**36**(2):155-159

金士英,郭大敏,解以扬,等.1989.京津冀地区台风暴雨专家系统.天津气象,(4):1-6

李子华.2001.中国近40年来雾的研究.气象学报,**59**(5):616-624

梁萍,何金海,陈隆勋,等.2007.华北夏季强降水的水汽来源.高原气象,**26**(3):460-465

柳芳,刘淑梅,王宝山.2007.天津市干热风发生规律与特点探讨.天津农业科学,(1):52-55

刘娟,何群英.1995.小麦干热风的长中期预报应用研究.天津气象,(增刊):32-36

刘小宁,张洪政,李庆祥,等.2005.中国雾的气候特征及变化初步解释.应用气象学报,**16**(2):220-229

刘一玮,寿绍文,解以扬,等.2011.热力不均匀场对一次冰雹天气影响的诊断分析.高原气象,**30**(1):226-234

梁必骐.1995.天气学教程.北京:气象出版社

梁军,张胜军,王树雄,等.2010.大连地区一次区域暴雪的特征分析和数值模拟.高原气象,**29**(3):744-754

陆汉城,杨国祥.2004.中尺度天气原理和预报.北京:气象出版社

卢焕珍,俞小鼎,赵玉洁,等.2008.雷达观测的渤海湾海陆风辐合线与自动站资料的对比分析.气象,**34**(9):57-65

吕伟涛,张义军,孟青,等.2009.雷电临近预警方法和系统研发.气象,**35**(5):10-17

马晓青,丁一汇,徐海明,等.2008.2004/2005年冬季强寒潮事件与大气低频波动关系的研究.大气科学,**32**(2):381-393

毛冬艳,杨贵名.2006.华北平原雾发生的气象条件.气象,**32**(1):78-83

孟青,吕伟涛,姚雯,等.2005.地面电场资料在雷电预警技术中的应用.气象,**31**(9):30-33

苗爱梅,张红雨,郝建萍.2003.河套锢囚与山西暴雪.山西气象,**62**:11-14

钱维宏,张玮玮.2007.中国近46年来的寒潮时空变化与冬季增暖.大气科学,**31**(6):1266-1277

石林平,迟秀兰.1995.华北平原雾分析和预报.气象,**21**(5):45-47

史印山,尤凤春,魏瑞江,等.2007.河北省干热风对小麦千粒重影响分析.气象科技,**35**(5):699-702

寿绍文,励申申,姚秀萍.2003.中尺度气象学.北京:气象出版社

陶诗言.1980.中国之暴雨.北京:气象出版社

田华,王亚伟.2008.京津塘高速公路雾气候特征与气象条件分析.气象,34(1):66-71

王凯,张宏升,王强,等.2006.北方地区春冬季雾天边界层结构及其演变规律的对比研究.北京大学学报(自然科学版),42(1):55-60

王继志,徐祥德,杨元琴.2002.北京城市能见度及雾特征分析.应用气象学报,13(增刊1):160-169

王炜,贾惠珍.2002.用雷达垂直累积液态水含量资料预测冰雹.气象,28(1):47-48

王迎春,钱婷婷,郑永光.2004.北京连续降雪过程分析.应用气象学报,15(1):58-65

王遵娅,丁一汇.2006.近53年中国寒潮的变化特征及其可能原因.大气科学,30(6):1068-1076

吴彬贵,姚学祥,王庆元,等.2007.京津冀大暴雨个例中尺度诊断分析.气象科技,35(3):368-373

吴彬贵,张宏升,汪靖,等.2009.一次持续性浓雾天气过程的水汽输送及逆温特征分析.高原气象,28(2):258-267

吴洪,柳崇健,邵洁,等.2000a.北京地区雾形成的分析和预报.应用气象学报,11(1):123-127

许爱华,乔林,詹丰兴,等.2006.2005年3月一次寒潮天气过程的诊断分析.气象,32(3):49-55

徐达升.1957.1956年2月22—25日的华北锢囚结构和降水.天气月刊,5:5-10

杨贵名,毛冬艳,姚秀萍.2006.强降水和黄海气旋中的干侵入分析.高原气象,25(1):16-28

姚建群,戴建华,姚祖庆.2005.一次强飑线的成因及维持和加强机制分析.应用气象学报,16(6):746-753

易笑园,宫全胜,李培彦,等.2009.华北飑线系统中地闪活动与雷达回波顶高ET的关系及预警指标.气象,35(2):34-40

易笑园,李泽椿,陈涛,等.2009.2007年3月3—5日强雨雪过程中的干冷空气活动及其作用.南京气象学院学报,32(2):306-313

易笑园,李泽椿,李云,等.2010.长生命史冷涡影响下持续对流性天气的环境条件.气象,36(1):17-25

易笑园,李泽椿,朱磊磊,等.一次β-中尺度暴雪成因及动力热力结构分析.高原气象,2010,29(1):175-186

[英]巴德MJ,福布斯GS,格兰特JR,等.1998.卫星与雷达图像在天气预报中的应用.北京:科学出版社

俞小鼎,姚秀萍,熊廷南,等.2006.多普勒天气雷达原理与业务应用.北京:气象出版社

张光智,卞林根,王继志,等.2005.北京及周边地区雾形成的边界层特征.中国科学(D辑),35(增刊1):73-83

章国材.2007.现代天气预报技术与方法.北京:气象出版社

张培昌,杜秉玉,戴铁丕.2001.雷达气象学.北京:气象出版社

张迎新,侯瑞钦,张守保.2007.回流暴雪过程的诊断分析和数值试验.气象,33(9):25-32

张迎新,张守保.2006.华北平原回流天气的结构特征.南京气象学院学报,29(1):107-113

赵桂香,程麟生,李新生.2006."04·12"华北大到暴雪过程切变线的动力诊断.高原气象,25(3):476-484

赵桂香,许东蓓.2008.山西两类暴雪预报的比较.高原气象,26(3):615-623

赵玉广,李江波,康锡言.2004.用PP方法做河北省雾的分县预报.气象,30(6):43-47

郑栋,孟青,吕伟涛,等.2000.北京及其周边地区夏季地闪活动时空特征分析.应用气象学报,16(5):639-644

郑栋,张义军,吕伟涛,等.2005.大气不稳定度参数与闪电活动的预报.高原气象,24(2):198-203

《中国气象灾害大典天津卷》编委会.2008.中国气象灾害大典天津卷.北京:气象出版社,10-197

周筠珺,张义军,郄秀书.1999.陇东地区冰雹云系发展演变与其地闪的关系.高原气象,18(2):236-244

朱乾根,林锦瑞,寿绍文,等.2000.天气学原理和方法(第3版).北京:气象出版社

Fujita T T. 1963. Analytical Mesometeorology:A Review. Severe Local Storms. Meteor Monogr, *Amer Meteor Soc*,5(27):77-125

Houze R A. 1977. Structure and dynamics of a tropical squall-line system. *Mon Wea Rev*, 105: 1540-1567

John R H, Doswell C A. 1992. Severe local storm forecasting. Weather and Forecasting. 7:588-612

Maddox R A. 1980. Mesoscale convective complexes. *BulL Amer Meteor Soc*,61(11):1374-1387

Orlanski I. 1975. A rational subdivision of scales for atmospheric processes. *Bull Amer Meteor Soc*, **56**:527-530

Parker M D, Johnson R H. 2000. Organizational modes of mid-latitude meso-scale convective systems. *Mon Wea Rev*, **128**(10):3413-3436.

Roger E, Richard L T. 1998. Nationwide comparisons of hail size with WSR-88D vertically integrated liquid water and derived thermodynamic sounding data. Weather Forecasting, **13**:277-285

第5章　天津基本气象要素预报

天气是指某个时刻或某个时间范围内的大气状态,这种大气状态是各种气象要素,包括气压、气温、湿度、风、云量、降水量和能见度等的综合表现,气象要素的空间分布及其随时间的变化与天气的分布及其变化有十分密切的关系。因此做好各种气象要素的预报是十分重要和必要的。基本气象要素的预报方法一般有三种:天气学方法、统计学方法、动力学方法。其中天气学方法虽是传统的预报方法,但目前仍然普遍使用,也是基本气象要素预报的最基本的方法,并且随着科学研究的深入,天气学方法得到了不断的改进。下面以天气学方法为主介绍基本气象要素预报。

5.1　天空状况预报

5.1.1　云的形成及预报思路

云是由许多细小的水滴或冰晶组成的,主要是由水汽凝结(华)形成。水汽从蒸发表面进入低层大气后,由于近地层温度高,所容纳的水汽较多,如果这些湿热的空气被抬升,温度就会逐渐降低,到了一定高度,空气中的水汽就会达到饱和。如果空气继续被抬升,就会有多余的水汽析出。如果那里的温度高于0℃,则多余的水汽就凝结成小水滴;如果温度低于0℃,则多余的水汽就凝华为小冰晶。当这些小水滴和小冰晶逐渐增多并达到人眼能辨认的程度时,便成为云。

形成云的基本条件有三个:一是有充足的水汽,二是有足够多的凝结核,三是有使水汽凝结成小水滴或凝华成小冰晶的空气冷却过程。

云的生成、发展和消亡在一定程度上反映了大气中的水汽含量和大气状态的变化,与降水紧密关联,有预示未来天气变化的作用。

5.1.2　预报指标

常规气象预报中通常使用阴(天空总云量9～10成)、多云(天空总云量5～8成)、少云(天空总云量2～4成)、晴(天空总云量0～1成)等用语来描述天空云量。

5.2　气温特征及预报

5.2.1　气温的变化规律

5.2.1.1　年变化特征

在全球变暖的大背景下,近 40 年来天津年平均气温呈现波动性的显著增加趋势,且增温幅度大于全国平均水平。统计表明,近 40 多年来天津市区年平均气温以约 0.55℃/10a 的速率快速增加。此外,年平均最高气温和最低气温的变化规律与平均气温基本一致,但平均最低气温增暖非常显著,远大于最高气温的增温幅度,即天津气温变暖在最低温度上表现更加明显。与此同时,极端最高气温极值、极端最低气温极值均呈上升趋势,尤以冬季极端最低气温极值上升最为明显。

从不同季节来看,四季中以冬季平均气温增温幅度最大,春季次之,秋季、夏季增幅较小。从空间差异来看,年平均气温以天津市区增幅最大。白天平均最高气温的增温幅度则以塘沽最大,市区次之,蓟县最低,其中冬、春季塘沽最高气温的增温速率分别达到 0.12℃/10a、0.21℃/10a。夜晚平均最低气温的增温速率则以蓟县最大,市区次之,塘沽最低。

5.2.1.2　日变化特征

天津近地层气温的日变化非常明显。近 40 多年来,除塘沽外,天津大部分地区气温日较差呈减少趋势。其中,市区平均日较差冬季减少幅度最大,其他三个季节并不显著;北部蓟县平均日较差减少趋势显著,仅夏季减少幅度略小,以冬季最为显著;东部塘沽日较差则呈现增加趋势,原因在于塘沽位于天津东部,濒临渤海,距海岸不足 10 km,受海陆风的影响,具有明显的海洋性气候特征,冬季或者夜晚的温度较天津其他地区偏高,增温幅度小于其他地区。白天受经济的快速发展和城市化的影响,气温与其他地区差别不大,增温幅度反而大于其他地区。

5.2.1.3　空间分布特征

受测站地理位置、测站周围环境及其城市经济发展等诸多因素的影响,天津的气温存在明显的空间分布差异,北部为山区,气温日较差偏大,东部濒临渤海,受海陆风的影响,具有明显的海洋性气候特征,如东南风或偏东风时,夜晚的温度较天津其他地区偏高,而白天气温则比市区偏低。

5.2.2　影响气温变化的因素

某一地方的温度变化可以用热流量方程表示为

$$\frac{\partial T}{\partial t} = -V \cdot \nabla T - \omega(\gamma_d - \gamma) + \frac{1}{C_p}\frac{\mathrm{d}Q}{\mathrm{d}t} \tag{5.1}$$

上述公式略去了因变压风和气压平流引起的温度局地变化,因此温度的局地变化只需分析三个方面:温度平流、垂直运动和非绝热因子。

5.2.2.1　温度平流

在水平气流方向上气温分布不均匀时,空气水平运动将引起气温局地变化。一般在热力性质较均匀的气团内这一项作用很小,但在锋面附近或锋生场中其作用就很大,因此在有锋面即将过境时,要重点关注冷锋前后的变温即温度平流。天津东临渤海,海陆风环流也会对天津的气温产生影响,由于海陆不同的下垫面具有不同的热容,使得夏季渤海为冷源,因此当夏季白天吹东风(无论是系统风还是海陆风影响)时,天津的气温会异常偏低,尤其是东部的宁河、汉沽、塘沽和大港影响更大,有时东部地区(塘沽)的温度与西部(静海)和北部(蓟县)相差10℃以上。

5.2.2.2　垂直运动

垂直运动对局地气温变化的影响主要是通过垂直运动的方向、强度和大气的稳定度来实现的。

5.2.2.3　非绝热因子

气温的非绝热变化是空气与外界热量交换的结果,主要表现为天气现象(或天空状况)以及下垫面性质对气温变化的影响。

5.2.3　预报着眼点

温度的预报思路或预报着眼点主要围绕着影响温度局地变化的三要素来分析。

5.2.3.1　温度平流

在气流方向上分析冷、暖平流的强度主要看上游地区过去 24 h 变温,再结合天气形势的预报进行分析判断,给出未来本地的温度升降幅度,另外温度平流还反映在不同的风向风速上,在天津由于特殊的地形,偏西风有利于升温,偏东风对升温有明显抑制作用(详见夏季高温、干热风、寒潮等温度预报相关章节)。

5.2.3.2　垂直运动

根据大气稳定度的情况以及本地垂直运动(上升或下沉运动)来判断本地温度的变化。

5.2.3.3　非绝热因子

(1)辐射影响:分析和预报天空云量,来判断辐射对升降温的影响。

(2)水汽相变影响:不同的天气现象对温度的影响也不尽相同,在有降雨时以及雪后由于蒸发和融化过程吸收热量,气温下降。

(3)乱流的影响:主要表现在风对温度变化的影响,风速大时既影响白天的升温也影响夜间的降温,也是温度变化的主要因子。

(4)不同下垫面的影响:天津的下垫面非常复杂,拥有山地、湖泊、湿地等,不同的下垫面有不同的热容,因此增温和冷却的速度强度都不同,要分别进行分析给出预报结果。

对以上影响温度变化的三方面因素进行综合分析,再参考各种模式关于温度预报的数值产品、指导产品以及本地各种统计预报结果,最后给出综合结论。

5.2.4　预报方法介绍

天津日最高、最低气温预报主要采用客观天气预报技术与主观天气分析相结合的预报方法,即以数值预报解释应用为基础,结合预报员主观分析订正,进而制作出区县及乡镇精细化气温预报产品。

目前在气温预报方面采用的客观天气预报技术及相应产品包括:

(1)动态 PLS-MOS 预报方法:采用 T213 数值预报场作为预报因子,并利用偏最小二乘回归原理将其和预报对象实况之间建立同时关系,然后将实时 T213 模式输出量应用到预报方程中,从而获得预报产品对象(最高气温、最低气温)。该方法通过动态建模改进了常规统计预报方程的不足之处,动态建模方案对时间样本的要求不高,目前天津采用的建模周期为一天,建模时间样本要求为 60 d,即每天重建预报方程进行动态 MOS 预报。

(2)区域中尺度数值预报产品差值法:天津 WRF 中尺度数值预报产品由天津市气象科学研究所研究开发,充分考虑了天津地区的气候特征,并通过雷达资料、自动站实况信息等资料同化提高了预报的时空分辨率,其时间分辨率为 1 h,空间分辨率为 5 km×5 km,利用其时空分辨率高的优点,通过反距离权重插值法对 WRF 中尺度数值预报产品中的逐时 2 m 气温资料进行 24 h 极值提取,得到区县及乡镇精细化最高、最低气温预报产品。

5.3　地面风特征及预报

5.3.1　风的变化特征

从季节变化来看,天津风场存在明显的季节差异,一般冬、春季冷空气活动比较频繁,大风日偏多。此外,天津近地层风速也存在着明显的日变化,与大气层结有关,一般白天风速偏大,夜间偏小。

5.3.2　影响风的因素

风的形成是大气运动的结果,而大气运动则是气压梯度力和地转偏向力综合影响的结果。主要影响因子具体包括:

(1)气压梯度力:由于气压场的不均匀产生了气压梯度,从而使空气做水平运动,风沿水平气压梯度方向吹,即垂直于等压线从高压一侧吹向低压一侧,且气压梯度越大,风速越大。

(2)地转偏向力:地球自转使空气水平运动发生偏向的力,称为地转偏向力,这种力使北半球气流向右偏转,南半球向左偏转。

(3)地形:地面风除了受气压梯度力和地转偏向力的支配外,在很大程度上受到地形的影响,如山隘和海峡能改变气流运动的方向,而丘陵、山地的摩擦作用可使风速减少,孤立山峰因海拔高可使风速增大。此外,海陆差异对气流运动也有明显的影响,在冬季,大陆比海洋冷,大陆气压比海洋高,风从大陆吹向海洋;夏季则相反。这种随季节转换的风,称之为季风。白昼时,大陆上的气流受热膨胀上升至高空流向海洋,到海洋上空冷却下沉,在近地层海洋上的气流吹向大陆,补偿大陆的上升气流,低层风从海洋吹向大陆称为海风;夜间时,情况相反,低层风从大陆吹向海洋,称为陆风。

(4)热力环流:在山区由于热力原因引起的白天由谷地吹向平原或山坡,夜间由平原或山坡吹向谷地,前者称为谷风,后者称为山风。这是由于白天山坡受热快,温度高于山谷上方同高度的空气温度,坡地上的暖空气从山坡流向谷地上方,谷地的空气则沿着山坡向上补充流失的空气,这时由山谷吹向山坡的风,称为谷风。夜间,山坡因辐射冷却,其降温速度比同高度的空气要快,冷空气沿坡地向下流入山谷,称为山风。

此外,不同的下垫面对风也有影响,如城市、森林、冰雪覆盖地区等都有相应的影响。光滑地面或摩擦小的地面使风速增大,粗糙地面使风速减小等。

综上所述,影响风的主要因素包括气压场、摩擦作用、变压场、热力环流、地形等因子。

5.3.3　预报着眼点

5.3.3.1　大风形势分析

不同的天气形势将会产生不同类型的大风天气,如冷锋后的偏北大风、高压后部和低压前部的偏南大风、台风造成的旋转风以及雷雨天气造成的短时大风,因此首先对形势进行分析来判断将会出现什么类型的大风。

5.3.3.2　影响因素分析

秋冬季常见的是冷锋后的偏北大风,这时主要通过高空图冷平流、地面图变压来分析冷空气的活动情况,并判断出现大风位置和强度。如果是低压大风,则首先分析影响系统的移动路径、强度变化,来判断对天津的影响;如果是夏季的雷雨大风,则应主要关注雷雨天气的雷达回波特征,如弓状回波等,来帮助判断本地是否将出现大风。

5.3.3.3　综合分析

基于以上两方面的分析,加之预报经验的积累,同时再参考各种数值模式的预报产品,最后由预报员进行综合分析,给出预报结论。

5.3.4　预报方法介绍

天津目前对风向、风速的预报主要以预报员对海平面气压场及风场资料的主观分析为主。海平面气压场资料源自欧洲中心数值预报、日本传真图、中国的 T639 数值预报、天津的 TJ-WRF 数值预报等。

5.4　降水特征及预报

5.4.1　降水的变化规律

天津地处华北,降雨量年内分配极不均匀,受东亚季风影响,85％的降水主要集中在汛期(6—9月),其中强降水天气主要发生在主汛期(7—8月),盛汛期则主要集中于 7 月下旬至八月上旬。此外,受地形、气候等因素影响,天津降水时空分布不均,呈现自北向南和自东向西递减的趋势。

5.4.2　影响降水的因素

降水是大气中的水分相变过程。在这个过程中要满足三个条件:水汽条件、垂直运动条件、云滴增长条件,因此这三个条件也称为影响降水的三个主要因素。

5.4.3　预报思路

降水过程主要通过主观分析与客观预报技术相结合的方法进行预报。其中降水性质主要通过预报员对实况及数值预报产品的主观分析判定为雨、雪或雨夹雪,而降水量则以预报员主观分析为主,以数值预报产品或释用产品中的降水量预报为参考。

合理的预报思维路线为:利用实况分析影响天气系统,继而分析最新时刻模式预报,并将前时刻模式预报结果与实况进行对比,分析两者有无差异及出现差异的原因,然后对模式预报形势或要素进行订正,进而与概念模型或指标进行思维比较,从而对模式降水进行订正并得出预报结论。主要着眼于环流形势、高低空配置及物理量诊断分析等,其中物理量诊断分析主要从水汽条件(如相对湿度、水汽通量、温度露点差等)、动力条件(涡度、散度、垂直速度等)及不稳定性条件(K 指数、沙氏指数、抬升指数等)。

目前天津地区降水量客观预报技术及产品包括:

(1)常规统计预报方法:采用多年 T639 数值预报场及预报前一日实况资料作为预报因子,并利用逐步回归原理将其和次日预报对象实况之间按季度建立同时关系,后将实时 T639 模式输出量应用到所在季度预报方程中,从而获得 24 h 降水量预报产品。此种方法优点在于时间样本充足,对降水等非连续型变量的预报对象比较有利。

(2)区域中尺度数值预报产品插值法:利用 TJ-WRF 中尺度数值预报产品中的逐时降水量资料,通过累加及反距离权重插值法,得到区县及乡镇精细化降水量预报产品。

5.5　相对湿度特征及预报

5.5.1　相对湿度的变化特征和规律

天津一年之中相对湿度以夏季最大,秋季次之,冬春季最小。冬春季相对湿度偏小,这是由天津地区冬春季节干冷空气活动频繁且风速大的气候特点决定的,夏季受东亚夏季风因素的影响,西南暖湿气流输送以及降水量的增多致使天津夏季相对湿度急增,为全年最高值,秋季相对湿度开始减小。除了明显的季节变化特征外,天津相对湿度亦有显著的日变化,通常一日中相对湿度最高值出现在日出之前,最小值出现在下午 15 时左右。此外,相对湿度也与风向有关,来自东北到东南的风(渤海),相对湿度会增大,而偏西、偏北风(来自太行山脉、燕山山脉)相对湿度则减少。且相对湿度亦与天空状况密不可分,如阴天的相对湿度日变化幅度很小,而阴雨天或雾天的相对湿度值较大。

5.5.2　相对湿度的预报思路和预报方法介绍

相对湿度是为了表示空气中水蒸气离饱和状态的远近而引入的一个概念,它是指某温度时空气的水汽压跟同一温度下水的饱和蒸汽压的百分比,因此相对湿度反映的是空气的饱和程度。当空气水汽压不变而降低温度时,水的饱和蒸汽压减小,空气的相对湿度会增大,因此相对湿度的预报需要结合天空状况、空气温度等进行分析。

天津日最大、最小相对湿度预报方法主要以数值预报解释应用为基础,结合预报员主观分析订正,进而制作出区县及乡镇精细化相对湿度预报产品。

目前在相对湿度要素预报方面采用的客观天气预报技术及相应产品包括:

动态 PLS-MOS 预报方法:采用 T213 数值预报场作为预报因子,并利用偏最小二乘回归原理将其和预报对象实况之间建立同时关系,然后将实时 T213 模式输出量应用到预报方程中,从而获得预报产品对象(最大相对湿度、最小相对湿度)。该方法通过动态建模改进了常规统计预报方程不足之处,动态建模方案对时间样本的要求不高,目前天津采用的建模周期为一天,建模时间样本要求为 60 天,即每天重建预报方程进行动态 MOS 预报。

5.6 能见度特征及预报

5.6.1 能见度的变化规律

天津地区春季能见度最好,原因在于春季风大,影响大气清晰度的气溶胶颗粒不易在近地层滞留;夏季风速比春季小,但由于雨水增多,有清洁大气的作用,使得夏季能见度仅次于春季;秋季风速减小,雨水亦减少,且晚秋时分开始取暖,气溶胶颗粒增多,能见度较夏季变差;冬季气温较低,低空逆温频繁发生,取暖期的烟尘增加,故能见度最差。

近 20 多年来,从空间分布来看,天津地区市区能见度最差,东部塘沽略好,北部蓟县能见度最好。从变化趋势看,天津地区年平均能见度呈明显的下降趋势,其中塘沽能见度下降速率最大,为 -2.5 km/10a;市区下降速率最小,为 -1.3 km/10a。此外,能见度年变化具有明显的季节差异,市区四季能见度变化比较均匀,除冬季变化率略小外,春、夏、秋三季均以每 10 年 1.3~1.5 km 的速率下降;塘沽夏季能见度下降率最快,其次是春季,冬季最小;蓟县变化率最大也在夏季,次大值出现在秋季,冬季最小。

众所周知,雾、霾以及沙尘天气是影响能见度的主要天气现象,下面对几类天气现象进行统计分析。

5.6.1.1 雾天气

天津多年平均雾日在 15~19 d,从多年雾日年际变化来看,天津雾日数略呈上升趋势。从季节来看,天津雾天都主要出现在冬季,秋季次之。雾多在凌晨到日出前后(01—09 时)生成,在日出后(07—13 时)逐渐消失,大部分雾持续时间小于 13 h,持续 1~2 h 的雾发生频率最高,可达 20% 左右。

地面温度、相对湿度、风速、风向和天空状况对天津雾的预报有很好的指示意义。地面温度在 -5~5℃,风速在 0~4 m/s 和相对湿度在 90%~100%,天气为晴到少云,雾极易发生。

5.6.1.2 灰霾天气

20 世纪 90 年代以来,随着天津经济的快速发展,灰霾日数处于较高的水平,特别是 2001 年以后,灰霾日数快速增加。从季节变化规律来看,天津灰霾天气多发于冬半年(10 月至次年 3 月),夏半年(4—9 月)较少,这除了与冬季取暖的燃煤污染密切相关外,还与冬季降水稀少、空气干燥等气象因素有关。此外,统计分析表明,天津灰霾天气具有很强的地域性,其中东丽区、市区和津南区为灰霾多发区,主要与军粮城电厂、陈塘庄热电厂第一热电厂以及汽车急剧增加有关,而处于天津上风方的武清区、北辰区等为灰霾少发区。

灰霾日数与风速、绝对湿度、降水量、气压等气象要素具有密切的关系。与风速、绝对湿度(水汽压)、降水量等呈负相关,与气压呈正相关。也就是说,在高气压控制时,通常是晴朗的天气,日照较强烈、湿度较低,如果遇到风速较小或静风时,容易出现灰霾天气。严重的灰霾天气无一例外地都出现在边界层强逆温的情况下。

5.6.1.3　沙尘天气

天津沙尘天气一般出现于春季,原因在于春季地表干燥,风大,多西北风,导致了天津每年春季受上游沙尘天气的影响比较频繁。影响天津地区的沙尘路径有三条:一路源区是蒙古国东南部,主要由锡林郭勒盟西部的二连浩特经张家口等地到达京津的北方路径;一路源区是蒙古国中、南部,从内蒙古的阿拉善的中蒙边境、河西走廊分别经呼和浩特市、张家口等地到达京津的西北路径;一路源区是新疆塔克拉玛干沙漠边缘从哈密开始,经河西走廊、银川、太原等地到达京津的西方路径。

5.6.2　能见度的预报思路和预报方法介绍

天津目前能见度的客观预报产品源自 TJ-WRF 中尺度数值预报模式中的能见度预报资料。

参考文献

郭军.2008.天津地区灰霾天气的气候特征分析.城市环境与城市生态,**21**(3):12-14

郭军,李明财,刘德义.2009.近 40 年来城市化对天津地区气温的影响.生态环境学报,**18**(1):29-34

郭军,任国玉.2006.天津地区近 40 年日照时数变化特征及其影响因素.气象科技,**34**(4):415-420

刘德义,傅宁,范锦龙.2008.近 20 年天津地区植被变化及其对气候变化的响应.生态环境,**17**(2):798-801

刘伟,韩毓.2004.天津地区沙尘天气与沙尘污染程度特征分析.城市环境与城市生态,**17**(4):18-20

田华,王亚伟.2008.京津塘高速公路雾气候特征与气象条件分析.气象,**34**(1):66-71

赵玉洁,宋国辉,徐明娥,等.2004.天津滨海区 50 年局地气候变化特征.气象科技,**32**(2):86-89

朱乾根,林锦瑞,寿绍文,等.2000.天气学原理和方法(第 3 版).北京:气象出版社

第6章 北方海域海洋气象预报

6.1 北方海域大风

6.1.1 大风标准

规定 10 min 平均最大风速 6 级以上(≥10.8 m/s)为大风,其中 8 级以上(≥17.2 m/s)为强风。

6.1.2 大风季节特征

渤海由于受陆地和水文影响较大,加上海深较浅,因而具有季风明显的特点,冬季多盛行西北风,夏季盛行东南风;风速月平均最小值出现在夏季,最大值多出现在秋、冬季。海上风速一般比沿岸陆地大。并且离岸愈远,风速也愈大。渤海中部平均每年大风日数为 50~60 d,辽东湾和莱州湾为 60~80 d,渤海海峡一带为 80~100 d。

6.1.3 引发大风的天气系统

6.1.3.1 冷空气

冷锋是引发大风的主要影响系统之一,主要以北路、西北路和西路三种不同的路径影响渤海。不同路径的冷锋对渤海产生的影响不同。

(1)北路冷锋

该路冷锋从贝加尔湖以东南下,经蒙古东部、东北平原进入渤海,引发渤海的偏东大风。

(2)西北路冷锋

该路冷锋经萨颜岭、蒙古中部进入中蒙边境后,再经华北平原移向东南入海,也有的东移进入东北平原后入海。其主要产生偏北大风。

(3)西路冷锋

该路冷锋经新疆、河西走廊东移入海。其主要产生西北大风。

6.1.3.2 温带气旋

下面重点分析三种气旋影响渤海时不同的形势特点,为准确预报渤海温带气旋大风提供理论依据。

(1)东北低压

东北低压是指活动在中国东北地区的锋面气旋。它是气旋中发展最为强大的一种。发展最盛的东北低压,其尺度可达 2000 km。

东北低压绝大多数是从外地移来的。第一类是气旋在贝加尔湖、蒙古和中国内蒙古一带生成后移入东北,成为东北低压。这类低压占东北低压的大部分。黄河气旋北上进入东北也可成为东北低压。第二类是黄河气旋移入东北地区。当有黄河气旋在华北地区活动时,如果日本和日本海为南北向的高压坝,黄河气旋很可能向偏东方向移入东北地区。

东北低压的发展,在 700 hPa 图上都有一个小槽与之配合,且槽前等高线呈疏散型,并有一个明显的温度脊落后于高度脊。槽前暖平流和槽后冷平流都很强的温压场结构有利于高空槽与地面低压在东移过程中不断加深发展。当渤海处在东北低压后部时,易出现偏北大风。

(2)蒙古气旋

蒙古气旋是影响中国北方地区的主要天气系统。它生成于蒙古地区,以三种主要路径向偏东方向移动。单一的蒙古气旋对渤海产生的大风次数并不多,但当蒙古气旋向东南方向移动,沿华北进入渤海,其后有冷空气配合时,往往造成渤海很强的偏北大风。

(3)江淮气旋

江淮气旋是指产生于江淮流域一带的气旋,入海后引发渤海大风。单一的江淮气旋主要影响黄海中部和南部。但当冷锋与江淮气旋配合时,冷锋后的高压南下,江淮气旋同时发展使渤海到黄河下游一带受影响,造成的东北大风更为猛烈,影响地区风力一般可达 8～10 级,最大可达 10～12 级。

6.1.3.3　热带气旋

热带气旋只有北上才能影响渤海并产生渤海大风。当副热带高压位置偏北、偏西,西风槽较弱时,热带气旋易北上影响渤海。

6.1.4　大风预报方法

引发渤海地区未来 24 h 偏北或偏东大风天气的 500 hPa 环流特征共有五种类型。

(1)横槽类型。横槽位于贝湖到巴湖,当横槽破坏转竖槽时,是造成渤海中、西部海面偏北大风的类型。

(2)一脊一槽类型。高压脊在乌山以东,脊线在 80°E～90°E,乌山以东长波脊的东移、脊前冷槽东南移动,也是造成渤海中、西部海面偏北大风类型。

(3)宽广低压带类型。乌山以东的东亚地区 40°N 以北是一个宽广的低压带,低压中心在贝湖或以北,贝湖有冷槽向东南移动,造成渤海中、西部海面偏东大风的类型。

(4)南支槽和地面气旋类型。贝湖有冷低压或低压槽东南移动,南支槽活跃,地面有气旋生成。

(5)东北低压类型。东北有低压,低压后部有横切变槽南下,此类也是造成渤海中、西部海面偏东大风的类型。

起风前 24 h 的偏北大风天气学概念模型有两种,偏东大风有三种。

6.1.4.1 横槽破坏,寒潮暴发(偏北大风)

1)环流特征

大风开始前 24 h 左右,500 hPa 上空乌山附近为一个近于南北向或近于东北—西南向的阻塞高压,阻塞高压中心强度≥552 dagpm,亚洲中、东部有一个近于东—西向横槽与其配置的冷中心在贝湖附近,强度低于−40℃,乌山阻塞高压崩溃、横槽转竖槽,经向环流发展,在这种空间环流结构下,渤海海面就出现强西北或偏北大风。

地面冷高压从新地岛经新西伯利亚进入蒙古和中国新疆,地面冷锋从新疆北部移至甘肃一带进入华北地区,冷锋移速快为 40～50 km/h,冷锋前后气压差无论是南北方向上还是东西方向上都较大,黄淮地区和长江中、下游地区为低压带或倒槽控制。

2)预报指标

(1)500 hPa

①冷中心在贝湖附近,温度≤−40℃。

②$T_{伊尔库茨克}-T_{北京}≤-20℃$。

③$T_{乌兰巴托}-T_{北京}≤-15℃$。

④70°E～90°E,50°N～60°N 区间内 $+\triangle H_{24}$ 中心≥$+10$ dagpm,强时 $+\triangle H_{24}$ 中心≥$+20$ dagpm,同时该区间内吹北—西北风,风速≥20 m/s。

(2)700 hPa 和 850 hPa

①700 hPa 和 850 hPa 锋区强,锋区位置在 100°E～120°E、50°N～45°N,5 个纬距内有 3～4 根等温线时海面可有 6 级风,5～6 根等温线时可有 7～8 级风,大于 6 根等温线可有 9 级风。

②850 hPa 槽线前后正、负变高中心值差≥20 dagpm,海面可有 7 级或以上大风。

(3)地面

①地面冷高压中心路径属于西北路经

②地面等压线近于西北—东南走向,气压梯度大,冷锋后有≥11 根等压线可有 7 级或以上大风。

③地面江淮无气旋波产生或有气旋但位置南在 30°N、120°E 附近东移出海。

上述预报指标对应的示意图可参见图 6.1。

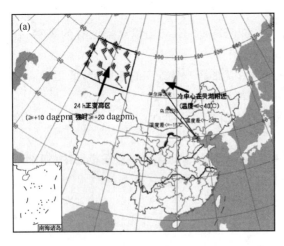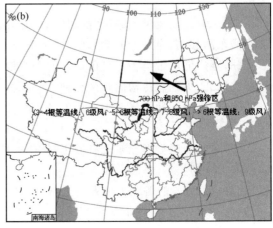

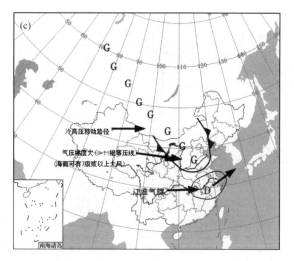

图 6.1　海面大风(横槽类型)天气学概念模型图

(a)500 hPa;(b)700 和 850 hPa;(c)地面

6.1.4.2　长波脊发展东移,脊前冷槽南侵(偏北大风)

(1)环流特征

大风开始前 24 h 左右,500 hPa 上空乌山以东的脊发展并东移(脊线在 80°E～90°E 附近),脊前冷槽即随之加深向东移或有较深厚的冷低压中心向东移,经向环流加强,槽脊轴向都近于南北向。在这种空间环流结构下,冷空气向南移,渤海海面就出现强西北或偏北大风。

地面冷高压中心主体在蒙古,轴向近于南北向,冷高中心从蒙古南移到河套、冷锋从蒙古进入黄淮地区,移至华北地区,冷锋移速较快为 40～50 km/h,冷锋前后气压差在南北方向上较大,东北、华北两湖一带地区为低压槽控制。

(2)预报指标

1)500 hPa

①冷中心在贝湖附近,温度≤−36℃。

②$T_{乌兰巴托}-T_{北京}≤-17℃$。

③90°E～120°E、50°N～65°N 区间内＋△H_{24}中心≥＋10 dagpm,强时＋△H_{24}中心≥20 dagpm,同时该区间内吹北—西北风,风速≥20 m/s。

2)700 hPa 和 850 hPa

700 hPa 和 850 hPa 锋区强:锋区位置在 100°E～120°E、45°N～50°N,5 个纬距内有 3～4 根等温线时,海面可有 6 级风,5～6 根等温线可有 7～8 级风,大于 6 根等温线可有 9 级风。

3)地面

①地面冷高压中心路径属于北或西北路径。

②地面等压线附近为南北向,气压梯度大,冷锋后有≥11 根等压线海面可有 7 级或以上大风。

③地面江淮地区无气旋北上。

上述预报指标对应的示意图可参见图 6.2。

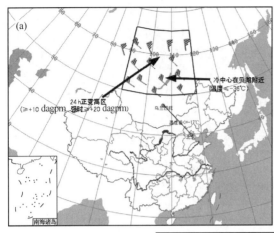
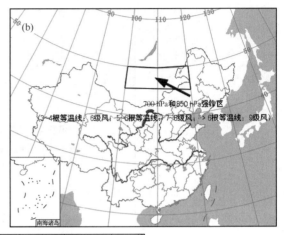
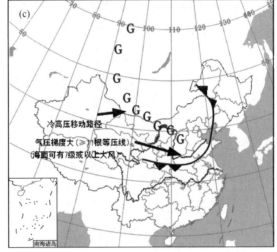

图6.2 海面大风(一槽一脊类型)天气学概念模型

(a)500 hPa;(b)700和850 hPa;(c)地面

6.1.4.3 环流平直,贝湖有冷低压或低压槽东南下(偏东大风)

(1)环流特征

大风开始前24 h左右,500pha上空亚洲中纬地区环流较平直,亚洲中、东部高纬地区有一个较深厚的冷低压或在贝湖附近有一个近于东北—西南走向的低压槽,并有较强冷中心配置,冷中心位置在50°N~60°N、100°E~120°E,强度低于—36℃,由于强冷低压或低压槽南侧的环流平直,冷空气南下路径就偏东,在这种空间环流结构下,渤海海面就产生偏东大风。

地面冷高压中心是从贝湖附近向东南方向移动,轴向近于东—西向或西北—东南向,冷锋从华北北部,东北西部一带缓慢南下。

(2)预报指标

1)500 hPa

①西西伯利亚平原到巴尔喀什湖一带—贝湖—蒙古—华北地区和巴湖—新疆—河套到华东都是一致的西北气流,贝湖冷槽受西北—西气流引导向东南下,冷锋南下路径偏东,冷中心温度低于—40℃。

②$T_{(乌兰巴托—北京)} \leqslant -15℃$。

2)700 hPa 和 850 hPa

700 hPa 和 850 hPa 锋区强:锋区位置在 45°N～50°N、100°E～120°E,5 个纬距内有 3～4 根等温线时海面可有 6 级风,大于或等于 5 根等温线时海面可有 7 级或以上大风。

3)地面

①冷锋南移速度快,为 50～60 km/h。

②地面冷高压路径属于北路径。

③东北地区有低压发展,并且向东北方向移动。

④地面等压线近于东北—西南向或东—西向。冷锋后有≥10 根等压线时海面可有 7 级或以上偏东大风。

上述预报指标对应的示意图可参见图 6.3。

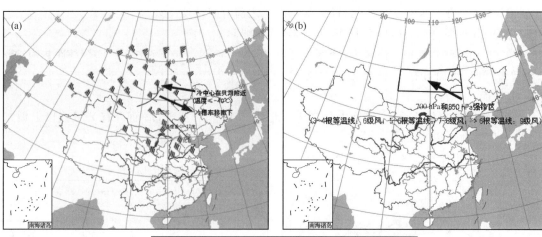

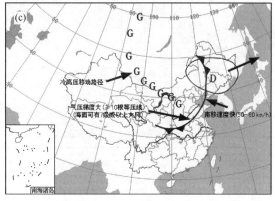

图 6.3　海面大风(宽广低压带类型)天气学概念模型

(a)500 hPa;(b)700 hPa 和 850 hPa;(c)地面

6.1.4.4　贝湖有冷低压或低压槽东南移动,南支槽活跃,地面有气旋生成(偏东大风)

(1)环流特征

大风开始前 24 h 时左右,500 hPa 上空亚洲中高纬地区与上述形势相似,但低纬地区南支锋区活跃,青藏高原东部及孟加拉湾为低压槽区,槽前西南气流较强,一般≥10 m/s,可到达 35°N 或以北,南支槽的深厚暖空气与贝湖冷低压槽东南下的冷空气在渤海地区相遇叠加,与南支槽相对应的地面图上有暖倒槽的东北方向伸展,其中多有强度不等的气旋在 33°N～

37°N、115°E～117°E生成并向东北方向移出海,渤海海面处于气旋波前部,偏东大风即出现。

(2)预报指标

1)500 hPa

①贝湖附近是一个较深的冷低压,配置的冷中心温度低于－36℃,冷低压槽的脊发展不强。

②$T_{乌兰巴托}$—$T_{北京}$≤－20℃。

③80°E～100°E、50°N～60°N区域内＋△H_{24}中心≤10 dagpm,同时该区向内吹 W-NW风,风速≥20 m/s。

④南支槽位于济南、汉口,贵阳一线。该三站处于南支槽前。三站 SW 风速≥14 m/s。

⑤副高脊强,588线在南海、海口、西沙岛、东沙岛,其中之一站 500 hPa 高度≥588 dagpm。

2)700 hPa 和 850 hPa

①汉口、上海吹西南风与郑州、青岛吹东南风之间有暖性切变线。

②850 hPa 暖脊强,从江南、华东一直伸向东北地区。

③700 hPa 和 850 hPa 锋区强,锋区位置在 45°N～50°N、100°E～120°E,5 个纬距内有 5～6 根等温线时,海面可有 7～8 级偏东大风。

3)地面

江淮倒槽伸向华北地区,气旋中心气压与北京气压差≥7 hPa,海面可有 7 级或以上偏东大风,气压差愈大风愈大。

上述预报指标对应的示意图可参见图 6.4。

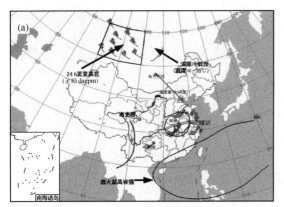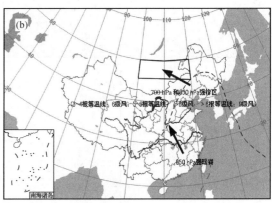

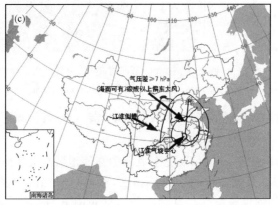

图 6.4　海面大风(南支槽和地面气旋类型)天气学概念模型

(a)500 hPa;(b)700 hPa 和 850 hPa;(c)地面

6.1.4.5　东北低压后部横槽(偏东大风)

(1)环流特征

大风开始前 24 h 左右,500 hPa 上空贝湖以东至中国东北地区有一个较稳定深厚冷低压。贝湖附近为一个高压脊,从冷低压中心伸向贝湖为一个横槽,与冷低压配置的冷中心强度低于－44℃,由于冷低压的位置偏东,冷空气南下路径就偏东,在这种空间环流结构下渤海海面就产生偏东大风。

地面冷高压中心从泰米尔半岛向南移,其脊伸向中国东北、华北北部地区,冷锋位于哈尔滨到二连一线,蒙古为低压,中国新疆到黄淮地区为倒槽控制,并向东北方向伸展至华北南部。

(2)预报指标

1)500 hPa

①冷低压在 45°N～50°N、125°E～130°E 与其配置的冷中心低于－40℃。

②从低压中心向西伸至 120°E 有一条近东—向西的东北风与西北风之间的切变线存在。

2)700 hPa 和 850 hPa

700 hPa 和 850 hPa 锋区强:锋区位置在 40°N～50°N,100°E～120°E,5 个纬距内有 3～4 根等温线海面可有 6 级风,5 根等温线海面可有 7 级风。

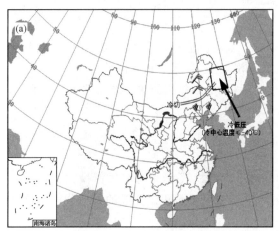

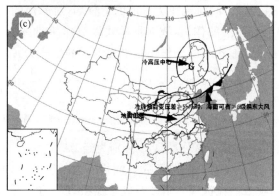

图 6.5　海面大风(东北低压类型)天气学概念模型

(a)500 hPa;(b)700 hPa 和 850 hPa;(c)地面

3)地面

①地面冷高压中心在地面冷高压中心在内蒙古东北部一带,轴向近南北向,冷高压前部的冷锋前后变压差≥5 hPa 时,海面可有≥6 级偏东大风。

②河套到华北地区为东北—西南向的倒槽时,东北地区的冷锋可南移到海面,此时有偏东大风出现。

上述预报指标对应的示意图可参见图 6.5。

6.2　北方海域海浪预报

6.2.1　海浪标准

海浪是发生在海洋中的一种波动现象。海浪可分为风浪、涌浪和近岸浪三种。

风浪指的是在风的直接作用下产生的水面波动。可同时出现许多高低长短不同的波,波面较陡,波长较短,波峰附近常有浪花或片片泡沫,传播方向与风向一致。一般而言,状态相同的风作用于海面时间越长,海域范围越大,风浪就越强;当风浪达到充分成长状态时,便不再继续增大。

涌浪指的是风停后或风速风向突变区域内存在下来的波浪和传出风区的波浪。涌浪具有较规则的外形,排列比较整齐,波峰线较长,波面较平滑,比较接近于正弦波的形状。

近岸浪指的是由外海的风浪或涌浪传到海岸附近,受地形作用而改变波动性质的海浪。

6.2.2　海浪预报方法

6.2.2.1　数值预报方法

目前天津市气象台引进 WWⅢ(Wave Watch Ⅲ)海浪模式作为海浪数值模拟的研究工具,它是由美国国家海洋大气管理局(NOAA)的海浪学家 Tolman 在一般的第三代海浪模式 WAM 基础上发展起来的全新的第三代海浪模式。

WWⅢ模式的基本控制方程:海流作为海浪的背景场,对海浪的传播具有不可忽视的调制作用,因此为了引入海流对波浪的作用,WWⅢ模式以波作用量的 N 平衡方程作为模式的基本控制方程。采用球坐标系形式下的波作用量平衡方程的形式为:

$$\frac{\partial N}{\partial t} + \frac{1}{\cos\varphi}\frac{\partial}{\partial\varphi}\dot{\varphi}N\cos\theta + \frac{\partial}{\partial\lambda}(\dot{\lambda}N) + \frac{\partial}{\partial k}(\dot{k}N) + \frac{\partial}{\partial\theta}(\dot{\theta}_g N) = \frac{S}{\sigma} \tag{6.1}$$

其中,$\dot{\varphi} = \dfrac{C_g\cos\theta + U_\varphi}{R}$,$\dot{\lambda} = \dfrac{C_g\sin\theta + U_\lambda}{R\cos\varphi}$,$\dot{\theta}_g = \dot{\theta} - \dfrac{C_g\tan\varphi\cos\theta}{R}$。式中,$R$ 为地球半径;U_λ 和 U_φ 分别是平均海流在经、纬度方向上的分量;λ,φ 分别为经、纬度。

模式的源函数项:WWⅢ模式中的源函数 S 同样也包括四部分,即风—浪相互作用项 S_{in}、非线性波—波相互作用项 S_{nl}、耗散散项 S_{ds},以及底摩擦项 S_{bot},有

$$S = S_{in} + S_{nl} + S_{ds} + S_{bot} \tag{6.2}$$

模式的参数设置:模式的区域为 5°N～45°N、105°E～145°E,水平分辨率 0.5°×0.5°经纬度,空间每点离散化波浪谱的方向分辨率为 15,即 24 个方向;频率分辨率根据模式采用的风

速来确定,其范围为 0.0418 Hz(周期约为 23.92 s)至 0.41 Hz(周期约为 2.44 s),取 1.1 Hz间隔因素,即取 25 个频段,取传播计算步长 1800 s,空间传播步长和内部谱的传播步长也取1800s,源函数的积分时间步长 900s。假定陆地边界吸收入射波而不产生波浪反射,不考虑开边界波浪能量的输入。该模式输出结果已装入 MICAPS 系统,便于预报员应用(图 6.6)。

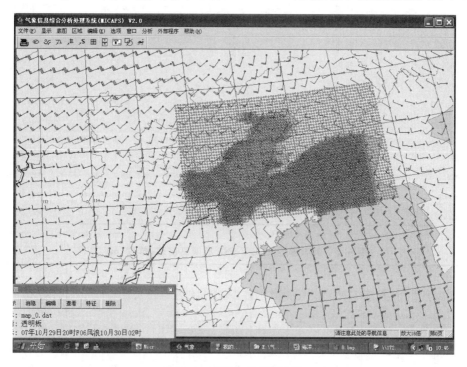

图 6.6　WWⅢ模式预报图

6.2.2.2　经验预报方法

根据影响海浪的生成、发展和消衰的外界条件,结合海区内的初始海浪状态,可以对海区未来的海浪状态做出计算和预报。要预报海浪,必须知道下面三个因素:

(1)气象条件。某个时段内,海面上的风速和风向在有关海区内的空间分布和时间变化。

(2)海区的地理环境。主要包括水平方向上的陆界分布和铅直方向上的深度分布。这些可根据海图求得。

(3)海区内海浪在预报时刻的初始分布。

如果海面宽广、风速大、风向稳定、吹刮时间长,海浪必定很强。

在一定风速下,风浪随风区的扩展和风时的延长而成长。在离风区上侧边界很远的地方,风浪只随时间成长,处于过渡状态;在风区上侧边界附近,风浪只随至此边界的距离的增大而成长,处于定常状态。如果风速一定,则风浪成长至一定的大小时,内部消耗的能量和从风摄取的能量达到平衡。此时,即使风区和风时不受限制,风浪便不再成长,而处于充分成长的状态。

经验法预报海浪时可以适当参考风浪等级表(表 6.1~6.5)。

表 6.1 风浪等级表(对于海区预报)

风力等级	名称	海面状况浪高/m		风速/(m/s)
		一般	最高	
0	无风	0.0	0.0	0.0~0.2
1	软风	0.1	0.1	0.3~1.5
2	轻风	0.2	0.3	1.6~3.3
3	微风	0.6	1.0	3.4~5.4
4	和风	1.0	1.5	5.5~7.9
5	清风	2.0	2.5	8.0~10.7
6	强风	3.0	4.0	10.8~13.8
7	劲风	4.0	5.5	13.9~17.1
8	大风	5.5	7.5	17.2~20.7
9	烈风	7.0	10.0	20.8~24.4
10	狂风	9.0	12.5	24.5~28.4
11	暴风	11.5	16.0	28.5~32.6
12	台风	14.0	—	＞32.6

表 6.2 天津锚地 ENE-E-ESE 风浪高度表(单位:m)

风时 \ 风速/(m/s) 浪高	8	9	10	11	12	13	14	15	16	17	18	19	20
6	1.1	1.4	1.6	1.9	2.2	2.5	2.8	3.1	3.4	3.7	3.9	4.1	4.3
8	1.2	1.5	1.8	2.1	2.4	2.8	3.1	3.4	3.6	3.8	4.0	4.2	4.4
10	1.3	1.7	2.0	2.3	2.6	3.0	3.3	3.5	3.7	3.9	4.1	4.2	4.4
12	1.4	1.7	2.1	2.4	2.7	3.1	3.3	3.5	3.7	3.9	4.1	4.2	4.4
15	1.5	1.9	2.2	2.6	2.9	3.2	3.4	3.6	3.8	3.9	4.1	4.2	4.4
18	1.6	1.9	2.3	2.7	3.0	3.2	3.4	3.6	3.8	3.9	4.1	4.2	4.4
20	1.6	1.9	2.4	2.7	3.0	3.2	3.4	3.6	3.8	3.9	4.1	4.2	4.4
25	1.7	2.1	2.5	2.8	3.1	3.3	3.4	3.6	3.8	3.9	4.1	4.2	4.4

表 6.3 天津锚地 NNE-NE 风浪高度表(单位:m)

风时 \ 风速/(m/s) 浪高	8	9	10	11	12	13	14	15	16	17	18	19	20
6	1.0	1.4	1.7	2.0	2.2	2.5	2.8	3.2	3.4	3.7	4.0	4.1	4.3
8	1.2	1.5	1.8	2.2	2.5	2.8	3.1	3.4	3.6	3.8	4.0	4.1	4.3
10	1.3	1.6	2.0	2.3	2.6	3.0	3.2	3.5	3.7	3.9	4.1	4.2	4.4
12	1.4	1.7	2.1	2.4	2.8	3.1	3.3	3.6	3.7	3.9	4.1	4.2	4.4
15	1.5	1.8	2.2	2.6	2.9	3.2	3.4	3.6	3.7	4.0	4.1	4.2	4.4
18	1.6	1.9	2.3	2.7	3.0	3.2	3.4	3.6	3.7	4.0	4.1	4.2	4.4
20	1.7	2.0	2.4	2.7	3.0	3.3	3.4	3.6	3.7	4.0	4.1	4.2	4.4
25	1.7	2.0	2.4	2.7	3.0	3.3	3.4	3.6	3.7	4.0	4.1	4.2	4.4

表 6.4　天津锚地 S、SW、N、NW、W 风浪高度表(单位:m)

风速/(m/s) 风时 浪高	8	9	10	11	12	13	14	15	16	17	18	19	20
6~25	1.0	1.1	1.3	1.5	1.7	1.9	2.0	2.2	2.4	2.6	2.8	3.0	3.2

表 6.5　天津锚地 SE 风浪高度表(单位:m)

风速/(m/s) 风时 浪高	8	9	10	11	12	13	14	15	16	17	18	19	20
6	1.1	1.4	1.7	1.9	2.1	2.5	2.8	3.1	3.3	3.5	3.7	4.0	4.2
8	1.2	1.5	1.8	2.1	2.4	2.6	2.8	3.1	3.4	3.6	3.8	4.0	4.2
10	1.4	1.6	1.8	2.1	2.4	2.6	2.8	3.1	3.4	3.6	3.8	4.0	4.2
12~25	1.4	1.6	1.8	2.1	2.4	2.6	2.8	3.1	3.4	3.6	3.8	4.0	4.2

6.2.3　渤海湾锚地风浪预报与渤海风浪预报区别

海面上的波浪在深海处传播的速度总是比浅海处的传播速度快,越是近海岸,海水越浅,波浪的速度越慢。

锚地海浪还存在折射现象,这是由于海浪传播时因水的深度变化而不断改变传播方向引起的。这种现象主要发生于近岸浅水中。当海浪在深度小于其波长的一半的水中传播时,波速 c 随深度的减小而降低。当波峰线和等深线不平行时,同一波峰线上各点的水深不同,位于较深处一端的波峰的移动速度,大于较浅处一端的移动速度,使波峰线弯转,其弯转的方向有使波峰线逐渐和等深线平行的趋势,与波峰线垂直的波向线也随之发生弯转。

渤海湾锚地风浪预报较渤海风浪预报更为复杂。

6.3　北方海域海雾预报

6.3.1　渤海、黄海北部海雾特征

6.3.1.1　海雾季节分布

渤海海雾主要出现在春夏季,秋冬季较少。海雾多发生在海峡以东和渤海中部地区。黄海北部以成山头为中心为多雾区,一年四季几乎都有海雾存在,7月雾最多,像成山头一带,4—8月的月均雾日可达 25 d。

6.3.1.2　海雾的日变化

在近海,由于海面上的气温日变化比较和缓,海雾的日变化并不明显,远海上的海雾,后半夜和傍晚最多,午后最少,但倘若有利于海雾形成的条件不变,海雾可在一天中任何时间内出现,甚至连续数日不消。

6.3.1.3　海雾的持续时间

海雾由于不同的生消过程,持续时间的长短可相差很大,短则只有几分钟,长则可达几十乃至几百个小时。例如,根据资料分析,海雾的持续时间在 3 h 以内的占 50％以上,超过 24 h 的极少,在 2％以下。就同一地点而言,雾季里的最长持续时间特长,而非雾季里的最长持续时间相对短些。

通常海雾生成后,如果空气层结处于逆温状态特别是在逆温层结中出现干层时,雾就可以持续下去,逆温状态消失,雾便有随着消失的可能性。风和降水对雾是否维持也有一定的影响。一般来说,若成雾的风向发生改变,这往往表明天气类型发生了变化,海雾也就难以维持了。有时即使风向恒定不变,但当风力增强到 6 级以上时,也促使海雾消散。

6.3.2　渤海、黄海北部海雾的海洋、天气背景条件分析

海洋上的雾绝大多数是平流雾,因此这里将着重介绍平流雾的形成条件。

(1)冷的海面

有人认为海雾发生的区域大致限于表面水温低于 20℃的冷海面。在中国,沿海水域大的海雾发生区域也大多与这个水温界限相符。对于 20℃表面水温这个界限,也并非各海区都是一样的,像黄海北部 8 月份的雾就发生在表面水温低于 24℃的海面上。正因为如此,有人认为中国近海有利于雾生成的表面水温的界限值应为 24℃。

(2)一定的海气温差

大量观测事实表明,无论在日本海,还是在北太平洋,气温高于海面水温 1℃左右时,雾出现的情况最多。在气温高于水温的情况下,雾次数随着气温与水温差值的增大而逐渐减少,当差值大于 8℃以后,雾就很少发生(黄海形成海雾气海温差在 $0.5\sim3.0℃$)。这是因为海水有巨大的热容,海面水温不会很低,若气温比水温高得多时,空气的饱和水汽压就变大,难以达到饱和,从而不利于海雾的生成。

从气候上说,月平均水温低于月平均气温的季节,往往就是多雾的季节。分析数据发现,山东南部沿海,海气温差在 4—6 月都大于零,这些月恰好是海雾的盛期,各月雾出现频率为 5％～9％;8 月份海气温差开始变小,并向负值转化,海雾骤减。水温稍高于气温时,雾也是相当多的,高达 11％。当然这只是气候上的平均状况,至于每次海雾形成时海气温差的情况,则要复杂得多。

(3)适宜的风场

暖湿气流的长时期存在,对海雾的生成与发展相当重要。尤其当这股暖湿气流经过暖洋流水面时,又得到大量的水分和热量,一旦到达冷水面上空时,极易生成雾。所以有雾生成时,一般盛行偏南或偏东气流。

海上风速的大小与海雾的形成也有着密切的关系。风速过大,会使空气层中产生较强的湍流交换,促使上层空气的热量往下传送,妨碍低层冷却,不利于雾的形成,反而有利于低云的形成;风速太弱,一方面空气中的湍流交换相当弱,只能使海面上很浅薄的一层空气冷却,同时风速太弱也不能输送大量暖湿空气到达海面,即使有雾生成,也不能长久维持。如,胶东半岛海雾多出现在风速为 $1\sim5$ m/s 的范围内,风速大于 10 m/s 以上,海雾极少生成。

(4)充足的水汽含量

观测结果表明,海雾形成时的相对湿度并不一定达到 100％,有时相对湿度在 80％以上便有雾发生。这可能与海上有丰富的吸湿性极强的凝结核(盐粒)有关。实际上,海雾的发生与

相对湿度和海气温差二者之间存在着一定的关系。分析数据可得,当气温与海水表面温度的差值增大时,相对湿度即使比较低,也有可能出现雾。但是,当相对湿度低于 70％,或者气温与露点温度的差值大于 6℃时,一般不会有雾生成。

(5)较强的逆温层结

在海雾的形成过程中,低层大气通常总有逆温层存在,它像一个无形的盖子,阻挡着水汽向高空扩散,抑制低层大气的对流发展,阻挡着水汽向高空扩散,抑制低层大气的对流发展,使水汽和凝结核聚积在低空,对雾的形成极为有利。在雾的上界,逆温厚度的出现率与逆温强度也有一定的关系。

(6)特定的大气环流形势

海雾的形成,往往与一定的天气系统活动相关联的,特别是在高压区域内,对雾的生成和维持最为有利。雾虽然多见于高压区内,但其他天气系统伴随的雾也有一定的比重。以下给出渤海以及黄海北部出现海雾时的几种典型天气形势:

1)低压前部型(图 6.7)

这一类型的海雾是发生在低压前部的偏南气流里,根据低压系统的发展和移动位置可有三种情况:倒槽前部、低槽前部、气旋前部;如当低压槽中有封闭低压生成并移动到山东西部和安徽、江苏一带时,则在它前部经常有海雾出现。低压内有冷暖锋时,海雾在暖锋前后最浓。处在气旋波的东北、东南象限,尤其是东北象限容易出现海雾,而西北、西南象限,尤其是西北象限,雾很快就消散了。这时高空一般配合有暖切变,当有西南涡生成并发展东移时,在它前部也容易出现雾。

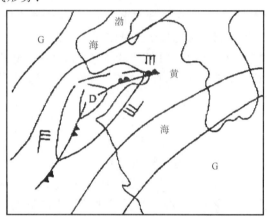

图 6.7　低压前部型(引自 徐旭然,1997)

2)高压底部型(图 6.8)

在蒙古南伸的高压脊前部的冷锋前后,有短时雾生成,从雾生成的性质来说,属于锋面雾。这时高空一般配合有槽移动,在槽前暖平流中生雾,地面冷锋和高空槽过境后,雾即消散。当北方南下的高压脊控制了黄海,在其前部有分裂小高压中心时,在这一分裂小高压中心和高压主体之间形成了一弱低压带,海区正处于其间,也可有雾短时出现。

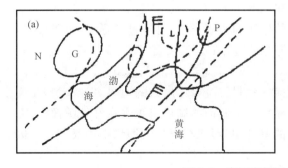
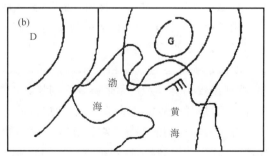

图 6.8　高压底部型(引自 徐旭然,1997)

(a)700 hPa;(b)地面

3）弱冷锋

此种类型常在一次降水天气过程结束后出现,空气湿度较大,天空状况维持阴云天,这时只要稍有弱冷空气侵入,虽风力不强,也极易形成海雾,但其维持时间不长,随着流场的演变,海雾趋于消散。

4）海上高压后部

海域处于海上高压后部,在中国东北地区西部、华北西部直到华中西部为相对的低气压带(气旋、气旋族或倒槽),海域高空低层盛行(925 hPa 或 850 hPa)偏南气流。

6.3.3　渤海、黄海北部海雾预报方法

海雾的预报方法主要有天气学方法、统计学方法和动力模式预报方法。

（1）海雾统计预报方法

1）利用日本数值预报传真图和预报区的海洋与气象观测资料,并结合当地预报员的经验,设计了 42 个候选预报因子(如地面气压场、850 hPa 温度场、海气温差、温度露点差等),采用逐步判别筛选程序分别建立了各月雾与无雾的判别方程。在 $F_0=4.0$ 的标准下,各月判别方程中入选因子均在 4～5 个左右,这些入选因子不仅基本相同且有明确的物理意义,充分反映了海雾生成的海洋与气象条件并且通过评价指出该方法对预报海雾出现有较高的预报能力。

2）选取地面风向、最大风速 V_{max},距离预报最近观测时次的 ΔT_1 和 ΔT_2 以及从地面形势预报图 FSAS 上分析得到未来风向、风速作为雾的预报因子。

3）青岛近海海雾预报考虑预报因子(气海温差、海水温度、空气的湿度和风场)逐日变化的条件,并计算天气状态的转移概率,从而做出海雾的概率预报。

4）应用 FUZZY 数学方法把海雾的形成过程作为一个模糊系统,通过对历史资料的分析,用模糊识别的方法对海雾的形成及强度进行了预报,并进行了回报验证,效果理想。

5）综合分析 08 时 850 hPa 和 14 时地面天气型图,预报未来 24 h 黄海海域有雾和无雾形成的天气型。其中,预报次日有雾的天气型有:南风型、倒槽型和东风型;预报次日无雾的天气型有北风Ⅰ型、北风Ⅱ型、高压跨海型和整层东南风型。

（2）卫星云图在海雾预报中的应用

卫星云图和资料是海雾分析预报方法中最有发展前途的工具之一,特别适用于站点稀少,来往船只也少的高纬洋面,因此国内外正广泛进行着这方面的探索。下面分两个方面介绍:

1）用目视法分析卫星云图片上的海雾区域和范围

用目视法分析卫星图片上的海雾与识别云的做法和步骤类似,可通过其形式、边界形状、色调、纹理和暗影等来鉴别。在可见光图片上,海雾的边界非常清晰,色调从淡灰到白色不等,这主要决定于雾层的厚度和太阳高度角的大小。一般来说,雾层厚度在 300 m 以上时呈白色,纹理比较光滑、均匀、无暗影。雾与层云的主要差别是:海雾比层云的边界更加清楚,在近海,海雾的边界与海岸线非常一致,而层云的边界相对于海面的高度有关。在红外图像上,雾区与四周海面色调的差异主要决定于表面温度的差别,其形状与可见光图像上的类似——边界清楚,纹理均匀光滑,特别是在白天的图像上,它会更清楚一些。

雾区与晴天海面或与高云在卫星云图上(可见光或红外云图)的反差较大,从数值化资料看,其亮度温度的差异也较大,因此容易分辨。但要分辨雾和低云就不那么容易了:在可见光

云图片上,两者的亮度差不多;从红外照片上看,因为低云和雾顶的高度相近,所以顶面的温差不明显,也难于分辨,这是上述分析法尚未解决的问题。今后可望从两方面加以改进:首先是加强海雾与其他气象要素关系的分析,如雾与海气温差、温度、逆温层、风向风速等关系的分析;其次是有赖于卫星对各种气象水文要素探测能力的提高。

2)根据卫星资料的亮度作为雾消散时间的预报

目前已经可以用地球静止卫星云图做出 6 h 以内的雾消散时间预报。

早上,一般最厚部分最亮,而相对深色的部分厚度薄。卫星云图的分析经验表明,卫星相片上颜色深的区域雾首先消散,最亮区域的雾维持时间长。白天,由于太阳辐射增温,使云滴或雾滴蒸发而逐渐消散,在云图上表现为雾区逐渐向亮度最大(即厚度最大)的中心收缩。

对傍晚时刻的地球静止卫星云图进行分析,可以指出夜里哪些海区可以形成平流雾,并能登陆。气流由海上流到陆地时,湿空气的下垫面将会显得比一般情况的黑,因为湿空气下面的陆地冷却较慢。深夜,雾最容易在傍晚时的红外云图上的较黑区域中形成。因此,可根据卫星云图预报出雾出现概率较大的地区。

6.4　天津沿岸风暴潮预报

风暴潮是指由于强烈的大气扰动(如强风或气压骤变)导致的海面异常升高或降低的现象。风暴潮发生时,经常伴有狂风巨浪,使受其影响的海区潮位大大地超过平常潮位,如果与天文大潮相叠加,尤其是与天文大潮期间的高潮相叠,临近海岸的海区潮水暴涨,造成潮水冲上岸堤,吞噬码头,严重威胁沿海地区的人民生活和生产安全,甚至危及生命。在研究工作中,常常把实际潮位减去天文潮位得出差值作为风暴潮来研究,也是通常说的风暴增水或风暴减水。在实际预报中,更关心风暴增水所带来的影响,所以风暴潮是指风暴增水。风暴潮灾害是指由于风暴增水叠加天文高潮使得实际潮位超过当地警戒水位(天津为 4.9 m,大沽高程)形成的灾害。一般认为风暴增水主要是受气象条件(如向岸强风、气压骤变等)影响造成的,所以要通过分析气象条件做出风暴增水预报。

6.4.1　天津风暴潮基本特征

天津沿海地区位于渤海湾,由于春秋季节,渤海和黄海北部是冷暖空气交汇频繁的地方,也是冬季冷空气和寒潮大风频繁侵袭的地方,因此,渤海湾是风暴潮灾害的多发区和严重区,一年四季都有可能发生风暴潮。一般情况下,风暴潮灾害多发生在盛夏台风活动季节和春、秋过渡季节。

近 10 来年比较严重的风暴潮灾害有 2003 年 10 月冷空气入侵造成的风暴潮、1997 年 8 月 20 日台风造成的风暴潮、1992 年 9 月 1 日台风造成的风暴潮,这三次均造成了巨大经济损失。

据统计,天津沿海(塘沽验潮站)年均 50 cm 以上的温带风暴潮过程有 27.4 次(年均有 78 天出现 50 cm 以上增水),54 年(1950—2003 年)中,塘沽 1—12 月均出现过 4.70 m 以上的高潮位(图 6.9 和图 6.10)。这表明,天津沿海一年中 12 个月均有遭受潮灾的可能,但主要集中在 6—11 月,而 8 月是全年风暴潮最集中的一个月,历史最高潮位也主要集中在 8、9 份。

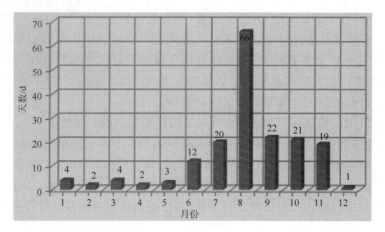

图 6.9　1950—2003 年天津塘沽各月高潮位≥470 cm 的风暴潮天数分布图

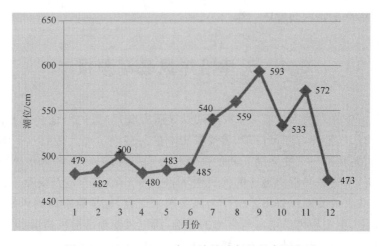

图 6.10　1950—2003 年天津塘沽每月最高潮位图

6.4.2　引发风暴潮的主要天气系统

在不同的天气形势下,大气扰动对潮位影响作用有很大差异。对于天津沿海而言,东北大风、气压变化均是风暴潮形成的气象条件。根据统计分析,造成天津沿海风暴潮的主要影响天气系统有台风、冷锋、温带气旋等。根据不同的影响系统可以把天津沿海风暴潮分为四种类型,即台风型、温带气旋型、冷锋低压型和冷锋型。

6.4.2.1　台风型

虽然进入和影响渤海的台风频数较低,但塘沽由台风风暴潮引起的灾害却是严重的。据统计 51 年(1950—2000 年)中塘沽前 8 名高潮位中,有 6 个是台风引起的或与台风有关。风暴增水幅度在 120 cm 到 200 cm 之间,大于 100 cm 增水持续时间为 4 h 到 16 h。

6.4.2.2　冷锋低压型

这类风暴潮多发生于春秋季。其地面气压场的一般特点是,渤海中南部和黄海北部处于北方冷高压的南缘、南方(江淮)低压或气旋的北缘。辽东湾到莱州湾吹刮一致的东北大风,黄海北部和渤海海峡为偏东大风所控制。在这样的风场作用下,大量海水涌向莱州湾和渤海湾,最容易导致强烈的风暴潮。最大增水为 150 cm 到 230 cm 之间,普遍大于 170 cm,有的甚至达 200 cm,大于 100 cm 增水持续时间为 3 h 到 32 h。塘沽站 1965 年 11 月 7 日出现的 51 年中的第二大高潮位(5.72 m)就属于这种天气类型。塘沽站出现的 1950 年以来的第一大温带风暴增水(2.32 m,发生在 1966 年 2 月 20 日)也属于这种类型。

6.4.2.3　冷锋型

这类型风暴潮多发生于冬季、初春和深秋。当西伯利亚或蒙古等地的冷高压东移南下,而中国南方又无明显的低压活动与之配合时,地面图上只有一条横向冷锋掠过渤海,造成渤海偏东大风,致使渤海西岸(渤海湾沿岸)和西南岸(黄河三角洲)发生风暴潮。最大增水为 100 cm 到 200 cm,大于 100 cm 增水持续时间为 3 h 到 21 h。1974 年 11 月 8 日 03 时塘沽站曾出现 2.12 m 的增水值,居此类型增水首位。

6.4.2.4　温带气旋型

这是指无明显冷高压与之配合的、暖湿气流活跃的气旋。这类风暴潮往往在春秋季和初夏期间发生。最大增水为 80 cm 到 150 cm,大于 100 cm 增水持续时间为 3 h 到 6 h。1971 年 6 月 26 日 09 时塘沽站记录到这类风暴潮的最大值为 1.44 m。

6.4.3　预报技术与思路

当前,风暴潮预报方法主要有经验分析预报、数值预报、数值统计预报和历史相似形预报等方法。

6.4.3.1　历史相似形预报方法

这里从历史相似形预报方法角度出发,通过统计历史个例对影响天津沿海四种类型风暴潮(即台风型、温带气旋型、冷锋低压型和冷锋型风暴潮)给出预报着眼点和相关预报参考指标。

(1)台风型风暴潮预报着眼点

影响因子	预报着眼点
1 台风路径	是否从山东半岛附近向北方向移动,是否穿过渤海,影响时间多长
2 台风强度	中心低压、7 级风圈范围
3 地面气压形势	地面气压场是否北高、东高形势
4 地面气压梯度	中心低压与本站 4 根线以上
5 高空形势	副高是否在日本岛附近,并呈南北竖直分布或者呈东及东北向阻挡形势
6 高空系统配置	高空是否有槽配合
7 渤海口偏东风	大小与持续时间
8 风与潮的配合	海上东北大风强度、持续时间以及与天文高潮的吻合时间

(2)冷锋低压型风暴潮预报着眼点

影响因子	预报着眼点
1 冷高压强度和位置	冷高压是否东移南下
2 锋面位置和动向	锋面是否为东西向或东北—西南向以及移动慢
3 低压位置和强度	低压、倒槽、气旋位置,是否向东北方向移动
4 高空 850 hPa 冷平流	是否有冷平流东北方向南压
5 渤海口偏东风	大小与持续时间
6 风与潮的配合	海上东北大风强度、持续时间以及与天文高潮的吻合时间

（3）冷锋型风暴潮预报着眼点

影响因子	预报着眼点
1 冷高压强度和位置	冷高压是否东移南下
2 锋面位置和动向	锋面是否为东西向或东北—西南向以及移动慢
3 高空 850 hPa 冷平流	是否有冷平流东北方向南压
4 渤海口偏东风	大小与持续时间
5 风与潮的配合	海上东北大风强度、持续时间以及与天文高潮的吻合时间

（4）温带气旋型风暴潮预报着眼点

影响因子	预报着眼点
1 地面气旋	气旋位置与强度
2 地面形势	东高西低
3 高空形势	高空槽以及东部高压配置
4 渤海口偏东风	大小与持续时间
5 风与潮的配合	海上东北大风强度、持续时间以及与天文高潮的吻合时间

6.4.3.2　数值统计预报方法

天津风暴潮统计预报方程设计为：

$$\zeta_t = A_1 \Delta p_{t-i} + A_2 (w_{tg})^2_{t-j} \cos(\alpha - \theta_1) + A_3 (w_{hs})^2_{t-k} \cos(\beta - \theta_2) + A_4 \zeta_{DL(t-l)} + A_5 \zeta_{QHD(t-m)} + A_6$$

$$(6.3)$$

方程中各变量标记含义分别为：

①ζ_t 表示 t 时刻塘沽增水值，为预报对象；

②Δp_{t-i} 表示塘沽与海上 A 平台气压差，下标 $t-i$ 表示 t 时刻前 i 小时值，如果下标为 $t+i$ 则表示 t 时刻后 i 小时值；

③$(w_{tg})^2_{t-j}$ 表示塘沽风速的平方值，下标 $t-j$ 表示 t 时刻前 j 小时值，如果下标为 $t+j$ 则表示 t 时刻后 j 小时值；

④α 表示塘沽 t 时刻风向；

⑤θ_1 表示塘沽风对风暴潮作用的最佳风向；

⑥$(w_{hs})^2_{t-k}$ 表示海上 A 平台风速的平方值，下标 $t-k$ 表示 t 时刻前 k 小时值，如果下标为 $t+k$ 则表示 t 时刻后 k 小时值；

⑦β 表示海上 A 平台 t 时刻风向；

⑧θ_2 表示海上 A 平台风对风暴潮作用的最佳风向；

⑨$\zeta_{DL(t-l)}$ 表示大连增水值，下标 $t-l$ 表示 t 时刻前 l 小时值；

⑩$\zeta_{QHD(t-m)}$ 表示秦皇岛增水值，下标 $t-m$ 表示 t 时刻前 m 小时值；

其中 $A_1, A_2, A_3, A_4, A_5, A_6$ 为待定系数。

为预报未来某时刻的风暴增水，可能需要用到相对这一时刻未来的气象因子的数值，这一数值可通过 MM5 天气预报系统得到。通过分析各因子对塘沽增水的相关系数，得出海上风最佳作用角度、塘沽风最佳作用角度、海上风提前作用时间、塘沽风提前作用时间、塘沽海上气压差提前作用时间、大连增水提前影响时间等。由于各预报因子量纲不同，导致回归方程中各预报因子的取值差异较大，在这种情况下可能导致建立模型时引入无谓的计算误差。而采用标准化数据的方法可避免由于量纲不同所引发的计算误差问题。回归方程的建立首先要在对数据进行标准化处理的基础上进行。

6.4.4　风暴潮数值预报方法

风暴潮预报的发展方向就是数值预报,而且是综合的数值预报,即包括气象、海洋、陆面等物理过程的数值预报模式。风暴潮数值预报要解决三个问题:一是风场、气压场的预报;二是风暴增水的预报;三是天文潮与风暴潮的耦合。

国内外这方面技术进展包括:

(1)采用天文潮与风暴潮耦合技术,考虑两者的非线性效应,提高增水预报的精度;

(2)采用描述在气压场、风场作用下的风暴潮基本方程,进行数值求解,与传统的经验统计方法比较,综合利用数值模型和统计模型的各自优势,客观地反映增水的时空分布;

(3)结合当地地理特征,进行漫滩预报;

(4)随着沿海实测资料丰富,数值预报结果进行验证、反馈,提高预报效果;

(5)模型实现动态变化调整;

(6)利用数值模拟进行防灾减灾决策。

6.4.5　典型天气个例分析

6.4.5.1　台风型

(1)1992 年风暴潮(图 6.11～6.13)

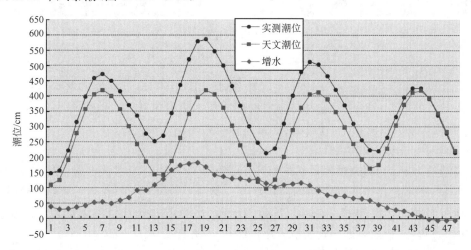

图 6.11　1992 年 9 月 1 日 00 时—2 日 23 时塘沽站的潮位随时间变化曲线图

最高潮位达 593 cm,相当于百年一遇,发生在 1992 年 9 月 1 日 17 时 37 分,过程最大增水为 183 cm,大于 100 cm 增水持续时间 16 h。这是由北方高压和进入江苏、黄海的 9216 号热带风暴(已减弱为低压)共同引起的,海上东北风 8～9 级、阵风 11 级。9216 号热带风暴 8 月 31 日 06 时登陆福建长乐。

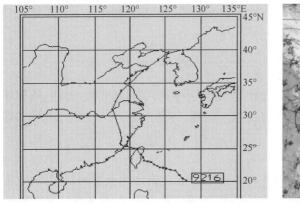
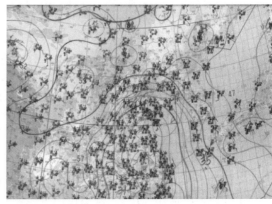

图 6.12　9216 热带风暴路径及 1992 年 9 月 1 日 08 时地面天气图（见彩图）

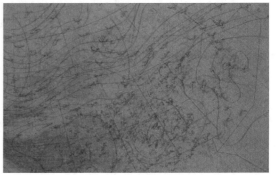

图 6.13　1992 年 9 月 1 日 08 时 850 hPa 及 500 hPa 天气图（见彩图）

（2）1997 年风暴潮

最高潮位为 559 cm，发生在 1997 年 8 月 20 日 15 时 54 分，过程最大增水达 193 cm。这是由进入渤海的 9711 号台风（进入渤海强度已减弱为热带风暴）引起的，海上偏东北风 8～9 级，海上阵风 11 级，致使天津沿海发生严重风暴潮灾害。

（3）2005 年"麦莎"台风风暴潮

最高潮位为 516 cm，超过警戒水位（490 cm）26 cm，发生在 2005 年 8 月 8 日 17 时，过程最大增水达 129 cm，超过 100 cm 增水时间为 5 h。是由于台风"麦莎"登陆后减弱为热带风暴从山东半岛西部进入渤海，造成 8～9 级、阵风 10 级的大风天气，天津沿海潮位超过警戒水位 26 cm，海水漫过堤岸，形成风暴潮灾害。8 月 8 日 09 时开始至 8 月 9 日 01 时，渤海西部埕北 A 平台观测站的平均风力一直维持在 17.5 m/s（8 级）以上，8 月 8 日 13 时最大风力极值达到东北风 28.0 m/s（10 级）。

（4）2004 年"海马"台风风暴潮

2004 年 9 月 15 日下午，"海马"穿过渤海后，天津沿海吹偏西风时出现了超过 4.9 m 的高潮位。

6.4.5.2　冷锋低压型

（1）2003 年风暴潮（图 6.14～6.15）

最高潮位 533 cm，发生在 2003 年 10 月 11 日 03 时 42 分，最大增水为 205 cm，100 cm 以

上增水时间持续 32 h,出现 2 次超过警戒水位高潮位。由于强冷空气与南方暖湿气流北上的影响,渤海湾出现东北 9－11 级偏东大风,并与天文大潮共同影响分别在 11 日 04 时、17 时出现两次超过天津沿海地区警戒水位的风暴潮。据不完全统计,天津港口、油田、渔业等遭受到不同程度的损失,直接经济损失约 9924 万元。其中,农林渔业损失 2301 万元,工业企业损失 6086 万元,水利设施损失 1372 万元,民用设施损失 165 万元。渤海石油公司损失 662.086 万元。

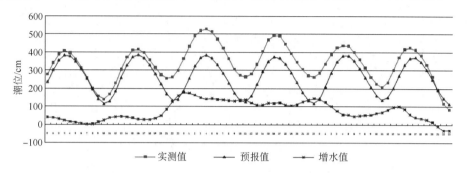

图 6.14　天津塘沽站的潮位随时间变化图

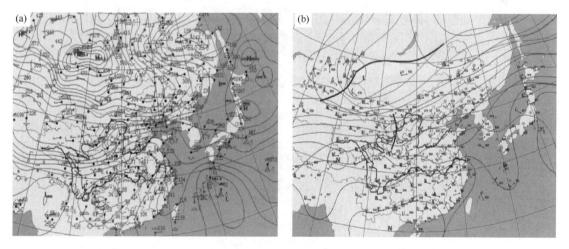

图 6.15　2003 年 10 月 11 日 08 时地面图(a)和 500 hPa 天气图(b)(见彩图)

(2)2009 年风暴潮

最高潮位为 5.24 m,发生时间为 2009 年 2 月 13 日 05 时,最大增水为 2.02 m,相应天文潮为 3.22 m,1 m 以上增水持续时间为 25 h。塘沽最大风向、风力:东北风(56°)、3 级(4.9 m/s)(13 日 05 时);海上最大风向、风力:东北风(55°)、8 级(17.3 m/s)(13 日 00 时)。

(3)1965 年风暴潮

最高潮位为 572 cm,发生在 1965 年 11 月 7 日 13 时 40 分,过程最大增水为 191 cm。超过 100 cm 增水时间为 13 h。它是冷锋配合低压类天气形势引起的,使天津沿海发生严重风暴潮灾害。

6.4.5.3　冷锋型

(1)1974 年风暴潮(图 6.16～6.17)

塘沽站出现的 1950 年以来的第六次大风暴增水(2.12 m,发生在 1974 年 11 月 8 日),是由冷锋类天气形势引起的。此值在这类天气形势引起的增水值中居首位。所幸的是这一过程

最大增水正好发生在天文潮低潮时,最高潮位仅 4.73 m。如果此值恰好发生在此后的天文潮
高潮时,则最高潮位可达 5.54 m,与 9711 号台风期间塘沽的最高潮位相当。这样的高潮位会
酿成严重灾害。因此,必须对 11 月份风暴潮要加倍重视。

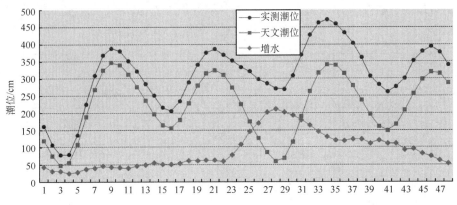

图 6.16　1974 年 11 月 7 日 00 时—1 月 8 日 23 时天津塘沽站的潮位随时间变化图

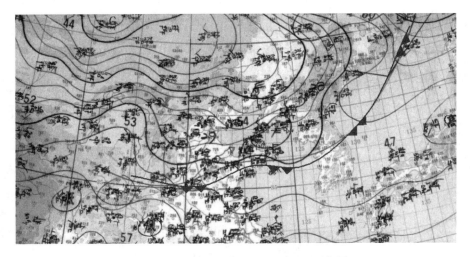

图 6.17　1974 年 11 月 8 日 02 时地面天气图

(2)2003 年风暴潮

11 月 25 日风暴潮灾,受冷高压南下影响,天津塘沽区再次遭遇温带风暴潮袭击,11 月 25
日凌晨天津海域局部地区发生增水现象,海水倒灌造成沿岸部分地区上水。该次风暴潮最高
潮位为 505 cm,出现时间为 04 时 05 分,较警戒水位高 15 cm,因增水所造成的损失较小。

(3)1976 年风暴潮

塘沽站出现了 5.00 m 的高潮位,发生在 1976 年 3 月 17 日 17 时 10 分,是冷锋类天气形
势引起的。尽管此次过程最大增水值仅 1.07 m,但由于几乎与天文潮高潮同时发生,竟出现
了在 51 年同月中居首位的高潮位。

6.4.5.4　温带气旋型

(1)1971 年风暴潮(图 6.18～6.19)

天津塘沽站出现了自 1950 年以来 6 月中居首位的最大增水值(1.44 m,发生在 1971 年 6

月 26 日 09 时），它是温带气旋型天气形势引起的。所幸的是这一过程最大增水发生在天文潮低潮前 3 h，最高潮位 4.78 m。如果此值恰好发生在此前的天文潮高潮时，则最高潮位可达 5.49 m。

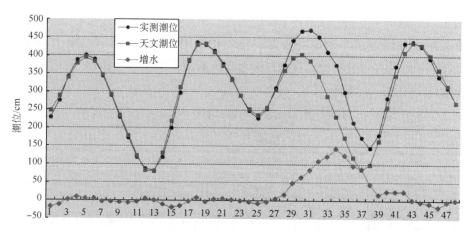

图 6.18　1971 年 6 月 25 日 00 时—6 月 26 日 23 时天津塘沽站的潮位随时间变化图

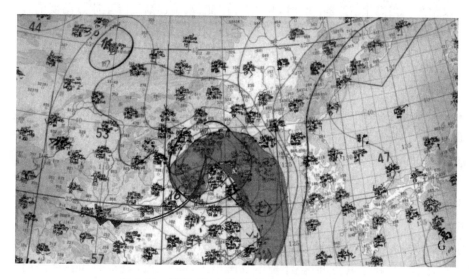

图 6.19　1971 年 06 月 26 日 08 时地面天气图

（2）2007 年风暴潮

2007 年 8 月 12 日白天受黄渤海低压影响，塘沽站出现超过警戒水位的风暴潮，潮位为 4.91 m。

6.5　渤海海冰预报

6.5.1　渤海海冰概况

中国渤海每年都有不同程度的结冰现象，是北半球纬度最低的结冰海域。据统计，一个世纪以来,渤海有 23 个冬季出现过严重的或比较严重的海冰灾害。大约平均 5 年一次,有 4 个冬季出现了严重冰封。最严重的是 1969 年,厚冰几乎覆盖整个渤海,有 50 多艘船只被困,经济损失上亿元。

6.5.1.1　海冰的形成

纯淡水在 0℃ 时结冰,4℃ 时密度最大。但海水则不同,无论是冰点温度 I(指海水开始结冰时的温度),还是最大密度时的温度 I_m,均与盐度有关。如表 6.6 所示,这两个温度均随盐度增大而线性下降,且 I_m 递减较快。

表 6.6　冰点温度(I)和最大密度时温度(I_m)与盐度(S)的关系

S	5	10	15	20	24.69	25	30	35	40
I/℃	−0.27	−0.53	−0.80	−1.07	−1.33	−1.35	−1.63	−1.91	−2.20
I_m/℃	2.93	1.86	0.77	0.31	−1.33	−1.40	−2.47	−3.52	−4.54

当海水 $S<24.69$ 时,$I_m>I$,因此,当气温下降时,首先达到 I_m,此时乃有垂直方向的对流混合,当水温继续下降接近 I 时,表层水的密度已非最大并逐渐趋向稳定,于是水温稍低于冰点时就迅速结冰。当海水 $S>24.69$ 时,$I_m<I$。因此,水温逐渐下降至冰点温度的过程也就是海水密度不断增大的过程,因而海水变重下沉,发生对流,这种对流过程会一直持续到海水冻结为止。当海水冻结时,不是所有盐分都包含在海冰中,因此,冰下的海水盐度就会增大,从而加强了海水的对流。当水温降至冰点以下,且海水达到某种程度的过冷水以后,就形成了海冰。

海冰的形成可以开始于海水的任何一层,甚至于海底。在水面以下形成的冰叫做水下冰,也称为潜冰,黏附在海底的冰称为锚冰。由于深层冰密度比海水密度小,当它们成长至一定程度时,将会从不同的深度浮到海面上,使海面上的冰不断地增厚。渤海水深较浅,海冰的形成从海面到海底几乎是同时进行的。

6.5.1.2　海冰的盐度和密度

1)盐度

海冰在形成过程中,有部分的盐汁将从冰晶间析出流入海水中。如果冰形成较快,则冰晶间的空隙就会很快被新冰填塞,使盐汁来不及流出去,部分盐汁就被封闭在冰晶间的"盐泡"内。因此,海冰不同于淡水冰。海冰是固体冰晶和卤汁的混合物。

海冰的盐度是指海冰融化后所得的海水的盐度,其主要取决于两个因素:

(1)冻结前海水的盐度

海冰无论冻结多快,总有部分盐汁从冰里流出,因此,海冰的盐度总是低于形成它的海水的盐度。盐度愈高的海水里形成的海冰,其盐度也愈高。渤海的海冰盐度一般为 2～5。

(2)冻结速度

在其他条件相同的情况下,海冰形成时的空气温度愈低,结冰速度就越快,冰层厚度的增长也快,盐分来不及析出,盐度相应就大。

在海冰的表层,由于海水直接与冷空气接触,冻结速度较快,盐汁不易流出;而下层,冰的增长是缓慢进行的,并且冰针具有比较规则的垂直向排列,盐汁很容易流出。因此,盐度在冰层中的分布是由上层向下层递减的。

2)密度

海冰中除了溶解盐类外,还含有较多的气泡,密度一般在 0.914～0.915;而不含气泡的纯淡水,在 0℃时的密度为 0.918。可见,海冰的密度随盐度增加和空气含量的减少而加大(见表6.7)。

表 6.7　海冰密度表

空气含量对于冰体积的百分比	盐度					
	0	5	10	15	20	25
0	0.918	0.722	0.925	0.930	0.934	0.938
5	0.872	0.876	0.880	0.884	0.888	0.892
9	0.835	0.839	0.843	0.847	0.851	0.855

海冰在海水中沉没的深度是由它的密度决定的。根据理论计算和实际观测,水上的部分约占水下部分的六分之一,如果水面的高度为 1 m,则水下部分的深度可达 6 m。这类海冰也称为冰脊,再大的称为冰山。

6.5.1.3　海冰类型

海冰大致可分成流冰和固定冰两大类。流冰是指浮在海面,随风、流、浪的作用而流动的海冰;固定冰是指与海岸、岛屿或海底冻结在一起,不能做水平运动的海冰,但可以随海面的升降做垂直运动。

1)流冰

(1)初生冰

初生冰是由海水直接冻结或者雪降至低温海面后生成的,呈针状、薄片状、糊状如棉状。无一定的形状,有初生冰存在时,海面反光微暗,呈灰色,在阳光的照耀下,出现闪烁的亮光。

(2)冰皮

冰厚为 5 cm 左右,由平静海面直接冻结而成或初生冰冻结而成的冰壳层,易碎、有光泽、易被风或涌折碎而成的长方形冰块。

(3)尼罗冰

冰厚小于 10 cm,是有弹性的薄冰壳层。在浪或外力作用下易弯曲,并能产生"指状"重叠现象,表面无光泽。

(4)莲叶冰

直径为 30～300 cm、厚度小于 10 cm 的圆形冰块,由于彼此相互碰撞而具有隆起的边缘。涌浪小时,它可以由初生冰冻结而成,也可以由冰皮或尼罗冰破碎而成,有时也在不同的深度上、不同物理特性水体之间的界面上形成,形成之后便浮到海面上。这种冰出现后可以迅速覆盖广大海域。

(5)灰冰

厚度为 10～15 cm 的冰盖层,由冰皮、尼罗冰或冰皮与莲叶冰混合冻结而成。表面平坦湿润,多呈灰色,比尼罗冰的弹性小,易被涌浪折断,受到挤压时多发生重叠。

（6）灰白冰

厚度为 15～30 cm,由灰冰继续发展或由莲叶冰、冰皮和灰冰混合冻结而成。表面比较粗糙,呈灰白色,受到挤压时大多数形成冰脊。

（7）白冰

厚度大于 30 cm,由灰白冰进一步加厚或在风、浪和流的作用下多次重叠冻结而成。表面凹凸不平,堆积现象显著,形状复杂,分层明显,多呈白色。

（8）堆积冰

是指碎冰块杂乱地重叠堆积在较大的冰面上,使冰面呈高低不平的状态,有时某些冰块可垂直侧立在冰面上。显然,冰面上堆积冰愈高,相应地侵入水中的部分也愈深,有时碎冰被冻结在一起,很像"冰山"。

（9）脊冰

由于外力作用下相互挤压成碎冰,其中一部分被抬升到水面以上沿交界线或边缘堆积构成脊高,也称为帆高;同时也有大部分被嵌压在水面以下也沿交界线或边缘倒着堆积构成脊深,也称为龙骨。脊高愈高,则脊深愈深,一般为 1∶7。在水下冰块间的海水易冻结而形成固结层。

2）固定冰

（1）沿岸冰

与海岸冻结在一起的冰层,从海岸向海上延伸,其宽度可以相差很大,在潮汐的影响下,沿岸冰有时可做垂直的升降运动。

（2）冰脚

附在海岸上狭窄的固定冰带,不随潮汐做垂直升降运动,是沿岸冰的残余部分。

（3）搁浅冰

是指退潮时留在潮间带的浮冰。

6.5.1.4　冰情等级

国家海洋局于 1973 年制订了《中国海冰情预报等级》,共划分五个级别,即轻、偏轻、常、偏重和重年。就渤海湾而言,各等级在结冰严重时期相对应的结冰范围和冰厚见表 6.8。

表 6.8　渤海湾海冰情预报等级

等级	结冰范围	冰厚情况
1 冰情最轻	小于 5 海里	小于 10 cm,最大 20 cm
2 冰情偏轻	5～15 海里	10～20 cm,最大 35 cm
3 冰情平常	15～35 海里	20～30 cm,最大 50 cm
4 冰情偏重	35～65 海里	30～40 cm,最大 60 cm
5 冰情严重	大于 65 海里	大于 40 cm,最大 80 cm

6.5.1.5　冰情特征

（1）冰期

渤海海冰为一年冰,海冰的发展过程可以分为三个阶段,即初冰期、封冻期、终冰期。

1）初冰期

初冰期是指从初冰日到封冻日,这段时间是海冰不断增长的过程。辽东湾和黄海北部初冰日最早在11月初,最晚在11月底。渤海湾最早在12月初,最晚在12月下旬前期。

2)封冻期

封冻期是指封冻日到解冻日。这段时间冰情严重,冰的密集度都大于7成。因此,通常把封冻日称为严重冰期。渤海湾约一个半月,一般从1月上旬开始至2月中旬。

3)终冰期

终冰期是指解冻日到终冰日,这段时间海冰随气温回升和海温增高而不断融化。融化期比增长期要短得多。渤海湾最早在2月底至3月底,最晚在3月中旬末至下旬初。

(2)冰期分布

根据卫星海冰资料以及沿岸观测、飞机观测、破冰船调查资料,综合绘制了轻、常、重冰年的冰情分布图(图6.20~6.22)。

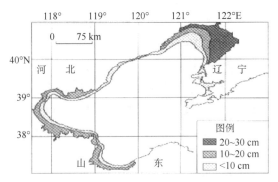

图6.20　轻冰年的冰情分布图(引自 包澄澜,1991)

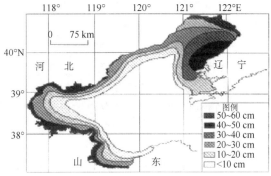

图6.21　常冰年的冰情分布图(引自 包澄澜,1991)

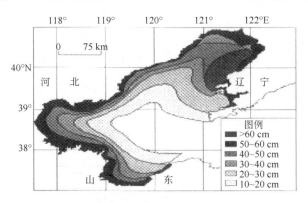

图6.22　重冰年的冰情分布图(引自 包澄澜,1991)

6.5.2　渤海海冰形成的天气背景

6.5.2.1　渤海海冰与气温之间的关系

海水与大气的热量交换对海温有重要作用。每当入冬以后,大气温度急剧下降,这时海水的热量不断地输送给大气,当海水温度达到冰点时,就形成海冰。渤海仅有渤海海峡与黄海沟通,四周全被大陆所包围,再加上水深较浅,因此,气温对渤海海冰的形成与变化起着重要的作用。

为了说明气温的变化对渤海海冰的影响很大,这里选取了渤海海岸天津的气温资料并对渤海冰情轻重进行了分析。图6.23是天津站1930—1983年1—2月气温的逐年变化和渤海冰级的变化曲线。由图可见,由于海冰无历史资料,所以冰情资料序列较短,但却有很好的代表性,海冰冰级与气温变化一一对应,呈反相关。

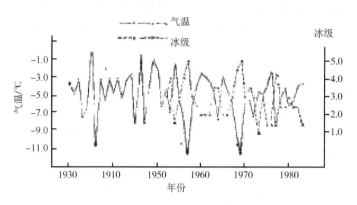

图 6.23　天津市区站 1930—1983 年 1—2 月气温
逐年变化和渤海冰级变化曲线图

　　为进一步说明气温与海冰之间的关系,我们统计了 1951 年以后的四个指标站(大连、秦皇岛、塘沽和龙口)的负积温和渤海冰级做成点聚图(图 6.24)。其中,横坐标为四站的负积温之和,纵坐标为渤海冰级。由图可见,冰级与负积温基本成正比关系,负积温越大,冰级越高。负积温在 −70～−90℃,冰级都在 2.5 级以下;负积温在 −95～−150℃,冰级在 3.0～3.5 级;负积温在 −160～−210℃,冰级都在 4.5 级以上。由此可见,负积温与渤海海冰有密切的关系。

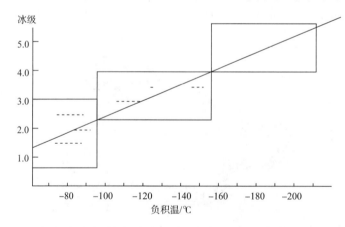

图 6.24　大连、秦皇岛、塘沽、龙口四站逐年负积温之和与渤海冰级的点聚图

6.5.2.2　渤海海冰与副热带高压之间的关系

　　西北太平洋副热带高压(以下简称副高)的活动与渤海的冰情存在着密切的联系。图 6.25 是副高面积指数距平和渤海冰级的过程曲线,点线为副高每年月距平值之和,实线是将副高面积指数距平和与前三年进行四年滑动求和的过程曲线,折线是渤海的冰级。由图 6.25 可见,副高面积指数距平值偏高或偏低可达数年之久。例如,从 1957 年开始转高以后,一直持续到 1963 年,这足以说明副高是一个比较稳定的环流系统,当副高指数距平持续偏低(高)时,将会发生一次重冰情(轻冰情)。另外,从副高指数距平的四年滑动累积曲线可以看出,小的振动被滤掉之后,其周期性更为明显,当副高指数距平处于谷值时,渤海都有重冰情发生,如

1957、1968、1969 年和 1977 年;反之出现峰值时,渤海冰情是比较轻的,如 1960、1961、1962 年和 1973 年。

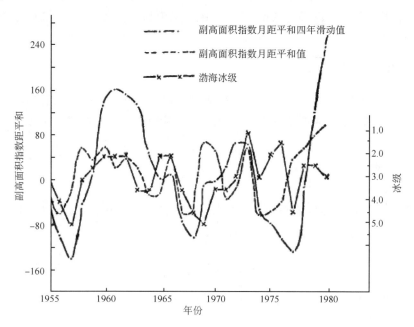

图 6.25　西北太平洋副高面积指数距平与渤海冰级的变化曲线图(引自 张启文,1986)

(1960—1961 年度表示 1961 年)

进一步的研究表明,影响渤海海冰冰情变化主要因子是副高。

6.5.2.3　渤海海冰与北半球大气环流的关系

图 6.26 是北半球 120°E 500 hPa 高度场距平和的廓线,实线为 1969 年 1—2 月 500 hPa

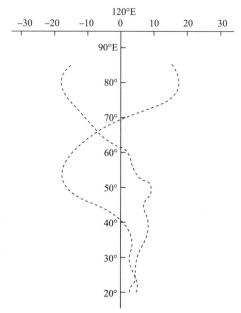

图 6.26　1973 年(点线)和 1969 年(实线)1—2 月 500 hPa 高度距平和廓线图

(引自 张启文,1986)

高度距平和,点线为 1973 年 1—2 月 500 hPa 高度距平和。从图 6.26 可以看出,这两条曲线基本对称、冷年大约在 70°N 以北为正距平,40°N~70°N 为负距平。暖年 60°N 以北为负距平,以南为正距平。所以可以得到结论,当气压距平场南高北低时,说明中纬度纬向环流强盛,冰情轻。反之,当气压距平分布是北高南低,说明经向环流盛行,冰情重。

6.5.3 渤海海冰预报方法

海冰是大气和海洋相互作用的结果,其生成、发展和消融的物理过程相当复杂。海冰预报方法主要有海冰计算公式、数理统计方法、海冰趋势预报方法(也称背景分析预报方法)和数值预报方法。

6.5.3.1 海冰计算公式

(1)结冰范围计算公式

结冰范围是指海冰覆盖的面积。从海岸起至海冰边缘线的距离 L(海里),即结冰宽度,它与气温 T_a 的负积温 $\sum T_a$ 之间存在着平方关系,即

$$L = \eta(\sum_{i=1}^{n} T_a)^2 \tag{6.5}$$

其中,各海区系数 η 不同。渤海湾基线走向为 ESE,η 值为 0.081。

(2)冰厚计算公式

根据斯蒂芬定律和中国渤、黄海的观测资料分析,结冰厚度与气温、海温、水深和离岸距离有密切关系,通过数学推导,得到中国的冰厚计算公式为:

$$h = h_0 \sqrt{\sqrt{\frac{D_0\, d_0}{Dd}} \frac{\sum_{i=1}^{n}(T_{ai} - T_{wi})}{\sum_{j=1}^{m}(T_{aj} - T_{wj})}} \tag{6.6}$$

式中,h 为在位置 D、d 处的冰厚,h_0 为在位置 D_0、d_0 处的实测冰厚。D_0 和 D 为垂直离岸距离,可在海图上量取;d_0 和 d 是水深,也可在海图上查算。$\sum_{i=1}^{n}(T_{ai} - T_{wi})$ 和 $\sum_{j=1}^{m}(T_{aj} - T_{wj})$ 是气—水温差积温,$\sum_{j=1}^{m}(T_{aj} - T_{wj})$ 是按冰厚实测日期累积计算值。用 α 表示公式(6.6)中的已知量,即

$$\alpha = h_0 \sqrt{\sqrt{\frac{D_0\, d_0}{Dd}} \frac{1}{\sum_{j=1}^{m}(T_{aj} - T_{wj})}} \tag{6.7}$$

α 又叫做海冰增长系数。则(6.6)式可写成

$$h = \alpha \sqrt{\sum_{i=1}^{n}(T_{ai} - T_{wi})} \tag{6.8}$$

其中,史蒂芬定律(1890)为

$$h = \sqrt{\frac{2K}{L\rho} \sum T} \tag{6.9}$$

式中,K 为热传导率,L 为海冰的溶解潜热,ρ 为海冰的密度,T 为海冰的表面温度。斯蒂芬认

为海冰的表面温度等于海冰表面上的气温。在应用此公式时,要累积计算出低于结冰温度的气温,即 $\sum T$,并把它叫做冰冻度日,也叫做负积温。

（3）流冰漂移计算公式

海冰的漂流运动主要受潮流和风的应力影响。潮流起主导作用。海冰运动的位移速度计算公式为:

$$V_d = 0.042(V_p)^2 \tag{6.10}$$

式中,V_p 是盛行风的平均速度;V_d 量值很小,一般在 $0.02\sim0.005$ m/s。

（4）冰脊龙骨深计算公式

$$K = \frac{\rho_i}{\rho_w}h + \sqrt{\frac{\rho_i}{\rho_w - \rho_i}}S_0 \tag{6.11}$$

式中,K 为龙骨深,ρ_i 、ρ_w 分别为海冰、海水的密度,h 为冰厚,S_0 为冰面堆积高度。

（5）冰脊冻结龙骨深计算公式

$$C = \frac{h}{2}\left\{ 1 + \sqrt{1 + \frac{4\alpha}{h\left[S_0 + (1 - \frac{\rho_i}{\rho_w})h + h_s\right]}\sqrt{\frac{\rho_i}{\rho_w - \rho_i}}} \right\} \tag{6.12}$$

式中,C 为冻结龙骨深,h 为冰厚,ρ_i 、ρ_w 分别为海冰、海水的密度,h_s 为冰面积雪深度,S_0 为冰面堆积高度。系数 α 为 $0.65\sim1.00$。

6.5.3.2　数理统计预报方法

（1）相关回归预报方法

根据大气环流和各大洋海温因子普查与渤海海冰冰级进行相关分析。例如,大西洋暖流区和墨西哥暖流区,其信度均可达 95% 以上。4 月较显著的格点,在北大西洋暖流区为 $47.5°N$、$32.5°W$、$27.5°W$;$42.5°N$、$7.5°W$、$32.5°W$;在墨西哥湾流区为 $27.5°N$、$77.5°W$、$72.5°W$、$67.5°W$、$62.5°W$;$22.5°N$、$82.5°W$、$77.5°W$、$72.5°W$、$67.5°W$、$62.5°W$、$57.5°W$。可以将上述 4 区水温距平和值作为渤海冰级预报指标。

（2）谐波分析方法

将 500 hPa 高度场 $Z(\lambda,\varphi)$ 沿纬圈 φ 对经度 λ 展开成傅氏级数,即

$$Z(\lambda,\varphi) = \bar{Z}(\varphi) + \sum_{k=1}^{\infty} Z_k(\lambda,\varphi) \tag{6.13}$$

式中,$\bar{Z}(\varphi)$ 为 $Z(\lambda,\varphi)$ 的纬圈平均值,$Z_k(\lambda,\varphi)$ 为将高度场分解成纬向平均场和纬向波数由 1 到无穷的谐波分量之和。

实际计算时,并不需要计算无穷个谐波分量,一般取前 10 个波就可以了(平稳项数一般取 $4\sim6$ 个为佳)。例如,取 $\Delta\lambda$ 为 $10°$ 的经度,则沿纬圈共取 $\frac{360}{10} = 36$ 个点,令 $m=1,2,3,\cdots,36$,由 $\lambda = 0°$ 按逆时针方向点的顺序,其傅氏系数可近似地表示为:

$$\begin{cases} a_0 = \dfrac{1}{72}\sum_{m=1}^{36} Z_m \\[2mm] a_k = \dfrac{1}{36}\sum_{m=1}^{36} Z_m \cos(mk\pi/36) \\[2mm] b_k = \dfrac{1}{36}\sum_{m=1}^{36} Z_m \sin(mk\pi/36) \end{cases} \qquad (6.14)$$

只要读出纬圈上各格点上的高度值 Z，就可以求出相应于波数 k 的谐波分量的傅氏系数，然后利用公式：

$$\begin{cases} A_k = (a_k^2 + b_k^2)^{\frac{1}{2}} \\[2mm] \sigma k = \tan^{-1}\left(\dfrac{b_k}{a_k}\right) \end{cases} \qquad (6.15)$$

求出第 k 个谐波分量 A_k、σ_k，从而确定出波状态：

$$Z_k(\lambda,\varphi) = A_k(\varphi)\cos(k\lambda + \sigma_k) \qquad (6.16)$$

这样用谐波分析展开高度场，得出一系列谐波系数。据此，进行相似比较，预报出这一系列的系数，最后再复原到高度场。由高度场预报气温场，最后预报海冰。

6.5.3.3 海冰趋势预报方法

（1）海冰与气候

渤海沿岸气温从 1970 年以来，总趋势是缓慢上升的，与全球气候变暖趋势相符。而渤海海冰趋势比 20 世纪 50 年代和 60 年代减少大约 1 级，这意味着气候背景对冰情趋势预报具有重要意义，可做海冰长期和超长期预报。

（2）海冰与太阳活动和厄尔尼诺

近年来，随着空间技术的发展，太阳活动对地球大气的研究越来越引起人们的重视，太阳的活动周期对渤海冰情的影响是十分显著的，这里选择了太阳黑子相对数的变化与渤海冰情的变化进行了分析研究。同时，赤道东太平洋的厄尔尼诺事件对全球大气的影响极大，对中纬度渤海地区的影响也是如此。经研究发现，厄尔尼诺的发展过程，其时间及强度对渤海的异常冰情起着主导地位，根据它们三者之间的关系，所建立的预报方法可运用到超长期的冰情预报中。严重的冰情都是由太阳活动和厄尔尼诺事件的共同作用结果而引起的。

（3）海冰动态趋势分析与预报

根据北半球副热带高压的季节变化特点，用 3—4 月 15°N、5—6 月和 10—11 月 20°N、7 月和 9 月 25°N、8 月 30°N 纬圈 500 hPa 月平均高度的动态过程分析预报渤海冬季冰情趋势。

6.5.3.4 海冰数值预报方法

中国海冰数值预报方法的研究工作开始于 20 世纪 80 年代初。从 1986 年以来，国家海洋局海洋环境保护研究所继续研究改进 20 世纪 80 年代初所建立的海冰数值模式并进行试报；同时，国家海洋局海洋环境预报中心在吸收国内外海冰模式研究工作经验的基础上，也进行研究并建立了一个海冰数值预报模式——"渤海海冰动力—热力模式"。该模式是国家"七五"重点科技攻关项目成果之一。现简要介绍如下：

(1)热力过程

1)海—气相互作用

海面尚未开始结冰,在海洋混合层中海—气之间的热量交换如下式所示:

$$Q_0 = H + L_E + \varepsilon_w L_w + (1 - a_w)S_w - \varepsilon_w \sigma T_{sfc}^4 + F_w \uparrow \qquad (6.17)$$

式中,H 是感热通量;L_E 是潜热通量;ε_w 是海水长波辐射率;L_w 是入射长波辐射;S_w 是太阳短波辐射;a_w 是海水表面短波反射率;σ 是 Stefan-Boltzman 常数,其值为 5.67×10^{-8} W/m²k⁴;Q_0 是表层水温进入混合层的热通量之总和;F_w 是通过跃层进入的热量。

2)海—冰—气相互作用

海面已经结冰,冰—气之间的热量交换为:

$$Q_{IS} = H + L_E + \varepsilon_I L_w + (1 - 0.4I_0)(1 - a_I)S_w - \varepsilon_I \sigma F_{sfc}^4 + \frac{K_I}{h}(T_B - T_{sfc}) \qquad (6.18)$$

式中,I_0 是净入射短波辐射率;K_I 是海冰热传导系数;ε_I 是海冰的长波辐射率;a_I 是海冰表面短波反射率;T_B 是海冰底面温度。

海冰底面以下,冰—海之间的热量交换为:

$$Q_{IB} = F_B - \frac{K_I}{h}(I_B - T_{sfc}) \qquad (6.19)$$

式中,F_B 是海冰底面的冰与水体之间的热量交换。

(2)动力过程

1)动量方程

质量为 m 的海冰以速度 $\mathbf{V}_i$ 运动,则动量方程为:

$$m \frac{d\mathbf{V}_i}{dt} = -mf\mathbf{K} \times \mathbf{V}_i + A\boldsymbol{\tau}_a + A\boldsymbol{\tau}_w - mg \nabla H + \mathbf{F} \qquad (6.20)$$

式中,H 是海面动力高度,$\mathbf{F}$ 为海冰内力,τ_a 为风应力,τ_w 为海水应力,f 为科氏参数。

在海冰模式中,τ_a 由大气模式和大气边界层模式耦合计算海面风场,τ_w 由渤海潮流模式计算海流场。

在渤海,海面动力高度的 $\nabla H \approx 0$,则方程(6.20)变为:

$$m \frac{d\mathbf{V}_i}{dt} = -mf\mathbf{K} \times \mathbf{V}_i + A\boldsymbol{\tau}_a + A\boldsymbol{\tau}_w + \mathbf{F} \qquad (6.21)$$

2)海冰内力

海冰内力 $\mathbf{F}$ 是利用大气和海洋模式及海冰的物理力学性质或称海冰的本构关系来确定。海冰内力公式如下:

$$\mathbf{F} = \nabla \cdot \boldsymbol{\sigma} \qquad (6.22)$$

式中,$\boldsymbol{\sigma}$ 由下式给出:

$$\boldsymbol{\sigma} = 2\eta(\boldsymbol{\varepsilon} - 1/2\ t,\boldsymbol{\varepsilon}j) + \zeta t,\boldsymbol{\varepsilon}j \qquad (6.23)$$

式中,η 是切变粘性系数,ζ 为总体粘性系数,ε 为应变率。

(3)连续方程

$$\frac{\partial m}{\partial t} = -\nabla \cdot (m\mathbf{V}_i) + \varphi \qquad (6.24)$$

式中,m 为热力增长函数。海冰质量 m 保持不变,$\varphi = 0$;m 增长或减少,$\varphi \neq 0$。连续方程将海冰热力—动力过程连接起来。

（4）热力增长函数

由公式（6.17）计算每一时间步长的海面温度，如低于海水冰点，则开始结冰，即初冰日。由公式（6.18）和（6.19）计算每一时间步长的冰面温度和冰底面温度，如低于海冰的冻结温度，则增长；如高于海冰的融化温度则减少；在海冰的冻结温度和融化温度之间，则维持。

（5）冰脊和水道参数化问题

冰脊和水道参数化是复杂的动力—热力过程。冰脊形成的动力过程需要考虑动力约束条件，通过变形函数实现参数化，必须进行大量的现场观测和研究才能确定。目前，采用修正密集度热力函数来实现。

6.6　北方海域海洋数值预报

6.6.1　北方海域风浪数值预报

海面风和海浪是威胁船舶航行安全和海上作业的两个最重要的海洋环境要素。海浪通常指风浪和涌浪。风浪与涌浪固然可以单独存在，但往往两者并存，以混合浪形式出现。海浪是由许多个振幅、周期和位相不同的简谐波叠加的波动，而并非是单一的波高、波长和周期的波动。它变化十分复杂，含随机性质，尽管如此，海浪仍存在一定的统计规律性。表示波浪高度的常用特征量是平均波高 $\overline{H}$ 和有效波高 H，后者代表从 100 个波峰连续观测中取其最高的33 个波的平均波高，且两者存在 $H = 1.6\overline{H}$ 的关系。一般在船舶上的目测波高相当于有效波高，本节以下涉及的浪高都是指有效波高。

混合型风浪预报模式建立在海浪有效波高能量平衡方程基础上，海浪有效波高、周期和群速与风速、风时和风区等因子有关。风浪有效波高的预报方程可表示为：

$$\frac{\partial H}{\partial t} + A_x \frac{\partial H}{\partial x} + A_y \frac{\partial H}{\partial y} = K \frac{\partial U}{\partial t} + R \tag{6.25}$$

其中，$A_x = 8.5192 H^{2/3} U^{-1/3} \cos\theta, A_y = 8.5192 H^{2/3} U^{-1/3} \cos\theta, K = 1.545 H U^{-1}, R = 2.5634 \times 10^{-8} U^{3.4} H^{-1.2}$。

H 为有效波波高，x,y 为坐标变量，U 和 θ 分别为已知的海面之上 10 m 高处的风速和风向。方程等式右方源函数项中包含的风速的时变项，它可以有效地调整因某些剧变天气系统相邻时间步上的风向、风速变化较大所引起的有效波高和周期的误差，提高计算和预报精度。

计算涌浪传播是通过积分通常采用的谱分量组成波的能量平衡方程（6.26）完成的。

$$\frac{\partial F(\bar{\omega}, \varphi)}{\partial t} + \nabla \cdot (C_g \cdot F) + \frac{\partial}{\partial \varphi}[(C_g \cdot \nabla \varphi)F] = S \tag{6.26}$$

其中，F 代表海浪的二维波谱，它是内频率 ω 和位相 φ 的函数，C_g 为组成波的群速，∇ 为平面梯度算子，S 为源函数，它还包括涌浪逆风传播时空气阻力消耗的能量，如下式：

$$S = -3 \times 10^{-4} \omega \frac{U\cos(\varphi - \theta)}{C} F(\bar{\omega}, \varphi) \tag{6.27}$$

式中，C 为波速，ω 为谱峰频率。

实际存在的海浪可以是风浪、涌浪或它们的混合浪,它们之间可以不断地转换。严格区分风浪和涌浪是非常困难的。这里采用的方法是将新出现的海浪谱与新出现的风速可以支持的风浪谱相比较,超出后者所能包含组成波的部分或其全部视为涌浪,根据涌浪模式计算其传播和变化。对已存在的涌浪谱中小于新出现的风速下应有风浪谱的组成波被视为风浪谱的一部分,继续作为风浪成长,它用风浪模式进行计算。

涌浪的计算以及风浪和涌浪之间的相互转换都通过海浪谱中的谱分量进行,这里采用了文氏改进的理论风浪谱,该谱由两个频率段给出风浪频谱,其形式如下:

$$S(\omega) = \begin{cases} 0.0111H^2 TP\exp[-95 InP/C_2(b\bar{\omega}-1)^{12/5}], & 0 \leqslant \bar{\omega} \leqslant 6.5754/T \\ 0.0204H^2 TC_2 l/(b\bar{\omega})^4, & \bar{\omega} \geqslant 6.5754/T \end{cases} \tag{6.28}$$

式中,T 为周期,l 为波数,P 为谱尖度因子,C_2 和 b 为常数,方向谱形式为 $F(\bar{\omega},\varphi) = 2/\pi S(\bar{\omega})\cos^2\varphi$。

为了计算涌浪及组成波之间的能量转换,按方位及频率划分组成波,在频率 0.16 s^{-1} 到 2.47 s^{-1} 的范围内将谱划分为 12 个频段。最后将每个计算时刻各网格点上组成波能量的总和换算成海浪的有效波高和相应的有效周期。

采用分裂算法及局部一维算法数值计算风浪预报方程,即将风浪预报方程分解为平流过程和动力调整过程分别进行积分。先用 Euler 后差格式计算动力调整过程,对平流过程则采用局部一维算法的 Lax-Wendroff 二步五点差分格式计算。边界条件区分为陆(岛)边界、水边界、向岸风和离岸风四种情况分别处理,模式积分采用水平二维九点滤波方案以保证计算的稳定性。对涌浪传播方程采用局部一维法和修正的 Lax-Wendroff 差分格式计算,对边界条件也做了相应的技术处理。

通过二维谱计算出网格点上的有效波高、有限波周期、波向,进而计算出波长。针对该模式的研究结果表明,在定常风速情况下,模式能够精确地再现理论风浪谱和风浪成长关系,在风突然变化的情形下计算的海浪变化响应时间与观测相符,对海浪二维谱结构的演化也有很好的描述。

海浪起源于风,准确的海浪预报必须以准确的海面风场预报为前提,因此海面风场质量的好坏关键性地决定着海浪的数值计算精度。

6.6.2　北方海域风暴潮数值预报

风暴潮是自然界的一种巨大的灾害现象。中国沿海就是一个多风暴潮的区域。经过多年的研究,人们已经认识到风暴潮基本上是受大气强迫下的一种海水运动,如果仅考虑风暴增减水的情况,那么将其考虑成深度平均的正压过程就已经足够了,如中国的模式,美国 NOAA 的 SLOSH 模式等业务化模式均使用二维模式。目前天文潮一般被同时考虑到计算模式中,也就是说天文潮与风暴潮的耦合被考虑了。海浪与风暴潮的耦合也开始得到研究。天气预报在风暴潮预报中是至关重要的,现在大家认识到在建立预报系统时,必须将二者有机结合。局地地形对风暴潮影响很大,而且预报的结果也需要动态展示,且需要具有地理属性,因此有结合地理信息系统进行研究的报道。总之,风暴潮预报研究已经向更加实用化、业务化发展,其中更多涉及了技术性的东西,以及资料的及时获取传输等。当然,风暴潮仍然有理论问题未能解决,如强风对海洋的动量输入等,再加上观测困难(目前主要靠岸站),这些也制约着它的进一步发展。

二维全流模型方法是对于用全流描述的风暴潮基本方程组进行直接的数值积分。由于用全流方程组,它突出了风暴潮计算或预报的最重要的变量——风暴潮位,并且它采用的差分格式积分求解是相对简单易行的,特别以差分方法数值求解可以用于非线性方程组,这就使得计算或预报风暴潮的非线性浅水问题成为可能。

6.6.2.1　风暴潮模式(HAMSOM)介绍

HAMSOM(Hamburg Shelf Ocean Model)是由德国汉堡大学海洋研究所 Backhaus 教授和他的同事发展的三维斜压陆架海模式。自 20 世纪 80 年代初发展至今,模式做了不少的改进。HAMSOM 是一垂向分层模式,控制方程建立在任一垂向层上的,通过把原始运动方程和连续方程对层积分,得到层积分的连续方程、运动方程,从而把三维问题转化为二维问题,并针对限制时间步长的线性不稳定因子,采取相应的措施,使得模式的时间步长不受稳定性限制。HAMSOM 模式的正压部分可用于预报风暴潮增水。

HAMSOM 是垂向分层模式,控制方程建立在分层上。这样做是为了简化计算,通过对原始方程进行层内积分,得到层积分方程,从而把三维问题转化为二维问题;其次,针对限制时间步长的线性不稳定因子,采取如下相应措施:

科氏力项:在运动方程中,通过引入一个稳定二阶旋转矩阵,来克服它在时间迭代过程中产生的线性不稳定;

外重力波:对运动方程中的正压梯度力项和连续方程中的水平散度项,采用半隐差分格式,以克服由外重力波引起的稳定性限制;

垂向扩散项:对运动方程中的垂向黏性项和温、盐方程中的垂向扩散项,采用半隐差分格式,以克服它们对于稳定性的限制。

计算域的选取:如图 6.27 所示,本模式模拟的海域包括渤海,以及部分北黄海,即 117.5°E～122.5°E,37°N～41°N,水平分辨率为 $1'$,垂向分 5 层,各层深度分别为:3 m、10 m、20 m、30 m、65 m,时间步长为 360 s。模式中,二次底摩擦系数 $F_c = 1.0 \times 10^{-3}\,\text{m}^2/\text{s}$,风应力拖曳系数 C_d 取值见式(6.29)。

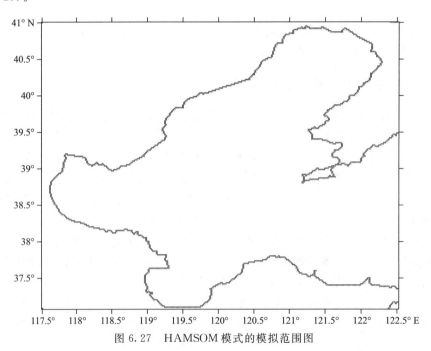

图 6.27　HAMSOM 模式的模拟范围图

$$C_d = \begin{cases} 1.1, & (\sqrt{W_x^2 + W_y^2} \leqslant 5.0) \\ 1.1 + 0.06 \times (\sqrt{W_x^2 + W_y^2} - 5.0), & (\sqrt{W_x^2 + W_y^2} > 5.0) \end{cases} \tag{6.29}$$

水动力模型的驱动使用由 MM5 模式输出的风场和海表面气压场格点数据。

6.6.2.2　模式的引进和本地化

模式发展至今已做了不少的改进,并成功地应用到了世界上许多不同的海域。其正压部分,可应用到渤海的风暴潮研究中。根据已经搜集到渤海水深资料,确定计算范围为 122°30′E 以西的海域,计算网格空间步长为 5 分经纬度,空间分辨率为 2 分经纬度。

引进模式后,首先进行了模式的安装,顺利安装后进行调试,用 MM5 资料对以往的一些个例进行了计算,结果显示运行正常,说明风暴潮模式的运行与 MM5 资料的衔接都无问题,即解决了模式的本地化问题。

6.6.2.3　数值模拟和分析

为了完善和进一步优化该风暴潮模式,下面对 2003 年 10 月 11 日和同年 11 月 25 日的冷锋类风暴潮以及 2004 年 9 月 15 日、2005 年 8 月 8 日的台风类风暴潮分别进行了数值试验。

（1）渤海风场和气压场的模拟

利用 NCEP(1°×1°)的 6 h 再分析资料,应用 PSU/NCAR 共同开发的第五代中尺度非静力数值预报模式 MM5(V3.7)对这四次风暴潮过程的海平面气压场和 10 m U、V 风场进行了模拟。从过程出现前 24 h 开始共积分 49 h;采用双重嵌套,粗网格格距 30 km,细网格格距为 10 km,积分步长为 90 s,每小时输出一次结果,最后得到每次过程的 32 h 气象要素预报场,如图 6.28 所示。由于模式本身原因 MM5 模式的前 12 h 预报场模拟的准确性较差,这里只用其 12—48 h 的预报场,格式为 MICAPS 第四类数据格式,格点数均为 102×81。

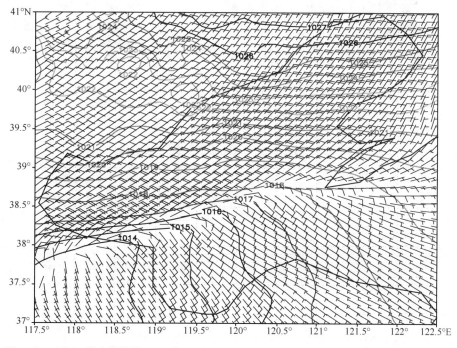

图 6.28　MM5 模式模拟的 2003 年 10 月 9 日 20 时至 11 日 04 时 32 h 的风场和气压场图

（2）HAMSOM 海洋模式对渤海风暴潮过程的数值模拟

HAMSOM 模式选取的计算区域包括渤海以及部分北黄海；水平分辨率为 $1'$，格点数为 236×302；垂向方向分 5 层，各层深度分别：3 m、10 m、20 m、30 m、65 m；时间步长为 360 s；预报时效由气象场预报时效决定，为 37 h；二次底摩擦系数 $F_C=1.0\times10^{-3}\,\mathrm{m^2/s}$；水动力模型的驱动使用由 MM5 模式输出的风场和海表面气压场格点数据。

1）冷锋类风暴潮的模拟：图 6.29 是 2003 年 10 月 10—11 日风暴潮过程的模拟情况，其中图 6.29（a）是 11 日 00 时的增水实况场；图 6.29（b）是模拟的同时次的增水场；图 6.29（c）是塘沽站此次过程实际增水和模拟增水的对比图。从图中可清楚地看到，实况增水和模拟的增水场还是比较一致的，增水梯度、增水大值区出现的位置都与实况基本吻合，只是模拟的增水强度比实际增水弱。另从塘沽的增水模拟和实际增水曲线的对比分析来看，还表现出增水峰值在时间上的滞后性，这与风场的模拟结果是一致的，模拟的风场也比实际风场要小。说明模式对冷空气风暴潮的增水变化趋势有一定的模拟能力。

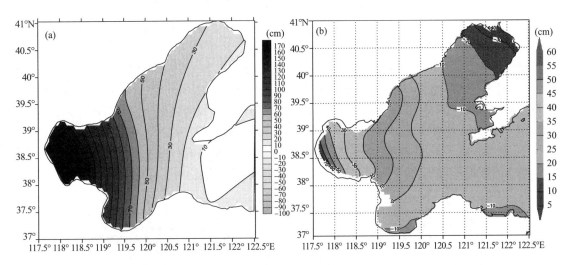

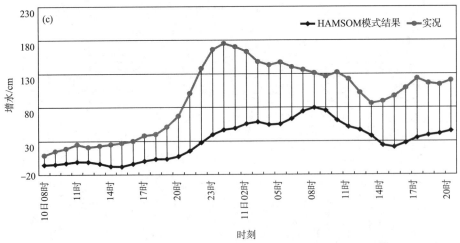

图 6.29　2003 年 10 月 10—11 日风暴潮的数值模拟情况图（见彩图）

（a）11 日 00 时增水实况场；（b）模拟的 11 日 00 时增水场；（c）塘沽站实际增水和模拟增水的对比图

2)台风风暴潮的模拟:图 6.30 是 2005 年 8 月 8 日风暴潮过程的模拟情况,其中图 6.30(a)是 8 日 15 时的增水实况场;图 6.30(b)是模拟的同时次的增水场;图 6.30(c)是此次过程塘沽站实际增水和模拟增水的对比图。

从图 6.30 中的实测增水场可清楚地看到 8 月 8 日 15 时在渤海有两个增水高值区,一个在渤海西部的塘沽附近,一个在海峡北侧的大连附近,而模拟的增水场只有一个高值中心位于渤海西部塘沽附近。如果把整个模拟区域以 120°E 为界分成渤海西部和东部两部分,可以说对渤海西部的增水分布以及高增水中心的模拟情况较好,既模拟出高值中心来,又保持了比较小的绝对误差,高值中心的误差仅为 20 cm。而对东部的模拟就不是很理想。另外从塘沽的实际增水和模拟增水的曲线对比来看,两条曲线的变化还是比较一致的,但模拟的曲线振幅明显偏小,也就是模拟出的增水值比实际要偏小,其峰值大约相差 60 cm。

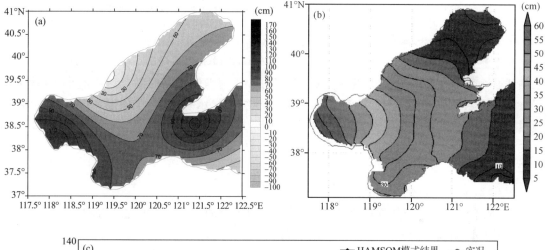

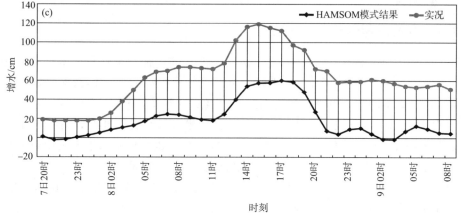

图 6.30　2005 年 8 月 7—9 日风暴潮过程的模拟情况图(见彩图)

(a)8 日 15 时增水实况场;(b)模拟的 8 日 15 时增水场;(c)塘沽站实际增水和模拟增水的对比图

为了改进这种状况,尝试着从气象场来做调整,由于 HAMSOM 对风场十分敏感,所以对风应力拖曳系数进行了调整,即将公式(6.29)中常数项 1.1 调整为 3.1,调整后计算出的风暴增水有了明显的提高。图 6.31 是参数调整后塘沽增水的对比图,很显然有了很大的提高,尤其是增水的峰值与实况很接近。

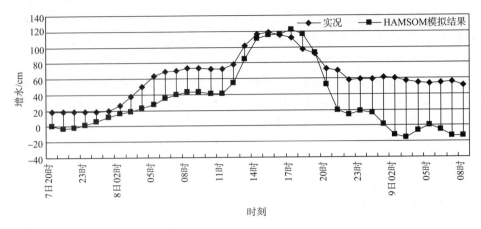

图 6.31　调整参数后塘沽 2005 年 8 月 7—9 日增水的对比曲线图(见彩图)

6.6.2.4　风暴潮预报模式的业务化

风暴潮的预报产品可有两种,一是整个渤海区域的增水分布情况,另一个是塘沽单站的增水曲线。为了更好地应用,这里还将做出第三种产品,即塘沽单站的潮位预测曲线,也就是将天文潮与增水叠加得出的潮位预测曲线,并且加到综合显示系统中,让预报员很方便地调用。通过大量的分析和数值模拟试验,我们对风暴潮模式 HAMSOM 有了一定的了解,且数值试验的结果使我们充分相信它对渤海地区的预报能力。随着这项业务的不断开展,该系统将会更趋完善。

6.6.2.5　存在的问题

(1)风暴潮模式的后处理程序还在调试中,所以模式的运行还不能完全自动化;

(2)MM5 资料的存储问题还没有得到解决。

6.6.3　渤海海雾数值预报系统

海雾是在海洋的影响下,出现在海洋上空低层大气的一种凝结现象。由于海雾能严重影响水平能见度,对航海、航空、渔业生产等均有妨碍,是一种灾害性天气,故对它的研究历来受到人们的重视。最早的海雾研究可以追溯至 20 世纪 20 年代,一直到 20 世纪 40 年代主要进行的一些观测与统计工作。从 20 世纪 50 年代起,开始对海雾进行理论方面的研究。20 世纪 60 年代随着 Estoque 边界层模式的建立,海雾的数值模式也发展起来了。其中较有代表性的是 Barker 模式。同时,对海雾的观测工作有了长足进步,特别是 20 世纪 70—80 年代美国实施的 CEWCOM 计划,大大促进了人们对海雾的认识,对海雾的研究也更加深入。中国从 40 年代起开始对海雾进行研究,20 世纪 60—70 年代发展较快,但主要限于观测与统计分析方面,有关海雾的数值研究始于 20 世纪 60 年代初。在早期的研究中,海雾模式多是一维模式。中国的海雾数值研究起步较晚,"八五"期间中国海洋大学曾经研究过二维海雾数值模式,但目前还没有一个完善实用的三维海雾数值研究模式。为了进一步揭示海雾的生成、发展规律及其机制,并做好海雾的研究与预报,中国海洋大学的傅刚教授从美国引进高版本的区域大气模式系统 RAMS(Regional Atmospheric Modeling System)并以此为基础,研制适合于渤海的三维中尺度海雾数值预报模式。

6.6.3.1　模式简介及实时运行

三维海雾中尺度数值预报模式,是以区域大气数值模式系统 RAMS 为基础,并在研究海雾生消发展规律的基础上,考虑海陆差异、地表效应和云辐射,综合边界层、长短波辐射、降水、对流参数化等方案,结合地表能量收支、植被、液态水的重力沉降等物理因素加以改进而来(表 6.9)。

表 6.9　三维海雾中尺度数值预报模式的相关参数表

参数	模式设置
基本方程	非静力学原始方程
垂直坐标	σ_z 地形追随坐标
地图投影	旋转极射地图投影
中心位置	38°N,121°E
积分区域	113.5°E~128°E,31.5°N~44°N
中心附近水平分辨率	$\Delta x=\Delta y=15$ km(＊34 层垂直层)
边界层方案	Mellor-Yamada scheme(1974,JAS)
辐射方案	长短波辐射,Mahrer/Pielke(1977)
降水方案	预测云、雨、冰晶、雪、气溶胶、软雹和冰雹的混合比
侧边界条件	由 T213 提供
海表温度	平均温度
初始时刻	每日北京时 20 时
积分时间	48 h

海雾模式是基于 Linux 操作系统运行的中尺度模式,可以直接提供多达 35 种物理量场的精细格点数值产品。现在数值模拟范围为:113.5°E~128°E,31.5°N~44°N,中心附近水平空间分辨率为 15 km,每天凌晨 03:10 自动启动,耗时约 7 h 左右,预报时效为 48 h,可用预报时间约 35 h。目前输出的图片为水平能见度场,见图 6.32。

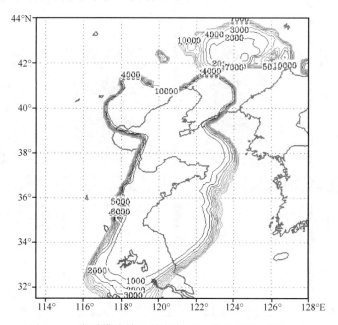

图 6.32　海雾模式输出的未来 24 h 能见度图(单位:m)

6.6.3.2　模式的应用

(1)历史资料个例的导入

为了便于预报员对历史资料的查询,建立了海雾历史资料数据库,同时还将该数据库的内容加到综合显示系统中,预报员可通过该显示系统非常方便地进行查询和调阅。这对预报员了解和掌握海雾的背景知识从而做好海雾预报是有很大帮助的。

(2)实时产品的输出

海雾模式的产品除了有能见度以外,还有与海雾密切相关的相对湿度,同时还有降水、风和气压。空气相对湿度的大小对雾的生成至关重要。很显然,若相对湿度太低,即使其他条件均很理想,也不会出雾,但即使相对湿度比较理想能够出雾,其不同的空间分布,也会对雾的生成产生影响。可见相对湿度大小及其分布是海雾能否生成的物理基础。为了方便预报员对这些相关产品的了解,我们将这些内容放入了综合显示系统中,让预报员及时地了解和查看。

(3)加工产品的输出

为了进一步提高工作效率并及时掌握最新的预报产品,将预报产品中相隔 12 h 的四个时次的相对湿度、能见度、降水的预报图拼接在一起,做成邮票图,放到综合显示系统中提供给预报员(如图6.33)所示,这样预报员就可以通过综合显示平台很方便地调出这样的综合图。这样的综合图有效地帮助预报员了解各种相关物理量的发展变化和演变趋势,对做好海雾的预报是十分有益的。

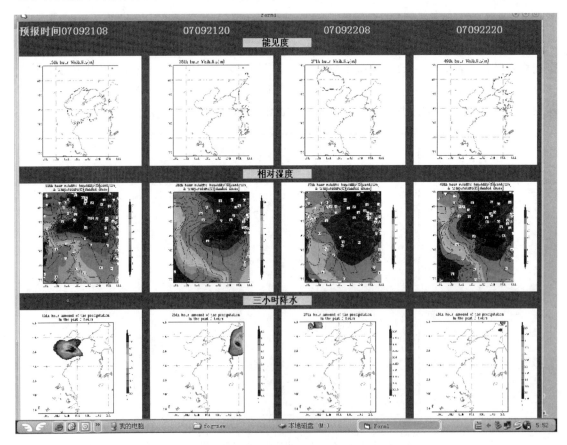

图 6.33　海雾的集成预报产品综合图——邮票图

6.6.3.3　预报系统的科学性、先进性和创新性

目前中国东部沿海地区雾的预报仍主要采用天气学或辅以单站预报的方法,在海洋气象探测资料严重缺乏的条件下,这样的预报手段已经远远不能满足气象业务精细化发展的需要,三维数值模式已经成为海雾研究的主要发展方向和预报业务的迫切需求。虽然国外已有学者对雾的三维结构进行了很好的模拟,但他们的模式都是针对各国自己需要的有限区域,而对中国东部沿海地区的研究和业务化模式目前尚是空白。因此,根据海雾中尺度数值预报模式的特点,可知其不仅能提供一定时效的海雾预报,同时也填补了这项研究工作的空白。引进该模式并加以改进,使之适用于渤海,这样模拟效果会更好。

参考文献

包澄澜.1991.海洋灾害及预报.北京:海洋出版社

高瑞华.2006.渤海海峡大风气候特征的初步分析.兰州大学硕士学位论文,1-45

耿淑琴,王旭.2001.拉尼娜持续年的渤海海冰.海洋通报,**20**(2):1-11

韩素芹,林枚,黎贞发,等.2008.渤海海面冰情变化趋势预测.自然灾害学报,**17**(4):85-90

胡基福,郭可彩,鄢利农.1996.应用模式输出统计作海雾出现判别预报.青岛海洋大学学报,**10**(4):439-445

梁军.2002.大连地区及黄渤海域海雾预报方法.辽宁气象,(1):6-7

梁卫芳,侯忠新.2001.青岛雾的特征与预报.山东气象,**21**(2):12-17

刘钦政,黄嘉佑,白珊,等.2004.渤海冬季海冰气候变异的成因分析.海洋学报,**26**(2):11-19

孟上,李海.1999.1998—1999 年度渤海地区天气气候和海冰特征分析.海洋预报,**16**(4):52-59

孙安健,黄朝迎,张福春.1985.海雾概论(第 1 版).北京:气象出版社

孙连强,曹士民,柳淑萍,等.2006.丹东附近海域海雾的特征及其海洋、大气背景条件分析.海洋预报,**23**(3):22-29

腾学崇,林滋新.1989.利用转移概率作青岛近海海雾的短期预报.黄渤海海洋,**7**(3):21-26

王彬华.1983.海雾(第 1 版).北京:海洋出版社

王彬华.1980.中国近海海雾的几个特征.海洋湖沼通报,**3**:9-20

辛宝恒.1991.黄海渤海大风概论.北京:气象出版社

徐旭然.1997.胶东半岛北部沿海海雾特征及成因分析.海洋预报,**14**(2):58-63

张晓慧.2003.渤海大风统计特征及物理机制分析.中国海洋大学硕士学位论文,1-58

张启文.1986.渤海海冰变化与气象条件的关系.海洋预报,**3**(1):49-54

赵永平,陈永利.1997.黄、东海海雾过程及其大气和海洋环境背景场的分析.海洋科学集刊,**38**:69-78

郑新江.1988.黄海海雾的卫星云图特征分析.气象,**14**(6):7-9

朱云清,于世永.1991.青岛近海海雾的 FUZZY 数学预报方法.海洋预报,**8**(3):68-71

第7章 海河流域水文气象预报

7.1 水文气象概况

7.1.1 概况

海河流域位于 $112°E\sim120°E$、$35°N\sim43°N$，东临渤海，南界黄河，西靠云中、太岳山，北倚蒙古高原；地跨八省、自治区、直辖市，包括北京、天津两市的全部，河北省的绝大部分，山西省东部，河南、山东省北部以及内蒙古自治区和辽宁省各一小部分，总面积为 $3.18×10^5$ km²，占全国面积的 3.3%。其中，山地和高原面积为 $1.89×10^5$ km²，占 60%；平原面积 $1.29×10^5$ km²，占 40%。2000 年流域共有 31 个地级市，2 个盟，256 个县(区)，其中有 35 个县级市。

7.1.2 河流水系

海河流域包括海河、滦河、徒骇马颊河三大水系。其中海河水系是流域主要水系，分北系和南系，北系有蓟运河、潮白河、北运河、永定河，南系有大清河、子牙河、漳卫南运河；滦河水系包括滦河及冀东沿海诸河；徒骇马颊河水系位于流域最南部，为单独入海的平原河道。

7.1.2.1 海河

(1)海河北系

海河北系包括北三河和永定河。其中北三河由蓟运河、潮白河和北运河三个单独入海的水系组成，新中国成立以来大兴水利工程，三水系闸坝控制河道相通，水系间互相调节。因此，将原有的三个水系划为一个整体，称北三河水系，建有于桥、邱庄、海子、密云、怀柔、云州等大型水库。

1)蓟运河

该河位于滦河以西、潮白河以东。主要支流有泃河、州河、还乡河，各河均发源于燕山南麓兴隆县境内，泃河、州河于九王庄汇合后称蓟运河，汇流处有青甸洼滞洪区。在新集以上有引泃入潮减河，可引部分泃河洪水经潮白新河入海。至江洼口纳还乡河，汇流处有盛庄洼滞洪区。以下流经芦台、汉沽于北塘入海。流域内先后修建了海子、于桥、邱庄三座大型水库。

2)潮白河

该河位于蓟运河以西，北运河以东。它由潮河和白河两大支流组成，两支流在密云县附近汇合后称潮白河，至怀柔纳怀河后入平原，下游河道经苏庄闸至香河，在吴村闸有潮白新河，沿途纳城北减河、运潮减河、青龙湾减河，分泄北运河洪水，并纳引泃入潮减河，分泄泃河洪水，穿黄庄洼、七里海等分滞洪区，在天津宁车沽入永定新河入海。

3）北运河

该河位于潮白河与永定河之间。上源温榆河，发源于军都山南麓昌平区以北，至通州北关闸以下，始称北运河。北关闸上辟运潮减河分泄部分洪水，以下沿途纳通惠河、凉水河、凤港减河等平原河道，至土门楼闸上又辟有青龙湾减河入潮白新河，并以大黄铺洼为滞洪区。土门楼以下经筐儿港、屈家店至天津市区大红桥入子牙河，至金钢桥入海河。

4）永定河

永定河位于北运河、潮白河西南，大清河以北。它由洋河和桑干河两大支流组成，两支流于怀来县朱官屯汇合后称永定河。在官厅附近纳妫水河，经官厅山峡于三家店入平原。

（2）海河南系

1）大清河

大清河位于永定河以南、子牙河以北。源于太行山东侧，分为南北两支。北支主要支流拒马河在张坊附近分为南北两河：北拒马河至东茨村附近纳琉璃河、小清河后称白沟河；南拒马河纳中易水、北易水在白沟附近与白沟河汇合后称大清河。大清河北支在新盖房枢纽分为三支，一支经白沟引河入白洋淀；一支经灌溉闸入大清河；一支经分洪闸及分洪堰由新盖房分洪道入东淀。直接汇入白洋淀的支流统称为大清河南支，主要有瀑河、漕河、府河、唐河、沙河、磁河（沙河与磁河在北郭村汇合后称潴龙河）等，各河入白洋淀，再经枣林庄枢纽通过赵王新河入大清河、东淀。河系内建有横山岭、口头、王快、西大洋、龙门、安各庄等 6 座大型水库以调节上游洪水。

2）子牙河

子牙河位于大清河以南，漳卫南运河以北，有滹沱河、滏阳河两大支流。滹沱河发源于山西省五台山北麓，经忻定盆地，穿行于太行山峡谷之中，沿途纳云中河、牧马河、清水河等，经岗南水库附近出峡，纳冶河经黄壁庄水库入平原，至草芦进入献县泛区。滏阳河发源于太行山南段东麓邯郸市峰峰矿区西北和村，支流众多，主要有洺河、沙河、泜河、槐河等 10 余条，至艾辛庄与滏阳河汇合，为扇形水系。滏阳河沿河有永年洼、大陆泽、宁晋泊等滞洪洼地。艾辛庄以下经滏阳河及滏阳新河东北流至献县，与滹沱河汇合后以下称子牙河和子牙新河。流域内建有临城、东武仕、朱庄三座大型水库。

3）漳卫南运河

漳卫南运河位于子牙河以南，有漳河、卫河两大支流。漳河上游由清漳河和浊漳河组成，均发源于太行山的背风山区，两河于合漳村汇合后称漳河，经岳城水库出太行山。流域内建有关河、后湾、漳泽、岳城四座大型水库。

卫河源于太行山南麓，有 10 余条支流汇成，较大的有淇河、汤河、安阳河等，主要支流集中在左岸，为梳状河流。漳卫两河于称钩湾汇合后为卫运河，至四女寺枢纽分为两支，一支经南运河入海，一支经漳卫新河在埕口附近入海。

4）黑龙港和运东地区

此地区位于滏阳新河、子牙新河以南，卫运河、漳卫新河以北。区内有南排河、北排河水系。南排河上游纳老漳河—滏东排河、索芦河—老盐河、东风渠—老沙河—清凉江及江河等支流，在肖家楼穿南运河，于赵家堡入海。北排河自滏东排河下口冯庄闸开始，沿途纳黑龙港河西支、中支、东支和本支等河，于兴济穿南运河至岐口入海。运东地区有宣惠河、大浪淀排水渠、大浪淀水库、沧浪渠、黄浪渠等。本区全部位于平原，区内均为排沥河流。

7.1.2.2 滦河

滦河水系位于海河流域东北部,包括滦河干流及冀东沿海 32 条小河,全流域面积为 54300 km²。滦河发源于河北省丰宁县西北巴彦图古尔山麓,经承德到潘家口穿长城入冀东平原,至乐亭县入渤海。滦河支流繁多,有小滦河、兴州河、伊逊河、蚂蚁吐河、武烈河、老牛河、柳河、瀑河、撒河、青龙河等十余条主要河流。1979 年在滦河干流修建了潘家口、大黑汀两座大型水库。其下游干支流建有引滦入津、引滦入唐、引青济秦等大型引水工程。

冀东沿海诸河:冀东沿海诸河位于滦河下游干流两侧,在石河、洋河、陡河上分别建有石河、洋河、陡河等大型水库。

7.1.2.3 海河干流

海河干流自西向东横贯天津市区,西起金钢桥,东到海河闸,全长 72 km,为大清河的入海尾闾(兼泄北运河、永定河、子牙河、南运河的少量洪水),并泄天津沥水。原为潮汐河道,1958 年建海河闸后,变为泄洪、防潮、蓄淡、排沥多功能河道。

7.1.2.4 徒骇马颊河

徒骇马颊河位于漳卫南运河以南,黄河下游北岸,本流域的最南端,由徒骇河、马颊河、德惠新河组成。徒骇河发源于豫、鲁两省交界处文明寨,于山东省沾化县入渤海。马颊河发源于河南省濮阳市金堤闸,于山东省无棣县入渤海。德惠新河西起山东省平原县王凤楼村,东至无棣县下泊头与马颊河汇流后入海。此外,沿海一带还有若干条独流入海小河。

7.2 气象服务特点

海河流域内河系众多,山区与平原过渡区很短,几乎出山就是平原,河道源短流急,洪水预见期短,突发性强,预报调度难度大;流域平原地势低注,一遇强降雨,极易产生洪涝灾害。同时海河流域水资源严重短缺,是全国严重缺水区之一,缺水问题十分突出。针对海河流域的上述地理特征,流域的气象服务工作在不同的阶段侧重点不同。在主汛期,主要关注流域的强降水预报、山区地质灾害预报和服务、平原地区长历时的强降水及其引发的农田渍涝灾害,旬后期则主要关注大中型水库的蓄水问题。

7.3 暴雨预报

7.3.1 海河流域暴雨基本特征

7.3.1.1 地形特征

全流域总的地势是西北高、东南低,大致分高原、山地及平原三种地貌类型。流域西部、北部为山区,东部、东南部为平原,地形自西、北和西南三面向渤海倾斜,丘陵过渡区短,山区与平原区几近相交。由于没有明显的丘陵过渡带,河道源短,一旦产生暴雨,不论是短历时,还是长历时,就会出现水流急,流速大,洪水传播时间短的现象。历史上海河流域内发生的洪涝灾害,曾给流域内的经济建设和人民的生命财产造成巨大损失,1939—2000 年流域内单点暴雨量大于 250 mm/24 h 过程日(水文站资料)见表 7.1,有 21 个大暴雨日,共 17 次大暴雨过程,其中影响最为严重的是"63·8"大暴雨,灾害十分严重。1996 年的台风暴雨给海河流域的南运河和子牙河也造成严重的影响。

表 7.1 海河流域大暴雨过程日期表

序号	日期	省级名	所属流域	24 h 雨量/mm
1	1891.07.23	北京	北运河	609
2	1939.07.25	北京	蓟运河(海河洪水)	275
3	1956.08.03	河北	子牙河(海河洪水)	385
4	1958.07.14	天津	蓟运河(滦河洪水)	462.5
5	1959.07.21	河北	蓟运河	543.7
6	1961.07.12	山东	徒骇马颊河	466.2
7	1962.07.25	河北	滦河洪水	354
8	1963.08.04	河北	子牙河(海河洪水)	950
9	1963.08.07	河北	大清河(海河洪水)	762
10	1967.08.20	河北	蓟运河	521.7
11	1973.06.25	河北	永定河	430
12	1973.06.28	河北	永定河	600
13	1974.07.03	河北	滦河	280
14	1978.07.25	天津	蓟运河	476.2
15	1982.08.01	河南	南运河	483.5
16	1984.08.09	河北	南运河	643
17	1984.08.09	天津	海河下游区	539
18	1989.07.16	河南	南运河	484
19	1996.08.03	河南	南运河洪水	771.5
20	1996.08.04	河北	子牙河洪水	589.8
21	2000.07.05	河南	南运河以南	530

7.3.1.2 大暴雨时空分布特征

由表 7.1 可以看出,海河流域的大暴雨主要出现在 7—8 月中的 7 月下旬、8 月上旬,6 月下旬也有发生。流域内各分流域均出现过大暴雨,以蓟运河和南运河出现大暴雨的频率最高。海河流域的洪水主要来源于燕山、太行山,其山前迎风坡是中国北方最大的暴雨区之一。海河流域著名的 1963 年 8 月上旬暴雨中心獐貘位于太行山和华北平原的交界处,暴雨等雨量线的长轴呈南北向,平行于太行山。

7.3.1.3 暴雨历时特征

图 7.1 给出了海河流域 4 种标准历时的暴雨降水过程,分别为 10 min、1 h、6 h、1 d。可以看出:海河流域致洪暴雨不但有持续数日的暴雨天气过程,也有由中小尺度天气系统引发的短历时的突发性暴雨过程。

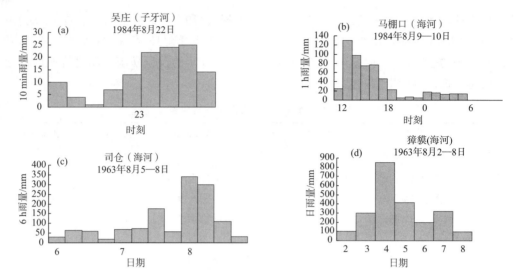

图 7.1　典型暴雨不同历时的降水过程图

(a)1984 年 8 月 22 日吴庄(子牙河);(b)1984 年 8 月 9—10 日马棚口(海河);

(c)1963 年 8 月 5—8 日司仓(海河);(d)1963 年 8 月 2—8 日獐獏(海河)

7.3.1.4　暴雨环流特征

海河流域暴雨主要分为四种类型:副高与西风带系统型、台风北上型、低涡型、切变线型(仅一次过程),其中低涡型中包括西北涡型和西南涡型。经分析得出,副高与西风带系统相互作用是海河流域大暴雨的主要影响系统,见图 7.2。西南涡给华北地区也带来较大降水,西北涡暴雨的历时短、范围小,但暴雨的落区预报困难更大,多为强对流天气。台风给海河流域带来的降水也很强,另外台风外围东南急流给华北带来的大暴雨,由于主要影响系统位置偏南,容易忽视,要引起重视。

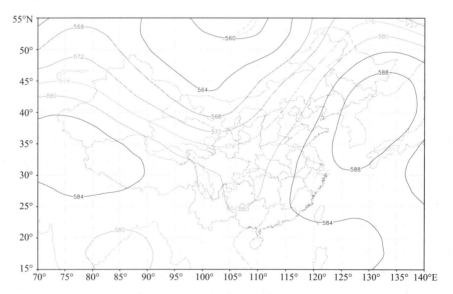

图 7.2　2007 年 4 月 9 日 15 时 11 分副高与西风带型的环流形势图(单位:hPa)

7.3.2 典型个例分析

7.3.2.1 2005 年 8 月 16 日暴雨天气过程(详见第 4.1.5.2 节)

7.3.2.2 2010 年 7 月 19 日区域暴雨天气过程(西南涡)

受低空西南涡影响,河海流域的漳卫河、徒骇马颊河、海河干流、北三河下游、滦河下游等地普降大到暴雨、局部大暴雨,大暴雨主要集中在滦河和徒骇马颊河,见图 7.3。天津地区普降大到暴雨,局部暴雨,区县气象观测站中最大雨量出现在大港,为 96.4 mm。全市有 6 个区县观测站和 61 个乡镇站降水量在 50 mm 以上,达暴雨量级,其中 6 个乡镇站降水量在 100 mm 以上,达大暴雨,最大雨量出现在大港的水产厂,为 139.5 mm。此次降水有效改善了农田土壤墒情,对秋收作物生长比较有利,但降水对城市交通运输也造成了不利影响。

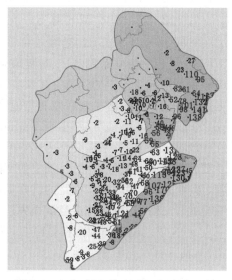

图 7.3 2010 年 7 月 19 日 08 时至 20 日 08 时海河流域降雨实况图(单位:mm)

天气形势:降水前的 18 日 20 时,500 hPa 等压面上在东北地区上空形成一冷涡,天津处于涡槽底部;同时在山西—陕西—四川一线沿副高外围有一明显的切变。到 19 日 08 时(图 7.4)东北冷涡向东北方向

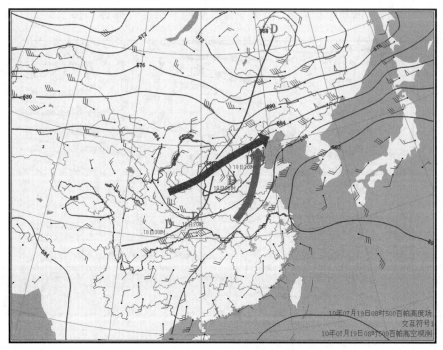

图 7.4 2010 年 7 月 19 日 08 时高低空配置图(见彩图)

(实线为 500 hPa 高度,槽线为 500 hPa 槽,紫色箭头为 200 hPa 急流位置,红色箭头

为 850 hPa 急流位置,"D" 为 700 hPa 西南涡随时间的移动位置)

收缩,同时,沿副高外围在切变的北端切断出一低涡,位置位于山西的南部,天津处于低涡东北侧的偏南气流里。在低层,18 日 08 时在四川盆地东部生成的西南涡,随时间沿副高外围向东北方向移动,到 19 日 08 时移到河北、河南的交界处。同时,沿副高外围低空急流加强,700 hPa 上最大风速达到 20 m/s,天津、河北东部等地处于低空急流的北端。正是由于低空西南涡沿副高外围北上,同时副高外围低空西南急流的建立和加强,造成此次暴雨天气。

7.3.2.3 1996 年 8 月 3—5 日暴雨天气过程(台风)

1996 年 8 月 3—5 日,受减弱的 9608 号台风低压以及西来槽的共同影响,海河流域出现了"63·8"以来影响范围最广、过程雨量最大、单位时间强度最大的一次降雨过程(简称"96·8"暴雨),造成了严重的洪涝灾害和数百亿元的经济损失。此次降水过程覆盖了太行山的东、西两侧,即冀中南、晋东南和豫北等地区,暴雨中心在石家庄市的西部山区,48 h 降雨量不小于 100 mm 有 34 个县市,不小于 200 mm 的有 20 个县市,其中石家庄市区等 4 县市降雨量均在 400 mm 以上,吴家窑最大达 670 mm。这次是"63·8"暴雨以来 30 多年最大的暴雨过程,主要特点是降雨持续时间长,加上前期降雨偏多,导致河北省西南部山洪暴发,河水猛涨,滏阳河、漳河等河流穿越京广铁路的洪峰量达 3×10^4 m^3·s^{-1},是 1963 年以来的最大洪水。据不完全统计,此次造成的直接经济损失达 456.3 亿元。

40°N 以北的亚洲地区在暴雨期间呈现出两槽一脊形势,低压槽分别位于乌拉尔山和东亚沿岸,高压脊在亚洲中部地区(图 7.5)。1996 年 8 月 1 日上午 9608 号台风在福建福清市登陆后,迅速减弱为低压,它穿越江西、湖南到湖北进入河南西部。与此同时,副热带高压西进,在中国东部经向发展。另外,强大的经向型副热带高压与台风低压之间的气压梯度很大,造成了较为宽广的南北向偏南风急流源源不断地向北输送水汽和能量,而太行山一带正处于倒"L"状的副高外围,水汽与能量汇集在此,构成十分有利的暴雨天气形势。

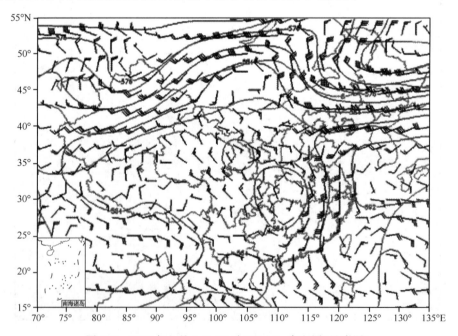

图 7.5 1996 年 8 月 3 日 08 时 500 hPa 高空图(见彩图)

(蓝色线条代表等高线,单位:dgpm;红色线条代表等温线,单位:℃)

7.4　水文气象预报

7.4.1　水文气象预报基本概念

水文气象预报是指将气象和水文有机结合起来,用技术含量较高的水文气象耦合模式对流域水情进行预报,即用实测的水文气象资料、降水预报资料等来研究产流及汇流,从而预报河流及水库的水位、流量情况,继而做出洪水预报,这是水文气象预报中最重要的内容。

洪水预报包括河道洪水预报、流域洪水预报、水库洪水预报等。洪水特征一般用洪峰流量、洪峰水位和洪水过程线来描述。

河道洪水预报,即预报沿防汛河段的各指定断面处的洪水位和洪水流量。天然河道中的洪水,以洪水波形态沿河道自上游向下游运动,各项洪水要素(洪水位、洪水流量等)先在河道上游断面出现,然后依次在下游各断面出现。因此,可利用河道中洪水波运动的规律,由上游断面的洪水位和洪水流量,来预报下游断面的洪水位和洪水流量。根据对洪水波运动的不同研究方法,可得出河道洪水预报的各种方法,常用的有相应水位(或相应流量)法和流量演算法。

流域洪水预报是根据径流形成的基本原理,直接根据实时降雨预报流域出口断面的洪水总量和洪水过程,前者称径流量预报(亦称产流预报),后者称径流过程预报(亦称汇流预报)。流域洪水预报的预见期比河段预报要长些,在一些地区,没有发布河段预报的条件(如一条河上没有上、下游水情站)或预见期太短时,为满足防洪要求,宜采用流域洪水预报的方法。

水库洪水预报主要包括入库洪水预报、水库最高水位和最大出库流量及其出现时间的预报。由于水库大小不同、条件各异,运用方式各有特点,因此水库洪水预报方法和要求也不尽相同。

7.4.2　水文气象预报影响因素

由于降水是陆面水文过程的主要来源,因而降水时空分布的准确测量和预报是水文气象预报中最基本和最重要的问题。海河流域洪水一般由暴雨造成,洪水的特性主要取决于暴雨特性:

(1)暴雨中心位置及移动方向:在子牙河流域岗南、黄壁庄水库上游产流面积较大,考虑地形和土壤岩性影响,当流域降水量分布不均匀时,要按暴雨中心位置及上下游来水情况,对预报值进行修正;在滦河及冀东沿海流域陡河、洋河、邱庄水库的上游均有两条支流组成,受地形和土壤岩性影响,每条支流产流能力差异较大,当降水量分布不均匀时,要按暴雨中心位置对预报值进行修正。

(2)降雨强度:降雨强度的大小,与产流有很大的关系,在预报时应注意。洪水特性除与降水有关外,还受自然地理特征影响,如地形、植被等下垫面条件变化会使得流域产、汇流情况发生变化,因此在预报时应了解流域内地形及植被情况。

7.4.3　水文气象预报方法

水文气象预报是建立在现有的气象预报和水文预报理论和技术之上的,主要有以下三个方面的内容。

7.4.3.1　定量降水估算与预报方法

降水监测与预报是指导防汛采取防御措施的科学依据,因此,研究能满足洪水预报特殊要求的定量降水预报技术是水文气象预报的首要条件。

目前气象定量降水估算与预报技术主要有回归分析法、遥感外推法以及实体模型法(即数值降水预报,如 MM5、WRF 等)。

7.4.3.2　实时洪水预报方法

水文预报中洪水预报方法主要有三类:

(1)经验模型(黑模箱型)

将所研究的流域或区间视作一种动力系统,利用输入(一般指降水量或上游干支流来水)与输出(一般指流域控制断面流量)资料建立某种数学关系,然后由新的输入来推测输出。这种模型只关心模拟的精度,而不考虑输入、输出之间的物理因果关系,代表性模型有简单线性模型(SLM)、线性扰动模型(LPM)、约束线性系统模型(CLS)、线性可变增益因子模型(VG-FLM)、Volterra 函数模型、多输入简单线性模型(MISLM)、多输入线性扰动模型(MILPM)及神经网络模型(ANN)等。

(2)集总概念模型

以水文现象的物理概念为基础进行模拟,它所利用的是一些简单的物理概念和经验关系(如下渗曲线、蒸发公式或有物理意义的结构单元,以及线性水库、线性河段等组成一个系统)来近似地描述水流在流域的运动状态。概念模型对这些物理现象进行了合理概化,具有一定的物理基础,因此得到了大量应用,如斯坦福模型、水箱模型(Tank)、API 模型、萨克拉门托模型、SMAR 模型、新安江模型及 Arno 模型等。

(3)分布式水文模型

与传统的集总式水文模型相比,分布式模型(DHM)的优点可总结为以下几点:具有物理机理,能描述水文循环的时空变化过程;其分布式结构容易与 GCM 嵌套,研究自然和气候变化对水文循环的影响;能及时模拟人类活动和下垫面变化对流域水文循环过程的影响。目前分布式水文模型的理论和技术已趋于成熟,国内外已提出了若干个有代表性的分布式水文模型。

7.4.3.3　建立定量降水预报和洪水预报有机结合的方式

近年来,随着数值天气预报性能的提高,利用定量降水预报增加水文预报的预见期以及提高洪水预报精度已成为可能,也为水文与气象的耦合研究提供了技术支撑。

在水文气象模型耦合方面,中国的水文气象学者也做了许多有意义的探索。高红艳等(2006)使用分布式 DHSVM 模型结合 MM5 中尺度数值模式,对黑河流域上游 2002 年 7 月的降水以及产、汇流过程进行了模拟,用数值方法成功地再现了洪水的流动过程,并于 2006 年在对 Noah 模式改进的基础上,将 Routing 模块通过次网格过程与大气中尺度模式 MM5 耦合,发展了高分辨率大气—水文耦合模型。董官臣等(2006)综合运用三小间区域分布式水文模型、GIS、数值天气预报和 DEM 模型,对三小间的水文—大气耦合致洪暴雨数值预报技术进行了研究,成功地研发了"小浪底水库暴雨致洪预警系统"。杨文发等(2007)以三峡水库入库日平均流量预报为对象,利用中期降水预报信息提出了一种开展中期降雨预报与水文模型耦合的试验方案,并指出了影响中期耦合预报试验的主要因素及改进方向。可见,中尺度大气模式同分布式水文模式的耦合已成为国际水文气象学的热点研究区域。发展基于中尺度数值预报模式的水文预报系统是提供定时定点定量的水文气象预警产品的一个有效途径。

参考文献

董官臣,陈怀亮,杨向辉,等.2007.气象水文耦合暴雨洪水预警技术研究.北京:气象出版社

高红艳,程国栋,崔文瑞,等.2006.陆面水文过程与大气模式的耦合及其在黑河流域的应用.地球科学进展,**21**(12):1283-1292

高红艳,吕世华.2003.2002 年 7 月黑河流域上游降水以及产、汇流过程的模拟.中国科学 D 辑,**33**(S1):1-8

水利部海河水利委员会水文局.2007.海河流域水情防汛调度手册,2-6

杨文发,周新春,段红.2007.三峡水库中期水文气象耦合预报应用试验及探讨.水文,**27**(3):39-42

第8章　天津环境气象预报

8.1　生活指数预报

8.1.1　舒适度指数、炎热指数、风寒指数

目前国内普遍使用的体感温度计算公式大都建立在风寒试验基础之上,均属于纯经验公式,在普适性问题上存在着较大的局限性。本文介绍的体感温度计算公式来源于G. R. Steadman 提出的人体热平衡模式,该模式以物理学和生理学为基础,不仅考虑了气象要素对人体热平衡的综合影响,还考虑了人体生理的基本特点和服装热阻参数,同时也解决了实际应用的普适性问题。模式的计算图表已经在英、美等国家的日常气象服务中得到广泛应用。但由于该模式过于复杂,Steadman 又以模式各参数独立变化的计算结果为样本,用多元回归方法建立了目前使用的体感温度回归方程。Steadman 人体热平衡模式有以下六个输入参数:

①实际气温(℃);

②实际风速(m/s);

③实际水汽压(g/kg);

④实际净辐射(W/m^2);

⑤人体生理参数:人体在各种状态下的呼吸率和新陈代谢率;

⑥服装参数:各种服装的热阻值。

在 Steadman 的回归方程中只保留了前四个气象参数,人体生理参数和服装参数取的是有普遍意义的代表值,即平均体重为 60 kg,平均身高为 1.7 m,平均人体表面积为 1.8 m^2,在以气温为准的着装下约以 4.7 km/h 的步行速度行走时产生的呼吸率和新陈代谢率。因此该回归方程计算得到的体感温度可以解释为:一个健康的成年人按预报的气温着装,在户外以正常速度行走时对天气冷热程度的感觉。

根据计算的体感温度来判别天气的舒适程度、炎热以及寒冷等级,主要判据如表 8.1～8.3 所示。

表 8.1　舒适度(春、秋季)主要判据表

级别	说明	(提示语)	判据(体感温度)/℃
1	天气有点凉		5.0～9.9
2	天气凉爽		10.0～14.9

级别	说明	（提示语）	判据（体感温度）/℃
3	天气温和		15.0～19.9
4	天气暖和		20.0～24.9
5	天气较热		25.0～29.5

表 8.2　炎热指数等级（夏季午间）主要判据表

级别	说明	（提示语）	判据（体感温度）/℃
0	天气凉爽		≤20.0
1	天气舒适		20.0～24.9
2	天气较热	不太舒适	25.0～29.5
3	天气热	不舒适	29.6～33.0
4	天气炎热	不舒适	33.1～36.9
5	天气酷热	容易中暑	≥37.0

表 8.3　风寒指数等级（冬季早间）主要判据表

级别	说明	判据（体感温度）/℃
0	天气舒适	>10.0
1	感觉有点冷	≤10.0
2	感觉较冷	≤5.0
3	感觉冷	≤−5.0
4	感觉较寒冷	≤−10.0
5	感觉寒冷	≤−15.0
6	感觉非常寒冷	≤−20.0

8.1.2　湿热指数

为了揭示炎热程度，这里引进湿热指数。湿热指数包含了气温和相对湿度，其数值的大小表示人体感觉的炎热程度。湿热指数的表达式：

$$H = H(T,h) = T + h \tag{8.1}$$

其中，H 是湿热指数（℃）；T 是气温（℃）。

$$h = 5/9(e - 10) \tag{8.2}$$

式中 e 是水汽压（hPa），且

$$e = 6.11 \times \exp\{5417.7530 \times [(1/273.16) - (1/t_0)]\} \tag{8.3}$$

其中，t_0 是开氏露点温度。

湿热指数的级别和人体感觉程度如表 8.4 所示。

表 8.4　湿热指数等级划分表

湿热指数	舒适程度
<29	舒适
30～39	有些不舒适

湿热指数	舒适程度
40～45	很不舒适,避免活动
≥45	危险
≥54	会中暑

8.1.3　穿衣指数

主要是根据天津的气候特征以及影响体感温度的气温和风速来确定穿衣指数的级别并提示穿衣种类,经验公式如下:

$$Y = 0.61 \times (25.8 - T)/(1 - 0.01165 f_{dj}^2) \tag{8.4}$$

式中,T 为气温;f_{dj} 为风速等级。主要判据如表 8.5 所示。

表 8.5　穿衣指数 Y 的主要判据表

Y 值范围	级别	服务用语
$(-\infty, 1.5)$	1	短衫、短裙、短裤等
$[1.5, 4.0)$	2	短裙、短套装等
$[4.0, 6.0)$	3	棉衫、T恤、牛仔服等
$[6.0, 10.0)$	4	套装、夹克衫、风衣等
$[10.0, 15.0)$	5	夹克衫、西服、外套等
$[15.0, 20.0)$	6	棉衣、皮衣、厚毛衣等
$[20.0, 40.0)$	7	棉衣、冬大衣、手套
$[40.0, +\infty]$	8	羽绒服、手套、呢帽

8.1.4　肠道传染病发病指数

应用最近几年的肠道传染病及气象逐日资料进行多元回归,建立了肠道传染病发病指数预测方程:

$$Y = 5759.3 - 5.443X_1 + 2.9482X_2 + 0.4468X_3 - 14.2744X_4 - 1.0783X_5 \tag{8.5}$$

其中,X_1 为日平均气压,X_2 为日平均气温,X_3 为日平均相对湿度,X_4 为日平均风速,X_5 为日降水量。且该方程通过了 $\alpha = 0.05$ 的显著性检验。

8.1.5　黑湿球温度

黑湿球温度(WBGT)是综合评价人体接触作业环境热负荷的一个基本参量,单位为℃。用以评价人体的平均热负荷,也就是人体在热环境中作业时的受热程度。

8.1.5.1　WBGT 指数预报方法

WBGT 指数是一种经验指数,它利用自然空气干球温度(t_a)、湿球温度(t_{nw})和黑球温度(t_g)来计算,其计算公式如式(8.6)和式(8.7)所示。

(1)室内外无太阳辐射:

$$\text{WBGT} = 0.7t_{nw} + 0.3t_g \tag{8.6}$$

(2)室外有太阳辐射:

$$WBGT = 0.7t_{nw} + 0.2t_g + 0.1t_a \tag{8.7}$$

人体热负荷取决于体力劳动的产热量和环境与人体间热交换的特性，不同热环境人体平均能量代谢率不同。根据 WBGT 指数变化情况，将热环境的评价标准分为四级（见表8.6）。

表 8.6　**WBGT 指数评价标准**

平均能量代谢率等级	WBGT 指数/℃			
	好	中	差	很差
0	≤33	≤34	≤35	>35
1	≤30	≤31	≤32	>32
2	≤28	≤29	≤30	>30
3	≤26	≤27	≤28	>28
4	≤25	≤26	≤27	>27

注：表中"好"级的 WBGT 指数值是以最高工作温度不超过38℃为限。

8.1.5.2　WBGT 指数与健康和作业环境的关系

（1）WBGT 指数与健康状况关系（根据实验结果）：

WBGT 指数/℃	健康状况
21	安全（按需补充水分）
21～25	注意（需立即补充水分）
25～28	当心（需休息）
28～31	警告（停止体力活动）
>31	危险（取消运动）

（2）WBGT 指数与作业环境的关系：

WBGT 指数/℃	作业环境
32.5	容许极轻度的作业
30.5	容许轻度的作业
29.0	容许中度的作业
27.5	容许中度的作业
26.5	容许重度的作业

8.1.6　灰霾预报方法

一般来说，当相对湿度大于 70% 时出现的是"雾"，相对湿度小于 70% 时出现的是"霾"。而出现霾时，能见度少于 10 km 的就属于灰霾现象，5～8 km 属于中度灰霾现象，3～5 km 属于重度灰霾现象，少于 3 km 则是严重的灰霾现象。根据影响能见度的主要气象因子和环境因子，与同期的能见度资料做回归分析，得到灰霾预报方程：

市区：

$$V = -1.3358 - 0.2805S + 0.0203N - 0.0123PM + 195.8621Q \tag{8.8}$$

塘沽区：

$$V = -1.939 - 0.482S - 0.3777N - 0.2766PM + 295.306Q \tag{8.9}$$

方程预报因子：V 为预报能见度（百米），S 为二氧化硫预报指数，N 为二氧化氮预报指数，PM

为可吸入颗粒物预报指数,Q 为预报相对湿度(%)。

根据能见度预报值与相对湿度预报值就能预报灰霾天气。

8.2 花粉浓度预报

植物具有净化环境的功能,然而一部分植物所产生的花粉具有致敏性,使人产生过敏反应。轻者打喷嚏流鼻涕、皮肤瘙痒,重者引发气管炎、哮喘,呼吸困难甚至威胁人的生命。据有限的资料表明中国花粉症0.9%,流行区5%左右。在奥地利花粉过敏占总人口的16.4%、意大利占15.1%、日本占12.5%、西班牙占12.6%。天津花粉过敏占总过敏人数的32.3%,北京地区呼吸道过敏人数中有1/4~1/3的人有花粉过敏问题。花粉过敏症不仅给患者带来身体和精神上的痛苦,而且增加沉重的经济负担。

为了有效地预防花粉症的发生,在花粉传播季节发布花粉浓度预测信息来帮助患者及医生判断病情、躲避花粉、加强个人防护以及提供临床指导是非常有意义的。

8.2.1 花粉季节分布特征

天津花粉一年中存在春季和秋季两个花粉高峰期,图8.1表明第一个高峰出现在春季(3—5月),第二个高峰出现在秋季(8—9月)。4月为春季最高峰值,主要以白蜡、杨树、柳树、椿树等木本植物花粉为主。6—7月大部分植物处于生长期,花粉量少;8—9月各种作物草类植物相继开花吐穗,秋季花粉高峰期随之到来,主要花粉种类有蒿草、豚草、葎草、禾本科、黎科等草本植物。进入10月冷空气活动增多,气温降低,大部分植物枯黄,因此空气中飘浮的花粉迅速减少。

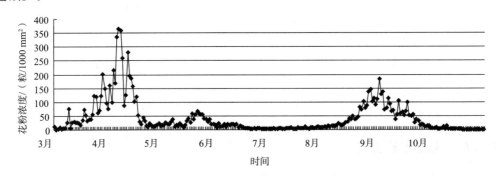

图 8.1　天津花粉浓度逐日分布图

8.2.2 花粉浓度预报等级

花粉浓度等级不仅要表征花粉量的大小,更重要的是能表征它对人体产生影响的程度。花粉浓度等级划分在依据花粉数量的同时,考虑了不同种类花粉致敏特性,如,草本植物花粉致敏性约是木本植物花粉致敏性的2倍。因此花粉浓度等级分别按木本植物和草本植物划分,具体划分详见表8.7。

表 8.7　花粉浓度等级标准

等级	等级描述	木本植物花粉/(粒/1000 mm²)	草本植物花粉/(粒/1000 mm²)	日发病率/(‰)
1 级	低	≤100	≤50	$P<1$
2 级	较低	101～250	51～100	$1≤P<2$
3 级	中等	251～400	101～150	$2≤P<3$
4 级	较高	401～800	151～300	$3≤P<5$
5 级	高	>800	>300	$P>5$

根据多年花粉预报、预防研究，以及花粉等级预报，制定了相应的服务用语，如表 8.8 所示。

表 8.8　花粉浓度等级服务用语表

花粉等级	服务用语
1 级	花粉浓度低，对一般花粉过敏患者几乎无影响，有少数过敏患者可能出现轻微过敏症状，外出时尽量避免皮肤暴露
2 级	花粉浓度较低，有部分花粉过敏者可能引发过敏性鼻炎、皮肤痒、气管炎等过敏症状，过敏患者应尽量减少外出，外出时避免皮肤暴露，应戴口罩等
3 级	花粉浓度中等，比较容易引发花粉过敏症状。过敏症状重者避免外出，症状轻者外出时加强防护。皮肤过敏者外出时应穿长袖衣裤，尽量避免皮肤暴露；呼吸道过敏者外出时戴口罩；眼睛过敏者外出时应戴防护镜；远离开花植物
4 级	在较高花粉浓度条件下，大多数花粉过敏患者受影响，过敏症状容易加重。患者要避免外出，在医生指导下提前用药。必要外出时积极采取防护措施，尽量避免皮肤暴露，应戴口罩等，远离开花植物
5 级	花粉浓度很高，对花粉过敏患者有严重影响，过敏症状加重，有可能引发气管炎甚至哮喘，病情容易出现反复。患者要避免外出，在刮风时关门窗或挂窗帘，阻挡或减少花粉侵入；及时到医院就诊，在医生指导下治疗

8.2.3　花粉浓度预报方法

影响空气中花粉飘散的因素很多，大体上可分为地理性因素、气候性因素、植被因素及人为性因素四大类。目前国内外采用的主要是统计回归预报方法，在掌握花粉季节变化规律的基础上，分析花粉浓度与气象因子之间的关系，筛选出相关性显著且有物理意义的因子，建立花粉浓度预报方程。

8.2.3.1　利用积温预报春季花粉高峰期

气候的冷暖直接影响开花期的早晚，所以用表征某一段时间气候冷暖的指标（积温）作为预报因子具有明显的物理意义。如果冬春季气候偏暖、雨水充沛，有利于植物生长发育，积温越高，则春天树木开花就越早。

花粉预报统计模型：针对天津的主要树种——白蜡、臭椿、柳树三种树木建立了花粉高峰期的预报方程：

$$白蜡：Y=-0.102X+20.943 \tag{8.10}$$
$$臭椿：Y=-0.03956X+23.00147 \tag{8.11}$$
$$柳树：Y=-0.07186X+38.5121 \tag{8.12}$$

其中，X 表示该年从 1 月 1 日至 3 月 25 日 ≥5℃ 的积温；Y 表示该树种当年的开花日期（均以 4 月份日期为准）。

如果 $Y \leqslant 0$，则开花日期出现在 3 月，具体日期为 $Y+31$；如果 $1 \leqslant Y \leqslant 30$，则开花日期为 Y；如 $Y>30$，开花日期就出现在 5 月，具体日期等于 $Y-30$。例如 $Y=35$，那么开花日期（$Y-30=5$）是 5 月 5 日。

8.2.3.2 逐日花粉预报

（1）花粉平峰期

遵从花粉季节分布规律分五个时段进行分析，其中 6 月 16 日—7 月 31 日和 10 月 1 日—10 月 31 日两个时间段花粉浓度相对较少，从多年的统计发现，其花粉浓度均在 50 粒/1000mm^2 以下，在预报时即按一级发布。

（2）花粉峰值期

从图 8.1 看出花粉浓度一年中存在三个峰值期，即春季、初夏和秋季三个时段。三个时段均模拟成二次曲线方程，在预报方程中加入日平均气温的平方作为二次项因子。另外花粉浓度自相关性较好，把花粉浓度本身作为预报因子之一。即将 T 日的花粉浓度及相关气象要素作为预报因子，T+1 日和 T+2 日的花粉浓度的和作为预报量 Y，分别建立花粉浓度预报方程，即

3 月 1 日—4 月 30 日：
$$Y = 78.91A - 1.48A^2 - 43.85B - 21.04C + 1.44D + 2.71E$$
$$+ 3.28F - 3.90G + 1.04H - 3506 \tag{8.13}$$

5 月 1 日—6 月 15 日：
$$Y = -1.15A - 0.02A^2 + 0.84B + 30.22 \tag{8.14}$$

8 月 1 日—9 月 30 日：
$$Y = 56.35A - 0.95A^2 - 11.64B - 0.04C + 1.16D - 0.98E - 2.14F$$
$$+ 14.38G - 7.47H - 0.74I + 1.17J + 157794 \tag{8.15}$$

其中，A：平均气温；B：最低气温；C：气温日较差；D：平均相对湿度；E：降水量；F：平均气压；G：平均风速；H：最大风速；I：日照时数；J：花粉数

上述方程中的各气象因子和花粉数均为前一日的值，方程的结果 $Y/2$ 即为预报结果。三个方程均通过显著性 F 检验。按表 8.7 的标准进行等级划分，预报和实况级别完全相同的达到 84.9%。24 h 客观预报加气象要素订正等级预报准确率达 89.9%，在业务预报应用中效果良好。

8.2.3.3 48 h 花粉预报

为提高预报精度，遵从花粉分布规律，分季节（春、夏、秋）、分阶段设计三种不同预测方案，利用多元线性和非线性回归技术分别建立了花粉预测模型，并对各个方案及预测模型进行了对比分析。结果发现，除夏季以外，多元非线性预报模型优于多元线性回归预测模型，分阶段预测方案优于全花粉季和分季节预测方案。48 h 等级预报准确率达 85.5%。

春季 1（3 月 1 日—4 月 14 日）：
$$Y = 8565.1260 + 0.00145H_1^2 - 0.3295H_1 + 0.1199H_2 - 0.2494H_3$$
$$+ 3.1843T_a^2 - 41.5280T_a + 58.7726R_3 + 44.6077T_{min10}$$
$$- 25.3476T_{max10} + 17.3673V_{a10} - 8.0865P_{10} \tag{8.16}$$

春季 2（4 月 15 日—5 月 14 日）：

$$Y = -397.8377 + 0.1435H_1 + 0.1262H_2 - 0.1588H_3 + 19.7112V_{max} + 0.3886T_{min8}$$
$$- 11.2940T_{max10} + 5.8182T_{a10}^2 - 197.6162135T_{a10} + 2.2301P_{10} \tag{8.17}$$

春季 3（5 月 15 日—5 月 31 日）：

$$Y = 4181.6077 - 0.010329828H_3 - 3.6458P + 2.9844T_{max3} + 9.3476R_8$$
$$+ 2.8353T_{min10}^2 - 65.5544T_{min10} - 7.1668T_{a10} - 14.2244V_{max10} \tag{8.18}$$

夏季 1（6 月 1 日—8 月 10 日）：

$$Y = -361.4048 + 0.0632H_2 + 1.6708T_a - -0.2442RH + 0.7708T_{min10}^2$$
$$- 33.7209T_{min10} - 0.0276T_{max10} - 0.3542T_{a10} + 0.7549P_{10} \tag{8.19}$$

夏季 2（8 月 11 日—9 月 8 日）：

$$Y = -4231.2861 - 0.3344H_1 + 0.1322H_2 + 0.3817H_3 + 10.2585V_{max}$$
$$- 0.6131T_{a10}^2 + 32.9872T_{a10} + 0.6316R_{10} + 9.8489V_{a10} + 3.7292P_{10} \tag{8.20}$$

秋季（9 月 9 日—10 月 31 日）：

$$Y = 1183.4907 - 0.1439H_1 - 0.0006H_2 + 0.1000H_3 + T_{a10}^2$$
$$- 16.1851T_a - 1.0391P_{10} - 0.4476RH10 \tag{8.21}$$

其中，H_1：花粉当日读数；H_2：前两日花粉和（即当日和前一天花粉之和）；H_3：前三天花粉和；T_{min}：最低气温；T_{max}：最高气温；T_a：平均气温；P：平均气压；R：平均降水；RH：平均相对湿度；V_a：平均风速；V_{max}：最大风速；S：日照时数。

8.2.4　花粉预报服务系统

8.2.4.1　预报系统

在 Windows 平台下建立的花粉浓度预报系统，自动读取所需气象资料和花粉数据、进行预报方程运算、输出花粉预报等级及相应的服务用语，同时还设计了在出现故障时手工输入的功能。界面友好，操作简便（图 8.2）。本系统适用于日常业务应用。由于资料年限较短，观测点较少，因此在今后的应用过程中有待进一步完善提高。

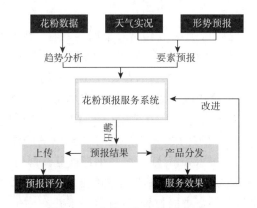

图 8.2　花粉预报流程示意图

8.2.4.2　花粉监测资料上传说明

详细请阅《气传花粉浓度预报》行业标准草案中的 4.1.1 报文名称规定，这里仅给出天津花粉观测站报文名称示例。

（1）天津气象铁塔站：

塔下观测报文　　　　　　　　hftxyymmdd

（yy 表示年，mm 表示月，dd 表示日）

塔上观测报文　　　　　　　　hftsyymmdd

（2）天津塘沽观测站：

塔下观测报文　　　　　　　hftxyymmdd

塔上观测报文　　　　　　　hftgyymmdd

（3）天津蓟县观测站：hfjxyymmdd

示例：54517 00300 10001 23000

说明：第一组表示站号为 54517；第二组表示花粉总数为 300 粒；第三组表示主要是杨树花粉；第四组表示花粉等级为 3。

花粉监测资料上传时间：每日定点将各监测站实况资料上传到局内专用服务器指定的地址。

8.2.4.3　花粉预报服务方式

（1）花粉预报服务范围

政府相关部门、卫生部门、报刊、广播电台、电视台、声讯、网站等。

（2）日常预报服务

报刊、电台、电视台、声讯、网站等媒体。

（3）预警预报服务

当预报等级达到 4 级以上，需要针对花粉过敏人群发出预警提示，并及时传送至卫生相关部门。

8.3　紫外线预报

紫外线是电磁波谱中波长从 $0.01\sim0.40~\mu m$ 辐射的总称（图 8.3）。紫外线的波长愈短，对人类皮肤危害越大。短波紫外线可穿过真皮，中波则可进入真皮。紫外线按其波长可分为三个部分：A 紫外线波长位于 $0.32\sim0.40~\mu m$，紫外线对人们的影响表现在对合成维生素 D 有促进作用，但过量的紫外线照射会引起光致凝结，抑制免疫系统功能，太少或缺乏紫外线照射又容易患红斑病和白内障；B 紫外线波长位于 $0.28\sim0.32~\mu m$，紫外线对人们的影响表现在使皮肤变红和短期内降低维生素 D 的生成，长期接受可能导致皮肤癌、白内障及抑制免疫系统功能；C 紫外线波长位于 $0.01\sim0.28~\mu m$，紫外线几乎都被臭氧层所吸收，对人们的影响不大。紫外线对人类的影响主要表现为 A 紫外线和 B 紫外线的综合作用。

紫外线指数是指，当太阳在天空中的位置最高时（一般是在中午前后，即从上午 10 时至下午 14 时的时间段里），到达地球表面的太阳光线中的紫外线辐射对人体皮肤的可能损伤程度。紫外线指数变化范围用 $0\sim15$ 的数字来表示，通常夜间的紫外线指数为 0，热带、高原地区、晴天时的紫外线指数为 15。当紫外线指数愈高时，表示紫外线辐射对人体皮肤的红斑损伤程度加剧，同样地，紫外线指数愈高，在愈短的时间里对皮肤的伤害也愈大。

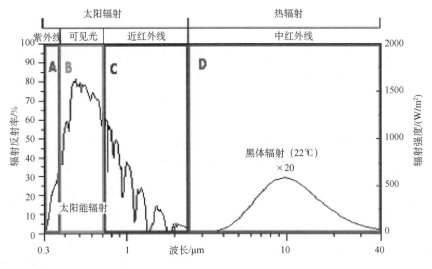

图 8.3　太阳辐射光谱曲线和热辐射光谱曲线图

　　近年来,由于平流层臭氧遭到日趋严重的破坏,地面接收的紫外线辐射量增多,引起人们广泛的关注。为此,世界各国的环境科学家都提醒人们应该十分注意紫外线辐射对人体的危害,并采取必要的预防措施。

8.3.1　天津紫外线辐射状况

　　应用 2005—2007 年天津气候观测站每天 10 时至 14 时的紫外线自动监测资料分析得知,一年中 3—9 月紫外线平均值都在 15 W/m² 以上,紫外线强度都达到了 4 级标准。其中紫外线平均值 4 月为最高,这主要是因为 4 月太阳高度角逐渐增大,天津地区空气湿度低,多晴天,而且空气洁净度较高。全年最低值是 12 月和 1 月,这时太阳高度角最低,辐射量最小。其次5—7 月属于较高的月份,此时太阳高度角最大,到达大气层顶的太阳辐射最多,但是由于地面湿度增加,天空云量开始增多,大量水汽反射和吸收了许多太阳辐射,因此到达地面的紫外线不如 4 月多(见图 8.4)。

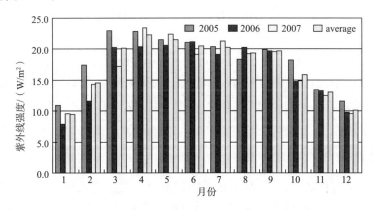

图 8.4　2005—2007 年天津各月紫外线强度分布图(见彩图)

8.3.2　影响紫外线强度的气象要素分析

紫外线在穿过大气到达地面时会受到很多因素影响,从而改变它的强度。这些因素包括臭氧、云量、云状、降水、雾霾、空气质量、海拔高度和下垫面状况等。在一般情况下这些要素会减弱紫外线强度,但是有时由于零散云团的边缘反射而增加达到地面的紫外线。

8.3.2.1　臭氧对紫外线的吸收作用

自然界中的臭氧,大多分布在距地面 $20\sim50$ km 的大气中,称之为臭氧层。这臭氧层正是人类赖以生存的保护伞。它吸收了大量的紫外线,反过来紫外线在臭氧层中又制造出来臭氧。太阳光线中的紫外线分为长波和短波两种,当大气中(含有 21%)的氧气分子受到短波紫外线照射时,氧分子会分解成原子状态。氧原子的不稳定性极强,极易与其他物质发生反应。如与氢(H_2)反应生成水(H_2O),与碳(C)反应生成二氧化碳(CO_2)。同样的,与氧分子(O_2)反应时,就形成了臭氧(O_3)。臭氧形成后,由于其比重大于氧气,会逐渐地向臭氧层的底层降落,在降落过程中随着温度的变化(上升),臭氧不稳定性愈趋明显,再受到长波紫外线的照射,再度还原为氧。臭氧层就是保持了这种氧气与臭氧相互转换的动态平衡。

8.3.2.2　云量、云状和降水对紫外线的削弱作用

云量、云状反映了大气中水分的多少。大气中的水汽除了能吸收红外光以外,还能反射和散射紫外线。对于系统性的云或者大片的云系,含有大量的水滴或者冰晶,由于反射和散射作用能阻挡紫外线达到地面的数量,从而削减紫外线的强度。而对于一些零散的云团,由于其边缘的反射反而还会增加紫外线的强度。

8.3.2.3　空气质量对紫外线的影响

大气中的固体颗粒同样对紫外线起到反射和散射作用。空气质量好的时候,空气中的颗粒物相应较少,从而减少了紫外线在传输过程中的损失;空气质量差的时候,空气中的污染物以及颗粒物增多,阻挡了到达地面的紫外线数量,从而减弱了紫外线强度。最为显著的例子就是沙尘暴发生时会出现白天比较黑暗的现象。

8.3.2.4　雾霾天气对紫外线的削弱作用

灰霾天气时,大气中的水滴和固体颗粒物增加,有效地阻挡了紫外线到达地面,从而减弱了紫外线的强度。

8.3.2.5　海拔高度和下垫面状况对紫外线的影响

随着海拔高度的增加,大气密度减小,因此大气变得稀薄,对紫外线的吸收也相应减少,因此到达地面的紫外线增加。海拔高度每上升 1000 m,紫外线强度会增加 12%。另外,人体吸收到的紫外线也和地表的反照率有关。例如在沿海地区的海滩上,沙子会反射部分紫外线。

8.3.3　紫外线对人体的伤害

当皮肤受到紫外线的照射时,人体表皮层中的黑色素细胞开始产生黑色素来吸收紫外线,以防止皮肤受到伤害。长时间的紫外线照射会引起大量黑色素沉积在表皮层中,成为永久性的"晒黑"痕迹。

人们现在都已经普遍地认识到,过多地遭受紫外线辐射后容易引起皮肤癌和白内障。

有资料报道,皮肤癌的发生率在澳大利亚是 10 万人中有 800 人;在美国是 10 万人中有

250 人；在日本，据估计目前大约是 10 万人中有 5 人，日本的环境和医学专家警告人们，或许不久日本也会达到欧美和澳大利亚这样的皮肤癌的发生率，出现这种危险的状况只是时间迟早的问题。在中国，虽然到目前为止还没有皮肤癌发生率的确切估计和报道，但是，国外的经验和教训告诉我们，对此事必须给予充分重视。

此外，紫外线辐射还会加速各种有机和无机材料的化学分解和老化；海洋中的浮游生物也会因紫外线的照射而使其生长受到影响甚至死亡；紫外线辐射对包括人在内的各种动、植物的生理和生长、发育带来严重危害和影响。

8.3.4　紫外线辐射侵袭的防护

紫外线辐射最强的时间是 10 时至 15 时，因此在户外工作或走动者，应尽量避免在这段时间晒太阳，如这段时间内必须在户外工作，最好采取自我保护措施，避免紫外线的辐射。可以戴帽子、打伞、戴墨镜、穿有色泽的衣服，以黑色、深色最好。深色衣服可以有效预防紫外线的辐射，可以最大限度地保护某些特殊行业工作的人群，如建筑工人、筑路工人、农民、渔民等。当然，深色衣服吸收红外线可引起不适，出现闷热、出汗、口干等。白色的衣服不能有效地防止紫外线的辐射，而尼龙、大可伦等织物对紫外线的防护明显优于棉织品。

遮光剂可保护皮肤，免于或减少紫外线的辐射，常用的有水杨酸苄酯、5％二氧化长钛乳剂等制剂。目前各大百货商店均有出售具有防止紫外线吸收及增白功能的护肤霜或擦剂，可在外出前涂抹 1～2 次。而防止皮肤老化，可选用 0.05％维 A 酸霜外擦，对皮肤增生或角化可外用 5—Fu 霜（5—氟尿嘧啶霜）。

如果已经被晒伤，肤质变红、发烫，最好上医院就诊。晒伤后的皮肤特别干燥，此时应涂抹护肤乳液、凡士林等加以保护。必要时，医生可根据患者晒伤程度开些口服药物，以缓解患者皮肤的血管扩张、发炎等症状。

总之，长期暴露于日光下工作或活动，必须引起注意。日光可诱发与日光有关的各类皮肤病，但是否发病取决于个人防护措施，与个人免疫功能及遗传也有着密切的关系。此外，对长期户外工作的人来说，定期进行体格检查对预防与日光有关的皮肤病有着重要意义。

8.3.5　紫外线预报

选取影响紫外线强度的各气象因子作为预报因子，分别采用物理方法和经验方法对紫外线强度进行预报。

8.3.5.1　物　理　法

物理法主要是根据太阳光的紫外辐射量经过大气层到达地面的多少来计算紫外线强度，其具体方法如下：

$$s = 0.043 \times 1382 \times (0.944 - 0.098shzd) \times (\sin(dblat \times PI/180) \times \sin(dbScw)$$
$$+ \cos(dblat \times PI/180) \times \cos(dbScw)) \times fnn \times (1 + 0.00016 \times sHse) \tag{8.22}$$

式中，s 为到达地面的紫外辐射强度；$shzd$ 为浊度系数；$dblat$ 为纬度；$dbScw$ 为太阳赤纬；fnn 为云的衰减；$sHse$ 为海拔高度。

其中，天津的平均浊度系数为 4.0，各月的浊度系数订正系数分别为：1.4（12、1 月），1.3（2月），1.1（3、11 月），1.0（4 月），0.9（5、9、10 月）和 0.8（6、7、8 月）。

云的衰减（sYn 表示总云量）情况如下：

$sYn < 3$ 时，$fnn = 1 + 0.0053 \times sYn - 0.0133 \times sYn \times sYn$　　　　(8.23)

$3 < sYn \leqslant 7$ 时，$fnn = 1.121 - 0.075 \times sYn$　　　　(8.24)

$7 < sYn \leqslant 9$ 时，$fnn = 0.3548 + 0.2283 \times sYn - 0.02758 \times sYn \times sYn$　　(8.25)

$sYn = 10$ 时，$fnn = 0.08$　　　　(8.26)

8.3.5.2　经验预报方法

通过对近几年天津城区紫外线观测资料与不同天气条件的对比分析，统计出各月不同的天空状况下的紫外线强度分布，以此为判别依据，根据预报的未来天空状况，找出相应的紫外线级别，也可以达到预报的目的，此法也可以称之为相似法。

8.4　森林火险预报

该流程要求预报员能够了解本地蓟县春季森林火险气候背景及形成蓟县森林火险有利的天气条件及环流形势。随着森林面积增加以及气候变暖，发生森林火灾风险也越来越大。

8.4.1　森林火险气象等级标准

天津市气象局参照《全国森林火险气象等级》规定，根据春季空气温度、相对湿度、降雨、风力四个要素变化确定森林火险天气等级。同时，依据火险等级的危险程度、燃烧程度和蔓延程度确定了天津森林火险气象等级5个级别标准，其中，1级火险等级最低，危险程度最低，不燃烧也不蔓延；2级为低火险，有较低危险，难燃烧也难蔓延；3级为中等火险，有中度危险，能燃烧也能蔓延；4级为高火险，有高度危险，易燃烧也易蔓延；5级极高火险，有极度危险，极易燃烧也极易蔓延。

8.4.2　森林火灾与环境气象条件

天津森林防火期划定从当年10月至次年5月。对蓟县春季3、4月火灾个例分析发现，大多数火灾的发生、蔓延都具备了前期干旱少雨、当日气温变幅大、空气干燥、多风的天气气候背景；而相对湿度增加、空气潮湿、气温稳定少变、风弱在一定程度上有阻止森林火灾发生的作用。统计2001—2006年春季3、4月发生的森林火灾，多数火灾发生前期连续多日无明显降水过程，连续6 d以上日降水量小于0.5 mm的火灾发生率为76.7%。火灾发生的当天均没有降水，同时，14时相对湿度均低于45%，相对湿度小于25%的火灾发生率为83.9%；14时风速≥3.5 m/s(达到3级或以上)的火灾发生率为55.4%；14时气温距平的绝对值超过2℃的火灾发生率达到73.2%。

8.4.3　预报着眼点

预报春季蓟县森林火险预报的着眼点主要有：①高空低层850 hPa形势场表现为南北低或西高东低的环流形势；②关键区40°N～50°N，110°E～130°E范围内有明显的冷暖平流；③平流夹角几乎垂直；④等温线比较密集；⑤冷暖空气具有一定的势力；⑥槽前或槽后高空低层风速大于12 m/s，这些是预报森林火灾发生的可能性有积极的作用。

8.4.4 森林火灾发生的有利天气形势

对春季森林火灾发生的天气形势进行统计分析结果表明,南高北低、偏南大风的天气形势和西高东低、偏北大风的天气形势有利于火灾的发生和蔓延(表 8.9)。

表 8.9 850 hPa 和地面天气模型表

	南高北低、偏南大风型	西高东低、偏北大风型
850 hPa	高空槽前,有暖平流配合	槽后脊前,有冷平流配合
	等温线较密集	等温线较密集
	西南风≥12 m/s	西北风≥12 m/s
地面	低值区	冷锋过境

(1)南高北低、偏南大风型:亚欧 850 hPa 形势场呈南高北低的环流形势,在 40°N～50°N、110°E～125°E 范围内,有低压或低涡存在。这些低压与低涡更集中在 43°N～48°N、110°E～123°E。天津处在低压或低涡底部的高空槽前,强暖平流中,平流夹角几乎成直角。850 hPa 西南风速不小于 12 m/s,温度露点差大于 7℃,甚至温度露点差大于 25℃,表明低层空气湿度非常小。同时,地面气压场表现为,40°N～50°N、110°E～125°E 范围内,有低压或低压带,冷锋呈东北—西南向,锋面一般位于东北西北部至河套北部,天津处于锋前。入海高压中心一般在 30°N～37°N、123°E～128°E,从入海高压中心至冷锋之间的气压梯度相对比较密集,一般在 5个纬距内,气压差会超过 10 hPa。这就形成了典型的南高北低的偏南大风形势。如果天津的高空低层 850 hPa 环流场和地面气压场正处在这种形势下,则地面多以偏南风为主。例如,2004 年 3 月 28 日就是一次比较典型的南高北低、偏南大风型的天气形势(图 8.5)。

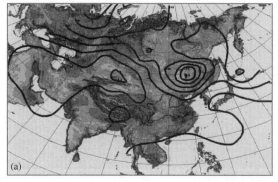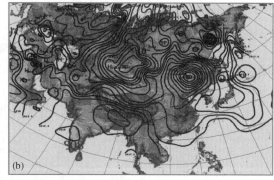

图 8.5 2004 年 3 月 28 日 08 时天气形势图
(a)850 hPa 环流形势;(b)地面形势

(2)西高东低、偏北大风型:亚欧 850 hPa 形势场呈西高东低的环流形势,在 42°N～50°N、115°E～128°E 范围内有低压或低涡,天津处于涡后脊前的西北气流中,有明显的冷平流与之配合,平流夹角几乎垂直。等温线较密集,一般在 5 个纬距内的温差在 12～18℃。850 hPa 西北风的风速≥12 m/s。在 42°N～50°N、107°E～115°E 范围内是地面高压所在地,而在 42°N～50°N、115°E～128°E 范围内有低压或低压带,冷锋从中国的东北部经渤海再到内陆,并呈东北—西南向分布,锋后气压梯度较大,一般在 5 个纬距内,气压差在 10～12 hPa。锋后的西北风风速≥12 m/s。天津处在地面冷锋后的脊前西北气流中,这就形成了典型的西高东低的偏北大风型的天气形势。例如,2005 年 4 月 21 日即是一次比较典型的西高东低、偏北大风型的天气形势(图 8.6)。

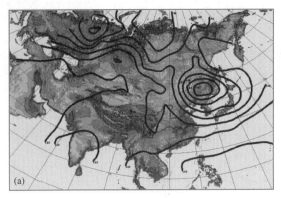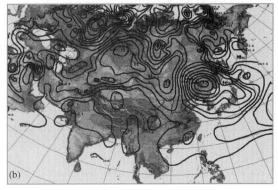

图 8.6　2005 年 4 月 21 日 08 时天气形势图

(a)850 hPa 环流形势;(b)地面形势

8.5　地质灾害气象预报

地质灾害气象预报是一种全新的地质灾害监测预警手段,主要针对山区因气象因素(降雨)诱发的区域突发性地质灾害——滑坡、泥石流、崩塌等开展监测预报预警。天津规划和国土资源局与天津市气象局联合,从 2004 年度开始开展天津市汛期地质灾害气象预报预警工作。从 2004 年至 2009 年共对外发布了多次三级地质灾害预警信息,受到了社会各界的广泛关注,对天津山区突发性地质灾害的防治起到了较好的效果。

8.5.1　预警区域划分

预警地质灾害类型包括滑坡、泥石流、崩塌等突发性地质灾害。根据蓟县地质条件、地形地貌特征、区域降雨资料与历史地质灾害事件之间的影响关系,将天津蓟县山区划分为两个地质灾害气象预警区(图 8.7),即蓟县北部低山丘陵区,包括下营、罗庄子、孙各庄、穿芳峪、官庄等乡(镇);于桥水库南部低山丘陵区,包括别山、五百户等乡(镇)。

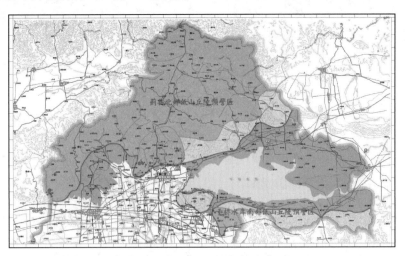

图 8.7　天津蓟县山区地质灾害气象预警分区图(见彩图)

8.5.2　地质灾害警报级别划分

根据《国土资源部和中国气象局关于联合开展地质灾害气象预报预警工作协议》及中国地质环境监测院编写的《地质灾害气象预报预警技术要求》,将天津的地质灾害气象预警等级划分为 5 个级别,分别用不同的预报术语进行预报,见表 8.10。

表 8.10　天津地质灾害气象预警等级划分及预报术语表

等级	预报术语
1 级	地质灾害发生的可能性很小(发生的概率<20%)
2 级	地质灾害发生的可能性较小(发生的概率为 20%~40%)
3 级	地质灾害发生的可能性较大(发生的概率为 40%~60%)
4 级	地质灾害发生的可能性大(发生的概率为 60%~80%)
5 级	地质灾害发生的可能性很大(发生的概率>80%)

1~2 级一般不向社会发布,3~5 级发布地质灾害预警信息。其中,3 级在预报中为注意级(可以诱发,需注意防范);4 级在预报中为预警级(容易诱发,需加强防范);5 级在预报中为警报级(特别容易诱发,需严密防范)。2013 年新的地质灾害气象风险等级按 4 个级别,即 4 级(有一定风险)、3 级(风险较高)、2 级(风险高)、1 级(风险很高)。

8.5.3　预警判据的建立

由于蓟县山区大部分历史地质灾害事件发生的时间距今较久远,绝大部分缺乏准确的历史记录档案,目前对地质灾害事件与过程降雨量和瞬时降雨量之间的相互依赖关系的研究尚不完善。为解决这一问题,在历史降雨量的基础上,对有准确记录的地质灾害事件建立其相应的气象对应关系,同时参考蓟县周边地区如玉田县、遵化市、迁西县、兴隆县等历史地质灾害事件的发生规律,来确定天津地质灾害气象预报预警判据模板。通过研究有关资料发现,天津大部分地质灾害事件的发生主要与当日降雨量以及前 5 日内的过程降雨量的诱发因素关系密切。因此,为便于实际工作中的可操作性,天津地质灾害预警区临界降雨量判据模板主要采取未来 1 日降雨量或 5 日内过程降雨量模式,在连续降雨条件下采用 15 日过程降雨量模式。

8.5.3.1　蓟县北部低山丘陵区

蓟县北部低山丘陵区属于地质灾害中易发区,预警临界降雨量判据值应提高。

(1)5 日过程降雨量判据模板(表 8.11)

表 8.11　蓟县北部低山丘陵区 5 日过程降雨量判据表(单位:mm)

过程	3 级	4 级	5 级
1 日	80~140	140~180	>180
3 日	180~260	260~300	>300
5 日	300~350	350~380	>380

（2）15 日过程降雨量判据模板（表 8.12）

表 8.12　蓟县北部低山丘陵区 15 日过程降雨量判据表（单位：mm）

过程降雨量	1 日	2 日	4 日	7 日	10 日	15 日
最小	80	140	230	310	370	400
最大	180	230	320	400	450	500

8.5.3.2　于桥水库南部低山丘陵区

于桥水库南部低山丘陵地带属于地质灾害低易发区，预警临界降雨量判据值应当适度提高。

（1）5 日过程降雨量判据模板（表 8.13）

表 8.13　于桥水库南部低山丘陵区 5 日过程降雨量判据表（单位：mm）

过程	3 级	4 级	5 级
1 日	90～170	170～220	＞220
3 日	240～300	300～350	＞350
5 日	350～380	380～420	＞420

（2）15 日过程降雨量判据模板（表 8.14）

表 8.14　于桥水库南部低山丘陵区 15 日过程降雨量判据表（单位：mm）

过程降雨量	1 日	2 日	4 日	7 日	10 日	15 日
最小	90	170	260	320	400	450
最大	220	300	350	440	500	550

8.6　空气污染预报

8.6.1　天津市区近年来的污染状况

应用 2002—2007 年天津市区 12 个自动监测站的平均污染资料进行分析统计，可以发现（图 8.8），SO_2 污染浓度一直呈现增加趋势，到了 2006 年才开始有所下降，但是污染物浓度都超过了二级标准的限值（0.06 mg/m³）；NO_2 污染浓度一直变化不大，总体围绕在 0.05 mg/m³ 波动，也超过了 NO_2 的二级标准限值（0.04 mg/m³）；而 PM_{10} 污染浓度一直呈现下降趋势，只是到了 2006 年又有所增加，同样也超过了 PM_{10} 的二级标准的浓度限值（0.10 mg/m³）。可见从污染物的年均值来看，天津市区的污染状况不容乐观。

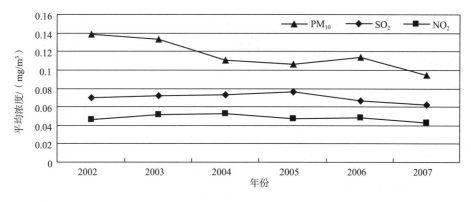

图 8.8　2002—2007 年天津市区 SO_2、NO_2、PM_{10} 年平均浓度变化图

从污染物的月变化(图 8.9)可以看出,SO_2 呈现明显的季节变化,从 1 月开始单调下降,到 7 月达到年内最低,然后开始回升,到 1 月份又达到年内最高。这样的变化特点和 SO_2 的源排放和天津市区的冬季取暖密切相关。NO_2 和 SO_2 呈现相似的变化特点,只是其月变化幅度不如 SO_2 剧烈。而 PM_{10} 的变化比较复杂,年内最高值出现在 4 月份,最小值出现在 7—8 月,而冬季又出现次高值。这主要和春季天气干燥,易发生沙尘天气,增加了 PM_{10} 的污染浓度。

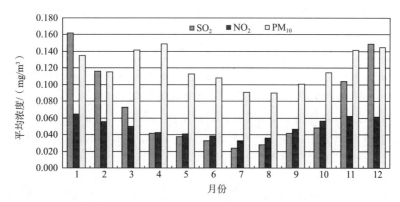

图 8.9　2002 年—2007 年天津市区 SO_2、NO_2、PM_{10} 月平均浓度变化图(见彩图)

从另外的角度来看,在非取暖季(4—10 月)SO_2 污染浓度都达到了二级标准水平,NO_2 有 4 个月(5—8 月)达到了二级标准水平;而 PM_{10} 有三个月(7—9 月)达到了二级标准水平。取暖季(11 月至次年 3 月)SO_2、NO_2 和 PM_{10} 污染浓度均超过了二级标准水平。

由此可见,天津市区 8 月份的污染物浓度水平是一年中最低的,空气质量也是一年中最好的月份。

8.6.2　空气污染预报方法

空气中的污染物浓度一般与污染源的排放和气象条件有关。对于城市区域,在一定时间内污染源的排放被认为是恒定的,因此空气质量很大程度上依赖于当时的气象条件。当出现有利于污染物扩散的气象条件时,空气质量就好;而出现不利于污染物扩散的气象条件时,空气质量就会变差,容易出现污染现象。

按照预报模式性能的不同,空气污染预报可分为潜势预报、统计模式和数值模式预报三类。按照污染预报的要素不同,可分为污染潜势预报和空气污染浓度预报,统计方法和数值模式方法都属于浓度预报,如果采用数值预报模式和统计预报模式两种方法相结合,有利于预报结果的对比验证。

8.6.2.1 空气污染统计预报方法

由于气象因子较多,下面对影响空气质量最为显著的几个因子进行分析,找出其与污染物浓度的相关关系,以便建立统计回归方程,开展空气质量预报。

1)影响空气质量的气象因子的选定

(1)天气形势

空气中各污染物浓度和天气形势有着非常密切的关系,通过近年来的预报经验及污染物浓度与天气形势的对比分析,发现天气形势是最直接影响空气质量的因素。不同天气形势产生不同的气象条件,从而影响环境空气中污染物浓度。通过对影响天津地区主要天气形势分析,主要的天气形式有 9 种:A 类是华北小低压(华北地区因地形原因造成的局地弱低压);B 类是均压场(华北地区为弱气压梯度,天气图上多数无等压线存在);C 类是低压前(京津地区处于暖气团的控制,偏南到西南气流);D 类是高压后(处于冷气团中,偏南或东南气流);E 类是低压(京津地区完全处于一个完整的低压之中);F 类是平直型(京津地区处于南高北低或北高南低的气压场中,气流比较平直);G 类是高压(京津地区完全处于一个完整的低压之中);H 类是高压前(冷锋过境后,风力明显减小);I 类是低压后(冷锋过境后)(图 8.10)。

天津典型天气分型对于气体污染物 SO_2 和 NO_2,最大值出现在均压场天气形势中,而对于可吸入颗粒物 PM_{10} 而言,最大值出现在华北小低压的天气形势中。其主要原因是在均压场中,气压梯度很弱,地面基本为静风,同时低层还会出现逆温层,抑制了污染物的稀释扩散。所以对于气体污染物在均压场天气形势出现时,会形成高污染浓度。对于 PM_{10},尽管在均压场中也会形成高污染浓度,但是由于颗粒物的沉降作用会降低 PM_{10} 的浓度,而在华北小低压的天气形势中,不仅不利于 PM_{10} 的扩散,而且由于风向和风力的作用反而还会增加 PM_{10} 的污染浓度,因此在华北小低压天气形势中,PM_{10} 更容易出现高污染浓度。

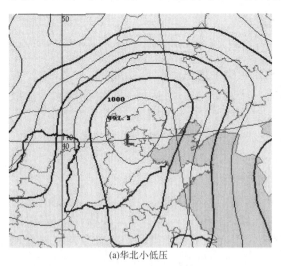
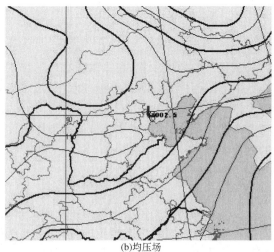

(a)华北小低压　　　　　　　　　　　　　　　　(b)均压场

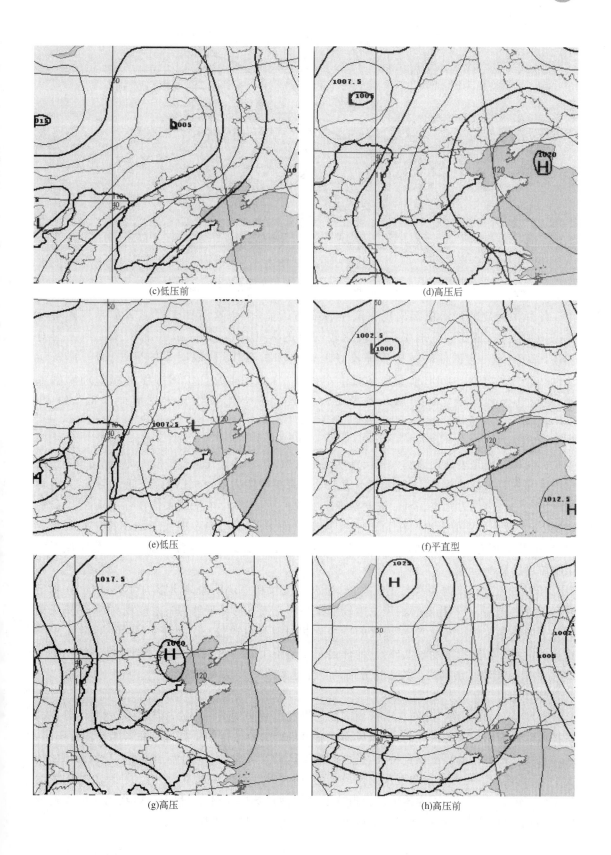

(c)低压前

(d)高压后

(e)低压

(f)平直型

(g)高压

(h)高压前

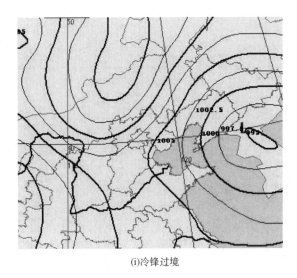

(i)冷锋过境

图 8.10　引起天津空气污染的典型天气分型图

各种污染物的最小值都出现在低压后或高压前,由于这两种天气形势都是伴随着冷锋过境的过程,地面和近地层会出现比较明显的偏北风(或东北或西北风),大风不仅对气体污染物同时对固体污染物都有较好地输送和扩散作用(取暖季的 PM_{10} 例外),从而降低污染物的浓度。同时前期还会有降水出现,降水能把空气中的固体颗粒物冲刷到地面,对空气起到了净化的作用。雨水还会与 NO_2 和 SO_2 发生化学反应而降低 NO_2 和 SO_2 在空气中的浓度。

(2)大气稳定度

大气稳定度是表征近地层大气层结状况的参数,代表了大气垂直扩散能力,空气中各污染物浓度与它有较好的相关性,即大气不稳定时垂直扩散能力强,空气的自净能力也强,大气稳定时空气的自净能力就差。SO_2 浓度与稳定度的关系是:SO_2 浓度最大值往往出现在 B、C 稳定度下,而最小浓度值会出现在 D、E 稳定度下。而 B、C 类型稳定度属于弱不稳定到不稳定层结,D、E 类型稳定度属于弱稳定到稳定层结。这主要是由于污染源的影响大于稳定度对污染物浓度的影响所致。

NO_2 的主要污染源是汽车尾气排放,受汽车流量和稳定度的共同影响,NO_2 浓度在稳定时污染浓度较高,在不稳定时污染浓度较低。高污染天气形势下的污染浓度较高,低污染天气形势下的浓度较低。同时 NO_2 浓度的日变化相对幅度也比较小。对于 PM_{10} 而言,除了极不稳定的情形下污染物浓度较低外,其他任何层结情形下都有可能出现高污染浓度。这主要与 PM_{10} 的来源比较复杂有关。关于这方面的工作还需进一步深入研究。

(3)风向

受城市布局的影响,分布在市区周围的污染源也是非常不一致的,由于污染物是沿着风向来扩散传输而影响下游区域的,所以风向在城区的污染物浓度的贡献也是非常明显的。同时,风向也反映出城区的辐散辐合特征,进而影响城区的空气质量。对于天津市区,在偏南风的情况下,无论任何一种污染物浓度都是比较高的,而在偏北风的情况下,任何一种污染物的浓度都是较低的。这主要是因为偏南风会造成城区地面风场的辐合,不利于污染物的扩散而造成堆积,而偏北风会在城区地面造成辐散,比较有利于污染物的稀释扩散。

（4）风速

空气中污染物浓度和风速呈现出较好的反相关，即风速越大，污染物浓度越小。风速越小，污染物浓度加重。而在干燥季节或有沙尘天气发生时，对于 PM_{10} 有着另外的变化特点，即风速越大，PM_{10} 的浓度越大。

（5）前期污染物浓度

众所周知，由于污染物的累积效应，前期的污染物浓度对未来的空气质量有着比较直接的影响。前期污染物浓度高时，即使出现比较有利的天气条件的情况下，也会延长污染物消散的时间，从而减缓污染物减轻的力度。如果在未来不利的天气条件下，就会由于污染物的累加聚集作用，会加重污染的程度。

通过以上分析，在天津市区影响空气质量的最主要因子主要有天气形势、大气层结稳定度、风向风速和前期污染物的浓度等。当然降水（尤其是降水时间和降水量）对污染物的冲刷作用也是很明显的，也是大气自净能力的体现。另外沙尘和雾天气也会造成城区的空气污染，这些极端天气需要作为特殊个例单独来分析。一般情况下，选取以上因子与污染物监测资料进行回归统计，建立多元线性回归方程来预报未来城区的空气质量。

2）统计预报方程的建立

应用逐时的污染物监测资料与同步的气象因子资料，采用多元线性回归统计方法，得出天津市区空气质量预报的经验统计方程，将预报的气象因子代入方程就可以计算出未来的污染物浓度及指数。由于方程较多，在此不一一列举。

8.6.2.2　空气污染模式预报

大气污染物浓度数值预报，一般是在气象场预报模式的基础上数值求解污染物的有源汇传输扩散方程，需要较详尽的源强及其时空分布资料和时空分辨率很高的气象预报模式。CAPPS 模式系统在全国范围内则可进行污染气象条件或大气污染潜势指数预报，它将在大尺度范围内给城市大气污染浓度预报提供很有意义的气象背景。为了预报大气污染潜势，对平流扩散方程积分后进行了物理分析，建立对实时监测浓度有记忆能力且能感受非临近地区浓度的箱格积分模型，找出能代表大气对污染物清除或稀释能力的量，即大气污染潜势指数 PPI，并将它与可预报的气象要素联系起来。在潜势预报的基础上发展了由前期污染物浓度及气象场监测值进行浓度预报的无源参数的箱格数值预报模式。

（1）CAPPS 模式主要技术指标

预报范围：3660 km×2760 km。

预报时段：可作 24 h 预报，每 3 h 一次输出。

预报要素：各网格点上、各城市或区域或站点的 PPI 指数和 SO_2、NO_2、PM_{10}、CO 等污染物的 PSI 指数。

（2）CAPPS 模式网格结构

水平网格为 46×61，格距 60 km，模式网格中心点可以移动（图 8.11）。

垂直方向分为 10 层，采用 σ 坐标系（图 8.12）：

$$\sigma = (p - p_t)/(p_s - p_t),$$

其中，p_s 为地表面气压，p_t 为模式顶气压。

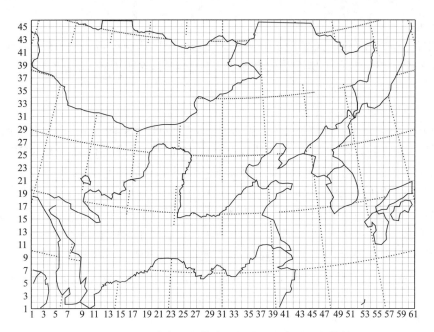

图 8.11　以北京为中心的模式预报范围和水平网格结构图

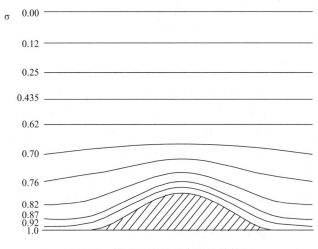

图 8.12　模式系统的垂直网格结构图

（3）CAPPS 模式输入参数和实时资料

模式系统所需的参数有：模式网格中心点的经纬度；各网格点所属的地区号；所要预报的各城市或区域的经纬度、面积、所在区的区号、A 值（GB3840－91）。地形特征值是由分辨率为 $10'$ 的地形高度资料经客观分析到网格点上得到的。地表特征只分两类：陆面和水面。

输入模式系统的实时资料：探空资料和初始时刻污染物浓度监测资料。探空资料为每日 08 时或 20 时探测的地面和 850 hPa 到 100 hPa 各规定等压面上温、压、湿和风。环境监测站每日 12 时公布的污染物 SO_2、NO_2、PM_{10}、CO 日平均浓度。

（4）CAPPS 模式在天津滨海新区空气质量预报中的应用

为了验证 CAPPS 模式对天津地区空气质量预报的效果，于 2003 年 12 月至 2004 年 2 月，在天津市滨海新区的泰丰站和永明路站使用 CAPPS 模式对 SO_2、PM_{10} 和 NO_2 的日平均 PSI

值,逐日进行了预报,同时有预报值与监测值的日数为 52 d,并将模式预报结果应用实际监测级别进行 TS 评分。其具体评分办法如下:

$$预报准确率 = \frac{污染等级预报正确的天数}{有效预报的总天数} \times 100\%$$

$$空报率 = \frac{污染等级预报偏高的天数}{有效预报的总天数} \times 100\%$$

$$漏报率 = \frac{污染等级预报偏低的天数}{有效预报的总天数} \times 100\%$$

其中,有效预报总天数为 54 d,具体计算数字见表 8.15。可见,CAPPS 模式对滨海地区三种污染物的级别预报准确率都超过 65%。对于泰丰站,NO_2 的预报效果最好,空报率和漏报率最低;SO_2 的漏报率较高,PM_{10} 的空报率偏高。对于永明路站,SO_2 的预报效果最好,空报率较低,而漏报率偏高;NO_2 的预报效果次之,但空报率较高;PM_{10} 的预报效果最差,漏报率也偏高。主要原因是泰丰站的 NO_2 和永明路站的 SO_2 的监测浓度变化比较平稳所致。由此,可以看出,CAPPS 模式对污染物的预报效果还是比较不错的,应用 CAPPS 模式可以在滨海地区的污染预报中发挥作用。

表 8.15　CAPPS 模式在滨海地区预报 TS 评分表

测站(污染物)	泰丰站			永明路站		
	SO_2	NO_2	PM_{10}	SO_2	NO_2	PM_{10}
预报准确率	66.7%	83.3%	66.7%	74.1%	70.4%	64.8%
空报率	14.8%	7.4%	22.2%	7.4%	18.5%	11.1%
漏报率	18.5%	9.3%	11.1%	18.5%	11.1%	24.1%

(5)CAPPS 模式在天津污染潜势预报中的应用

图 8.13 是应用 CAPPS 模式预报的 2006 年 9 月 14 日至 17 日污染潜势图。从图中可以清楚地看到污染潜势随时间的变化情况。从天气图可以看出,9 月 14 日 500 hPa 图上在蒙古中部到河套以南地区有一个高空槽,中国东北部地区都处于高空槽前,地面图上从东北到长江流域都处于高压中心带中,地面风力较弱,大部分地区都有轻雾或雾出现,一直到 16 日高空一直被一弱高压脊控制,地面维持稳定的高压,这种弱梯度场的形势造成扩散条件减弱(图 8.13b~d),在河套地区和东部地区容易出现重污染。但是随着时间的推移,高空形势发生明

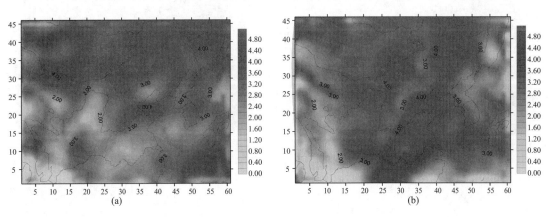

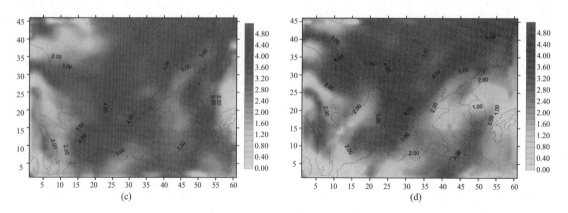

图 8.13　2006 年 9 月 14—17 日污染潜势预报图(见彩图)

(a)14 日;(b)15 日;(c)16 日;(d)17 日(横纵坐标为格点数)

显变化。随着弱冷空气的入侵和高空槽的东移,气压梯度明显增强,河套地区的天气形势也由低压槽转为高压脊前,扩散条件明显好转,所以在河套地区和内蒙古东部地区不容易出现重污染;但是华北地区由于受海上台风的影响,高空形势稳定少动,因此仍然维持较弱的扩散条件,这就形成了京津及东部沿海地区的比较严重的污染潜势。

从中国东部地区的污染实况(图 8.14)也可以看出,从 9 月 14 日开始,中国东北到华北大部分地区出现轻雾或雾天气,污染指数达到三级轻微污染水平,到 15、16 日出现三级轻微污染的区域范围达到最大,从 17 日以后,随着冷空气的入侵和气压梯度的增加,风力有所增加,空气质量也有明显好转,到 20—21 日整个东部地区只有北京出现了三级轻微污染水平。这和污染潜势的发展是相一致的。可以看出 CAPPS 模式对于污染潜势预报的效果是非常好的。

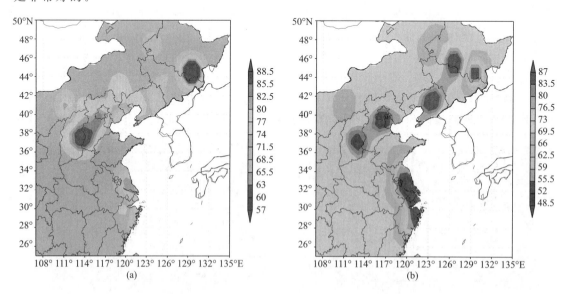

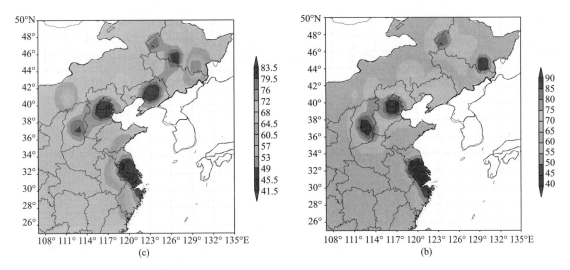

图 8.14　2006 年 9 月 14—17 日中国东部城市污染指数实况图(见彩图)
(a)14 日;(b)15 日;(c)16 日;(d)17 日

参考文献

白玉荣,刘彬贤,刘艳,等.2002.花粉浓度预报.气象,**28**(6):56-57

白玉荣,刘艳段,段丽瑶,等.2006.气传花粉与花粉症关系研究.中国公共卫生,**22**(增刊):16-17

国家环境保护局,中国环境科学研究院.1991.城市大气污染总量控制方法手册.北京:中国环境科学出版社

何海娟,张德山,乔秉善.2001.北京城区空气中花粉含量与气象要素的关系初探.中华微生物学和免疫学杂志,**21**(增刊 2):31-33

李郁竹.1981.北京空气污染气象条件的预报试验.气象,**7**(11):25-28

山义昌,徐太安,王善芳,等.2004.潍坊市区近 10 年空气质量与气象条件的关系.气象,**30**(10):47-51

上海市环境监测中心,上海市气象局城市环境气象研究中心.2001.上海市空气质量预报工作回顾.城市气象服务科学讨论会学术论文集,123-124

王长友,朱玉强,邵莹,等.2001.天津城市空气污染预报.城市气象服务科学讨论会学术论文集,353-356

王鹏云,潘在桃,徐宝新,等.1992.中尺度业务预报试验数值模式系统.应用气象学报,**3**(3):258-265

吴振玲,宛公展,白玉荣,等.2006.天津花粉分布特征及气象要素对花粉量的影响.城市及区域大气环境研究联合实验室第一届学术年会论文集,194-199

吴振玲,宛公展,白玉荣,等.2007.天津气传花粉预测模型研究.气象科技,**35**(6):832-836

徐大海.1987.中国一些地区大气边界层高度诊断分析公式中参数的统计结果.北京气象学院学术论文集.北京:气象出版社

徐大海.1989.多尺度大气湍流的扩散及扩散率.气象学报,**47**(3):302-311

徐大海,李宗恺.1993.城市大气污染物排放总量控制中多源模拟法与国家标准 GB/T3840—91 中 A-P 值方法的关系.气象科学,**13**(2):146-151

徐大海,朱蓉.2000.大气平流扩散的箱格预报模型与污染潜势指数预报.应用气象学报,**11**(1):1-12

杨瑞兴.1997.天津园林物候.天津市园林学会,4-12

杨新兴,王文兴.2001.保护人类呼吸之气—大气.北京:中国环境科学出版社

张书余.2002.城市环境气象预报技术.北京:气象出版社

中国气传致敏花粉调查领导小组.1989.中国气传致敏花粉调查,北京:北京出版社

朱蓉,徐大海,周朝东,等. 2002. CAPPS 在国家气象中心多城市污染指数预报业务系统中的应用. 应用气象学报,**13**(增刊 1):204-213

Hanna P D,Marhias W R,Maja W. 2001. Modification of an operational dispersion model for urban applications. *J Appl Meteor*,**40**:864-879

Kaplan H,Dinar N,Lacser A,et al. 1993. Transport and diffusion in turbulent fields:Modeling and measurement techniques. Kluwer Academic Publishers,1-458

Olesen H R,Berkowicz R. 1992. An improved dispersion model for regulatory use:The OML model. In:Van Dop H,Kallos G G,Eds. Air Pollution Modeling and Its Applications IX. New York:Plenum Press,29-38

Xu D H. 1986. Multi-scaling and exponential fitting in auto-correlation analysis. Fifth Joint Conference on Applications of Air Pollution Meteorology,348-351,AMS

第 9 章　天津数值预报产品解释应用

9.1　常用数值预报产品介绍

9.1.1　T639 介绍

9.1.1.1　模式简介

2007 年 12 月,中国自主研发的 T639L60 全球中期数值预报系统通过准业务化验收,开始准业务运行,使中国全球中期数值预报系统的可用预报时效在北半球达到 6.5 天,东亚达到 6 天,标志着中国数值预报水平有了长足的进步,与发达国家的差距进一步缩小。

T639L60 全球中期数值预报模式是通过对 T213 模式进行性能升级发展而来,具有较高的模式分辨率,达到全球水平分辨率 30 km,垂直分辨率 60 层,模式顶到达 0.1 hPa;T639 模式具有较高的边界层垂直分辨率,其中在 850 hPa 以下有 12 层,对边界层过程有更加细致的描述,更适合于支撑短时临近预报。T639 模式在动力框架方面进行了改进,包括使用线性高斯格点、稳定外插的两个时间层的半拉格朗日时间积分方案等,提高了模式运行效率和稳定性;另外改进了 T639 物理过程中对流参数化方案以及云方案,大大改善了降水预报偏差大、空报多的问题。

T639 模式采用了国际上先进的三维变分同化分析系统,除可以同化包含 T213 模式同化的全部常规资料外,还能直接同化美国极轨卫星系列 NOAA-15/16/17 的全球 ATOVS 垂直探测仪资料,卫星资料占到同化资料总量的 30% 左右,大大提高了分析同化的质量,显著改善了模式预报效果,缩短了和国际先进模式的差距。

T639 模式第一次在中期业务模式中嵌入台风涡旋场,在台风季节可用性较 T213 明显增强。T639 模式在产品上继承了 T213 模式的特点,具有数据与图形多类别、多种分辨率、高时间频次、多种物理诊断量的产品。

经过近两三年的预报结果统计检验表明,T639 模式的预报效果较同期业务运行的 T213 模式对北半球(南半球)500 hPa 高度的预报改进明显,可用预报时效分别提高 1 天(2 天),对东亚地区的预报也有改善,只是改进的幅度不及南北半球的大。温度场和风场预报也有不同程度的改进。

T639 的降水预报在短期时效的改进更明显一些,所有级别的降水预报 TS 评分均高于 T213,除中雨外,其他各级的降水预报与日本全球预报模式的水平相当。另外,T639 的降水分布与实况更为接近,且降水变化趋势及强度预报也好于 T213。

根据中央气象台以及各省(区、市)气象台的对 T639 应用的调研情况,目前 T639 模式已代替 T213 成为预报业务上经常使用的数值预报产品。它不但在日常短期和中期预报中得到广泛应用,还在各地的精细要素预报中发挥重要作用,同时 T639 作为区域模式驱动的初始场和边界条件,为精细区域模式所使用。经过业务实践中的对比,大部分用户都认为:T639 的形势场 H、T、P 等基本要素预报准确率提高;降水预报能力增强,特别是强降水预报水平较 T213 有明显提高;时间分辨率增加;可用预报时效延长等。T639 全球中期数值预报同化预报系统的业务化应用使得中国的天气预报水平得到大大提升,预报准确率增加,为中国的防灾减灾工作做出了重要贡献。

9.1.1.2　产品介绍

T639 模式产品有 3 层(500 hPa、700 hPa 和 850 hPa)等压面资料(水汽通量散度 Q_DIV_4、水汽通量 Q_FLUX_4、温度平流 T_ADV_4、涡度平流 VOR_ADV_4、温度露点差 TD_4 和假相当位温 THETA_SE_4)、4 层(200 hPa、500 hPa、700 hPa 和 850 hPa)等压面资料(散度场 DIV_4 和涡度场 VOR_4)、9 层(200 hPa、300 hPa、400 hPa、500 hPa、600 hPa、700 hPa、850 hPa、925 hPa 和 1000 hPa)等压面资料(高度场 H_4、P 坐标垂直速度 OMEGA_4、比湿 Q_4、相对湿度 RH_4 和温度 T_4)、10 层(200 hPa、300 hPa、400 hPa、500 hPa、600 hPa、700 hPa、800 hPa、850 hPa、925 hPa 和 1000 hPa)等压面资料(风场 WIND_2)和地面资料(K 指数 K_INDEX_4、地面气压 PS_4、海平面气压 PSL_4、2 m 相对湿度 RH2 M_4、2 m 气温 T2 M_4、前 3 h 累积降水量[格点]RAIN03_3、前 3 h 累积降水量[等值线]RAIN03_4、前 6 h 累积降水量[格点]RAIN06_3、前 6 h 累积降水量[等值线]RAIN06_4、前 12 h 累积降水量[格点]RAIN12_3、前 12 h 累积降水量[等值线]RAIN12_4、前 24 h 累积降水量[格点]RAIN24_3、前 24 h 累积降水量[等值线]RAIN24_4、总降水量[格点]RAIN_3、总降水量[等值线]RAIN_4 和 10 m 风场 WIND10 M_2),产品中无特别说明均为等值线产品。

9.1.2　欧洲中心(ECMWF)产品介绍

欧洲中心(ECMWF)产品 500 hPa 24 h 变高 dh 和 dh-p 以及高度场 height 和 height-p、地面 3 h 变压 dp 和 dp-p 以及海平面气压 pressure 和 pres-p、850 hPa 变温 dt 和 dt-p 以及温度场 temper 和 temper-p、3 层(500 hPa、700 hPa 和 850 hPa)相对湿度 rh 和 rh-p 以及 4 层(200 hPa、500 hPa、700 hPa 和 850 hPa)流场 uv 和风场 wind。

9.1.3　WRF 介绍

9.1.3.1　模式简介

Weather Research and Forecasting Model(WRF)被誉为是次世代的中尺度天气预报模式。第二次世界大战后,由于计算机技术的迅猛发展,气象预报技术也随之突飞猛进。短短的几十年里,世界各地的气象研究机关开发出了各自的相对独立的气象模式。这些模式之间缺少互换性,对科研及业务上的交流极其不便。从 20 世纪 90 年代后半开始,美国对这种乱立的模式状况进行反省。最后由美国环境预测中心(NCEP)、美国国家大气研究中心(NCAR)等美国的科研机构为中心开始着手开发一种统一的气象模式。终于于 2000 年开发出了 WRF 模式。同时,为使研究成果能够迅速地应用到现实的天气预报当中去,WRF 模式分为 ARW (the Advanced Research WRF)和 NMM(the Nonhydrostatic Mesoscale Model)两种,即研究用和业务用两种形式,分别由 NCEP 和 NCAR 管理维持着。

WRF 模式为完全可压缩以及非静力模式,采用 F90 语言编写。水平方向采用 Arakawa C(荒川 C)网格点,垂直方向则采用地形跟随质量坐标。WRF 模式在时间积分方面采用三阶或者四阶的 Runge-Kutta 算法。WRF 模式不仅可以用于真实天气的个案模拟,也可以用其包含的模块组作为基本物理过程探讨的理论根据。

9.1.3.2　产品介绍

WRF 模式产品有 5 层(200 hPa、500 hPa、700 hPa、850 hPa、925 hPa)高空产品:高度场、温度场、风场、相对湿度和雷达反射率;地面基本产品:$T-T_d$、海平面气压、风场、2 m 温度场、10 m 风场、逐小时降水、3 h 降水、6 h 降水、24 h 降水、最大雷达反射率、地面能见度、积雪深度、地面温度场和云底高度。

风产品:模式底层风场和次底层风场;大气稳定度产品:最大对流有效位能和对流抑制指数、抬升凝结高度和自由对流高度、风暴相对螺旋度和 500 hPa 绝对涡度和位势高度;垂直剖面和探空产品。

9.2　数值预报产品的释用方法

9.2.1　经典统计预报方法

20 世纪 20 年代 Walker 应用统计学方法对世界三大涛动和印度季风的关系进行了研究。这是统计预报方法在气象上的最早应用。早期的这种统计预报方法是建立在气象要素时间滞后的相关关系上的,也就是预报因子和预报量不是在同一时刻,而是根据在起始时刻 t_0 可获得的因子向量 x_0,预报 t 时刻的量 $\hat{y}_t$,例如用今天能得到的实测环流资料,包括今天以前发生的若干环流变化,来预测明天的天气。这种方法是纯统计性的,通常称为经典统计预报方法。其函数关系式如下:

$$\hat{y}_t = f_1(x_0) \tag{9.1}$$

9.2.2　PPM 和 MOS 方法

完全预报方法(Perfect Prognostic Method,PPM)是在预报量的观测值和大气变量的实际观测(或模式分析)值之间建立统计关系,预报时用数值预报因子代替统计模型中相应的实况因子,因此它假定数值模式对各个预报因子的预报值完全没有误差。PPM 方法建模需要较长的历史资料。模式输出统计方法(Model Output Statistics,MOS)是在预报量的观测值和大气变量的模式预报值之间建立统计预报关系,统计模型建立在数值预报资料基础上,预报时用数值预报因子代入统计关系中计算。MOS 方法可部分补偿模式的系统误差。

9.2.3　相似预报方法

相似预报有两种,即场相似和动力过程相似。假定预报的气象要素为 A。

场相似通过某个场变量的数值预报场 X 和该变量的历史再分析场 O 之间的相似程度计算,求出 X 的历史最相似过程,利用该过程对应的气象要素的实际值来估计气象要素 A 的预

报值。场相似通常计算场变量的欧氏距离 $D=\|X-O\|$，D 越小表示形势场越相似。

动力过程相似法计算一段时间数值模式的预报值与历史实况值之间的欧氏距离，求出欧氏距离最小的一次历史实况过程，该过程对应的历史实况可作为动力过程相似方法预报的结果。

9.2.4　动力释用方法

动力释用方法用于预报量和某个(或某些)变量之间的关系为已知的情况，例如当前降水 R 和垂直速度 w 之间存在如下的关系：

$$R = f(w) \tag{9.2}$$

利用数值预报计算得未来时刻的垂直速度 w，代入公式(9.2)，计算出未来时刻的降水量：

$$R_t = f(w_t) \tag{9.3}$$

该方法中预报量和变量之间的关系必须是已知的可计算的动力关系。

9.3　天津数值预报释用方法应用

9.3.1　常用数值预报释用方法

近年来随着资料同化、物理过程和并行计算等技术的发展进步，数值预报产品的精度得到了很大的提高，为了在天气预报业务中更加有效地应用数值预报产品以提高天气预报水平，必须通过分析、统计等解释手段提高数值预报产品的使用价值，天津目前采用数值预报释用方法主要有以下几种。

(1)常规统计预报方法

采用 2005—2007 年 T213 数值预报场及预报前一日实况资料作为预报初选因子，并利用逐步回归原理将其和次日预报对象实况之间按季度建立同时关系，后将实时 T213 模式输出量应用到所在季度预报方程中，从而获得预报产品对象(包括各站 24 h 最高气温、最低气温、最大相对湿度、最小相对湿度、累积降水量)。此种方法优点在于时间样本充足，对降水等非连续型变量的预报对象比较有利，但对气温等预报对象建立的预报方程往往只是反映了采样期间的各个变量和预报对象之间的平均关系状态，更趋近于多年气候平均状态。

(2)动态 PLS-MOS 法

采用 T213 数值预报场作为预报因子，并利用偏最小二乘回归原理将其和预报对象实况之间建立同时关系，然后将实时 T213 模式输出量应用到预报方程中，从而获得预报产品对象(包括各站 24 h 最高气温、最低气温、最大相对湿度、最小相对湿度)。该方法通过动态建模改进了常规统计预报方程不足之处，动态建模方案对时间样本的要求不高，目前天津采用的建模周期为一天，建模时间样本要求为 60 天，即每天重建预报方程进行动态 MOS 预报。

1)偏最小二乘回归原理

考虑 p 个变量，$y_1,y_2,\cdots,y_p$ 与 m 个自变量 $x_1,x_2,\cdots,x_m$ 的建模问题。偏最小二乘回归的基本做法是首先在自变量集中提出第一成分 t_1(t_1 是 $x_1,x_2,\cdots,x_m$ 的线性组合，且尽可能多地提取原自变量集中的变异信息);同时在因变量集中也提取第一成分 u_1,并要求 t_1 与 u_1 相关程度达到最大。然后建立因变量 $y_1,y_2,\cdots,y_p$ 与 t_1 的回归,如果回归方程已达到满意的精度,则算法中止。否则继续对第二对成分的提取,直到能达到满意的精度为止。若最终对自变量集提取 r 个成分 $t_1,t_2,\cdots,t_r$,偏最小二乘回归将通过建立 $y_1,y_2,\cdots,y_p$ 与 $t_1,t_2,\cdots,t_r$ 的回归式,然后再表示为 $y_1,y_2,\cdots,y_p$ 与原自变量的回归方程式,即偏最小二乘回归方程式。

假定 p 个因变量 $y_1,y_2,\cdots,y_p$ 与 m 个自变量 $x_1,x_2,\cdots,x_m$ 均为标准化变量。因变量组和自变量组的 n 次标准化观测数据阵分别记为:

$$F_0 = \begin{bmatrix} y_{11} & \cdots & y_{1p} \\ \vdots & & \vdots \\ y_{n1} & \cdots & y_{np} \end{bmatrix}, E_0 = \begin{bmatrix} x_{11} & \cdots & x_{1m} \\ \vdots & & \vdots \\ x_{n1} & \cdots & x_{nm} \end{bmatrix} \tag{9.4}$$

2)偏最小二乘回归分析建模的具体步骤

①分别提取两变量组的第一对成分,并使之相关性达最大。

假设从两组变量分别提出第一对成分为 t_1 和 u_1,t_1 是自变量集 $X=(x_1,\cdots,x_m)^T$ 的线性组合:$t_1 = w_{11}x_1 + \cdots + w_{1m}x_m = w_1^T X$;$u_1$ 是因变量集 $Y=(y_1,\cdots,y_p)^T$ 的线性组合:$u_1 = v_{11}y_1 + \cdots + v_{1p}y_p = v_1^T Y$。为了回归分析的需要,要求:

a. t_1 和 u_1 各自尽可能多地提取所在变量组的变异信息;

b. t_1 和 u_1 的相关程度达到最大。

由两组变量集的标准化观测数据阵 E_0 和 F_0,可以计算第一对成分的得分向量,记为 $\hat{t}_1$ 和 $\hat{u}_1$:

$$\hat{t} = E_0 w_1 = \begin{bmatrix} x_{11} & \cdots & x_{1m} \\ \vdots & & \vdots \\ x_{n1} & \cdots & x_{nm} \end{bmatrix} \begin{bmatrix} w_{11} \\ \vdots \\ w_{1m} \end{bmatrix} = \begin{bmatrix} t_{11} \\ \vdots \\ t_{n1} \end{bmatrix} \tag{9.5}$$

$$\hat{u} = F_0 v_1 = \begin{bmatrix} y_{11} & \cdots & y_{1p} \\ \vdots & & \vdots \\ y_{n1} & \cdots & y_{np} \end{bmatrix} \begin{bmatrix} v_{11} \\ \vdots \\ v_{1p} \end{bmatrix} = \begin{bmatrix} u_{11} \\ \vdots \\ u_{n1} \end{bmatrix} \tag{9.6}$$

第一对成分 t_1 和 u_1 的协方差 $\text{cov}(t_1,u_1)$ 可用第一对成分的得分向量 $\hat{t}$ 和 $\hat{u}$ 的内积来计算。故而以上两个要求可化为数学上的条件极值问题:

$$\begin{cases} \langle \hat{t},\hat{u} \rangle = \langle E_0 w_1, Y_0 v_1 \rangle = w_1^T E_0^T F_0 x_1 \Rightarrow \max \\ w_1^T w = \| w_1 \|^2 = 1, v_1^T v_1 = \| v_1 \|^2 = 1 \end{cases} \tag{9.7}$$

利用 Lagrange 乘数法,问题化为求单位向量 w_1 和 v_1,使 $\theta_1 = w_1^T E_0^T F_0 v_1$ 达最大。问题的求解只需通过计算 $m \times m$ 矩阵 $M = E_0^T F_0 F_0^T E_0$ 的特征值和特征向量,且 M 的最大特征值为 θ_1^2,相应的单位特征向量就是所求的解 w_1,而 v_1 可由 w_1 计算得到,即 $v_1 = \frac{1}{\theta_1} F_0^T E_0 w_1$。

②建立 $y_1,y_2,\cdots,y_p$ 的回归及 $x_1,x_2,\cdots,x_m$ 对 t_1 的回归。

假定回归模型为:
$$\begin{cases} E_0 = \hat{t}_1 \alpha_1^T + E_1 \\ F_0 = \hat{u}_1 \beta_1^T + F_1 \end{cases} \tag{9.8}$$

其中 $\alpha_1 = (\alpha_{11},\cdots,\alpha_{1m})^T,\beta_1 = (\beta_{11},\cdots,\beta_{1p})^T$ 分别是多对一的回归模型中的参数向量,E_1 和 F_1 是残差阵。回归系数向量 α_1,β_1 的最小二乘估计为:

$$\begin{cases} \alpha_1 = \dfrac{E_0^T \hat{t}_1}{\parallel \hat{t}_1 \parallel^2} \\ \beta_1 = \dfrac{F_0^T \hat{t}_1}{\parallel \hat{t}_1 \parallel^2} \end{cases} \qquad (9.9)$$

称 α_1、β_1 为模型效应负荷量。

③用残差阵 E_1 和 F_1 代替 E_0 和 F_0 重复以上步骤。

记 $\hat{E}_0 = \hat{t}_1 \alpha_1^T$，$\hat{F}_0 = \hat{t}_1 \beta_1^T$，则残差阵 $E_1 = E_0 - \hat{E}_0$，$F_1 = F_0 - \hat{F}_0$。如果残差阵 F_1 中元素的绝对值近似为 0，则认为用第一个成分建立的回归式精度已满足需要了，可以停止抽取成分。否则用残差阵 E_1 和 F_1 代替 E_0 和 F_0 重复以上步骤，得 $w_1 = (w_{21}, \cdots, w_{2m})^T$，$v_1 = (v_{21}, \cdots, v_{2p})^T$ 分别为第二对成分的权数，而 $\hat{t}_2 = E_1 w_2$、$\hat{u}_2 = F_1 v_2$ 为第二对成分的得分向量。$\alpha_2 = \dfrac{E_1^T \hat{t}_2}{\parallel \hat{t}_2 \parallel^2}$、$\beta_2 = \dfrac{F_1^T \hat{t}_2}{\parallel \hat{t}_2 \parallel^2}$ 分别为 X、Y 的第二对成分的负荷量。这时有：

$$\begin{cases} E_0 = \hat{t}_1 \alpha_1^T + \hat{t}_2 \alpha_2^T + E_2 \\ F_0 = \hat{t}_1 \beta_1^T + \hat{t}_2 \beta_2^T + F_2 \end{cases} \qquad (9.10)$$

④设 $n \times m$ 数据阵 E_0 的秩为 $r \leqslant \min(n-1, m)$，则存在 r 个成分 $t_1, t_2, \cdots t_r$，使得

$$\begin{cases} E_0 = \hat{t}_1 \alpha_1^T + \cdots + \hat{t}_r \alpha_r^T + E_r \\ F_0 = \hat{t}_1 \beta_1^T + \cdots + \hat{t}_r \beta_r^T + F_r \end{cases} \qquad (9.11)$$

把 $t_k = w_{k1} x_1 + \cdots + w_{km} x_m (k = 1, 2, \cdots, r)$，代入 $Y = t_1 \beta_1 + \cdots + t_r \beta_r$，即得 p 个因变量的偏最小二乘回归方程式 $y_j = \alpha_{j1} x_1 + \cdots + \alpha_{jm} x_m (j = 1, 2, \cdots, m)$。

⑤交叉有效性检验。

一般情况下，偏最小二乘法并不需要选用存在的 r 个成分 $t_1, t_2, \cdots t_r$ 来建立回归式，而像主成分分析一样，只选用前 l 个成分 $(l \leqslant r)$，即可得到预测能力较好的回归模型。对于建模所需提取的主成分个数 l，可以通过交叉有效性检验来确定。

每次舍去第 i 个观测 $(i = 1, 2, \cdots, n)$，用余下的 $n - 1$ 个观测值按偏最小二乘回归方法建模，并考虑抽取 h 个成分后拟合的回归式，然后把舍去的第 i 个观测点代入所拟合的回归方程式，得到 $y_j (j = 1, 2, \cdots, p)$ 在第 i 个观测点上的预测值 $\hat{y}_{(i)j}(h)$。对 $i = 1, 2, \cdots, n$ 重复以上的验证，即得抽取 h 个成分时第 j 个因变量 $y_j (j = 1, 2, \cdots, p)$ 的预测误差平方和为：

$$PRESS_j(h) = \sum_{i=1}^n \left[y_{ij} - \hat{y}_{(i)j}(h) \right]^2 \quad (j = 1, 2, \cdots, p) \qquad (9.12)$$

$Y = (y_1, \cdots, y_p)^T$ 的预测误差平方和为：

$$PRESS(h) = \sum_{i=1}^n PRESS_j(h)$$

另外，再采用所有的样本点，拟合含 h 个成分的回归方程。这时，记第 i 个样本点的预测值为 $\hat{y}_{ij}(h)$，则可以定义 y_j 的误差平方和为：

$$SS_j(h) = \sum_{i=1}^n \left[y_{ij} - \hat{y}_{ij}(h) \right]^2 \qquad (9.13)$$

定义 Y 的误差平方和为：

$$SS(h) = \sum_{j=1}^p ss_j(h) \qquad (9.14)$$

当 $PRESS(h)$ 达到最小值时，对应的 h 即为所求的成分个数。通常，总有 $PRESS(h)$ 大

于 $SS(h)$，而 $SS(h)$ 则小于 $SS(h-1)$。因此，在提取成分时，总希望比值 $\dfrac{PRESS(h)}{SS(h-1)}$ 越小越好。一般可设定限制值为 0.05，即当

$$\frac{PRESS(h)}{SS(h-1)} \leqslant (1-0.05)^2 = 0.95^2 \tag{9.15}$$

时，增加成分 t_h 有利于模型精度的提高。或者反过来说，当

$$\frac{PRESS(h)}{SS(h-1)} > 0.95^2 \tag{9.16}$$

时，就认为增加新的成分 t_h，对减少方程的预测误差无明显的改善作用。为此，定义交叉有效性为 $Q_h^2 = 1 - PRESS(h)/SS(h-1)$，这样，在建模的每一步计算结束前，均进行交叉有效性检验，如果在第 h 步有 $Q_h^2 < 1-0.95^2 = 0.0985$，则模型达到精度要求，可停止提取成分；若 $Q_h^2 \geqslant 0.0985$，表示第 h 步提取的 t_h 成分的边际贡献显著，应继续第 $h+1$ 步计算。

需要注意的是，动态建模对连续型变量如温度、相对湿度等预报对象较为有效，对于降水等非连续型的预报对象的应用仍然存在问题。

（3）区域中尺度数值预报产品插值法

天津 WRF 中尺度数值预报产品由天津市气象科学研究所研究开发，充分考虑了天津地区的气候特征，并通过雷达资料、自动站实况信息等资料同化提高了预报的时空分辨率，其时间分辨率为 1 h，空间分辨率为 5 km×5 km，利用其时空分辨率高的优点，通过反距离权重插值法对 WRF 中尺度数值预报产品中的逐时 2 m 气温资料及降水量资料进行加工处理，提取各站 24 h 最高、最低气温及 24 h 累积降水量，得到区县及乡镇精细化客观预报产品。

通过调研，选定距离权重反比法作为插值方法，插值原理如下：

$$Z = \sum_{i=1}^{n} (Z_i \cdot W_i) / \sum_{i=1}^{n} W_i \tag{9.17}$$

上式中，n 为用于插值的格点数目（本节选用离站点最近的 4 个格点进行插值），Z 为待估站点气象要素值，Z_i 为 WRF 中尺度数值预报模式在第 i 个格点的预报值，W_i 为第 i 个格点的权重系数。对于权重系数 W_i，计算方法是以待估站点到格点的大圆半径的平方反比作为权重。

9.3.2　业务试运行情况

2009 年底，上述几种释用产品进入业务应用并行阶段，每天 14:15 前自动输出当天 20 时至次日 20 时预报结果，并专门制作显示平台（图 9.1），供预报员参考。

9.3.3　预报结果对比分析

经过试运行期间的调整，2010 年 2 月至今，各种释用预报产品运行正常，对 2010 年 2 月 15 日—5 月 15 日上述几种产品预报结果以及利用中央气象台下发的指导预报产品进行插值得到的预报结果进行对比分析，发现：

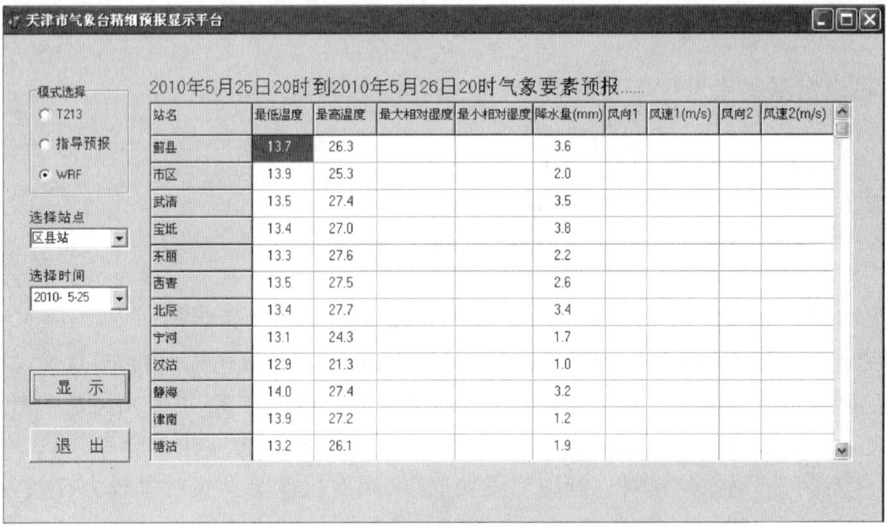

图 9.1 天津市气象台精细预报显示平台主界面图

(1)最高气温:以 WRF 中尺度数值预报插值得到的预报结果最优,若误差 2℃以内为预报准确,超过 2℃为预报错误,以此为标准,则 58%的站点预报准确率达到 60%。

(2)最低气温:以 WRF 中尺度数值预报插值得到的预报结果最优,若误差 2℃以内为预报准确,超过 2℃为预报错误,以此为标准,则 91%的站点预报准确率达到 60%。

(3)最大相对湿度:利用动态 PLS-MOS 方法得到的预报结果优于利用中央气象台指导预报插值得到的预报结果,若误差 10%以内为预报准确,超过 10%为预报错误,以此为标准,则 87%的站点预报准确率达到 40%,各站平均绝对误差为 15%。

(4)最大相对湿度:利用动态 PLS-MOS 方法得到的预报结果优于利用中央气象台指导预报插值得到的预报结果,若误差 10%以内为预报准确,超过 10%为预报错误,以此为标准,则 98%的站点预报准确率达到 40%,各站平均绝对误差为 13%。

(5)降水量:以 WRF 中尺度数值预报插值得到的预报结果最优,空报率及漏报率均最低,对降水日预报准确率最高。

参考文献

《广东省天气预报技术手册(第 2 版)》编写组.2009.广东省天气预报技术手册(第 2 版).广东省气象局, 362-400

王惠文.1999.偏最小二乘回归方法及其应用.北京:国防工业出版社

章国材.2004.美国 WRF 模式的进展和应用前景.气象,**30**(12):27-31

张金善,钟中,黄瑾.2005.中尺度大气模式 MM5 简介.海洋预报,**22**(1):31-40

朱乾根,林锦瑞,寿绍文,等.2000.天气学原理和方法(第 3 版).北京:气象出版社

第 10 章　　新型探测设备原理与应用

10.1　卫星探测

10.1.1　气象卫星的分类及特点

气象卫星分为极轨气象卫星和静止气象卫星。

（1）极轨气象卫星

极轨气象卫星也叫太阳同步轨道气象卫星，其轨道高度为 900 km，围绕地球南北两极运行，轨道平面与地球赤道平面夹角为 99°，运行周期约 102.86 min。中国的风云一号气象卫星就是极轨气象卫星。

1）太阳同步轨道气象卫星的优点

①由于太阳同步卫星轨道近于圆形，轨道的预告、资料的接受定位斥力都十分方便。

②太阳同步轨道卫星可以观测全球，尤其是可以观测到极地区域。

③在观测时有合适的照明，可以得到稳定的太阳能，保障卫星的正常工作。

2）太阳同步轨道卫星的缺点

①虽然太阳同步卫星可以获取全球资料，但是时间分辨率低，对某一地区的观测时间间隔长，一颗极地太阳同步轨道卫星每天只能对同一地区观测两次，不能满足气象观测的要求，不能监测生命史短、变化快的中小尺度天气系统。

②相邻两条轨道的观测资料不是同一时刻的，需要进行同化。

（2）静止气象卫星

静止气象卫星也叫地球同步气象卫星。卫星轨道平面与赤道平面重合，卫星的运行方向与地球自转方向一致。周期是 23 小时 56 分 4 秒，与地球自转周期一致。中国风云二号卫星就是静止气象卫星。它位于 105°E 赤道上空 35800 km 高度上。

1）静止卫星的优点

①由于静止卫星的高度高，视野广阔，一个静止卫星可以对南北 70°S～70°N，东西 140 个经度，针对地球表面积进行观测。

②静止卫星可以对某一固定区域进行连续观测，可以以 0.5 h 或 1 h 提供一张全景圆面图。在特殊需要时，可每隔 3～5 min 对某个小区域进行一次观测。

③静止卫星可以监视天气云系的联系变化，特别是生命史短、变化快的中小尺度灾害性天气系统。

2)静止卫星的缺点

①不能观测到南北极区。

②对卫星观测仪器的要求较高。

10.1.2　气象卫星遥感基础知识

气象卫星遥感地球大气系统的温度、湿度和云雨演变等气象要素是通过探测地球大气系统发射或反射、散射太阳的电磁辐射来实现的。在气象卫星遥感系统中,主要辐射源是太阳和地球—大气系统,其能量分布几乎遍及整个电磁波谱范围。辐射源发射的辐射与地表、大气等目标物相互作用,辐射源的辐射被目标物反射、透射或吸收,强度和光谱都会发生变化,从而产生目标物的各种信息。气象卫星就是通过探测目标物在不同波段的辐射强度来区分物体的。为了更进一步了解卫星的遥感的基础知识,需要明确一些基本概念。

辐射亮度:表示面辐射源上某点在一定方向上的辐射强弱的物理量。

黑体:指某一物体在任何温度下,对任意方向和任意波长的吸收率或发射率都等于1。或者说,在热力学定律允许的范围内,最大限度地把热能转变为辐射能的理想热辐射体叫做黑体。

亮度温度:如果物体发射的辐射亮度与温度为 T_b 的黑体的辐射亮度相等,则 T_b 称为该物体的亮度温度。亮度温度又称等效黑体温度或辐射温度。物体的亮度温度比实际温度低。

吸收带:地球大气辐射在大气中传输,造成衰减的原因有大气的吸收和散射。同时由于地球大气辐射能主要集中于 $3\sim120$ μm 的范围内,当波长大于 3 μm 时,雷利散射很小,可以忽略不计,因此造成地球大气辐射衰减的主要原因是大气气体的吸收。研究表明,吸收地球大气红外辐射的是含量很少的二氧化碳、水汽和臭氧的微量气体,而这些气体的吸收表现为谱带的形式,称之为吸收带。

水汽吸收带:水汽在红外谱带有强烈的吸收。静止气象卫星在水汽图像上的中心波长是 6.7 μm。

大气窗(图 10.1):通过大气的太阳辐射和地球大气系统发射的辐射将被大气中某些气体所吸收,这些吸收随波长的变化很大,在某些波段吸收很强(吸收带),而在另一些波段的吸收则很弱,在这些吸收最弱的波段,太阳辐射和地球大气辐射可以像光通过窗户那样透过大气,故称这些波段为大气窗。

通道(图 10.1):根据探测目的,卫星选择不同的波长间隔进行测量,这种波长间隔称作通道。为了更多地获取地面、云层和大气信息,气象卫星是用很多通道。这些通道有的设在大气窗,有的设在吸收带。在大气窗区卫星可以探测地面和云面的反射特征和温度特征;卫星在大气吸收带探测大气温度和成分。

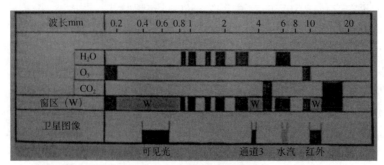

图 10.1　大气窗和通道图

10.1.3　卫星图像上云的识别

在卫星云图上,云的识别可以根据六个基本特征判别:结构形式、范围大小、边界形状、色调、暗影、纹理。

结构形式:指目标物对光的不同强弱的反射或其辐射的发射所形成的不同明暗程度物象点的分布式样。卫星云图上云的结构形式有带状、涡旋状、团状、细胞状和波状等。云的分布形式有助于识别天气系统,如锋面、急流呈带状云系,台风、气旋具有涡旋结构等。

范围大小:在云图上可以根据云的范围识别云的类型、天气系统的尺度和大气物理过程。

边界形状:在卫星云图上,各类物象都有自己的边界形状,所以根据不同的边界可以判别各类物象。各种云的边界形状有直线的、圆形的、扇形的,有呈气旋性弯曲的,也有反气旋性弯曲的。例如,层云和雾的边界十分整齐光滑,积云和浓积云的边界则很不整齐,急流云系的左界整齐光滑,冷锋云带呈气旋性弯曲等。

色调:也称亮度或灰度,是指卫星云图上物象的明暗程度。不同通道图像上的色调代表的意义也不同。可见光云图上的色调与物象的反照率、太阳高度角有关。红外云图上物象的色调决定于其本身的温度,温度越高色调越黑。由于云顶温度随大气高度增加而降低,云顶越高,其温度越低,色调就越白,因此根据物象的温度能判别云属于哪一种类型和地表。在短波红外云图上,白天物象一方面反射太阳辐射的同时,还以自身的温度发出短波红外辐射,所以图像上的色调不仅取决于反照率,还决定于温度,从而造成图像十分复杂,因此根据色调识别物象很困难。水汽图像上可以根据色调识别水汽分布,也能判别积雨云和卷云。

暗影:是指在一定太阳高度下,高的目标物在低的目标物上的投影。所以暗影都出现于目标物的背光一侧边界处。暗影只能出现在可见光图上,它反映了云的垂直分布状况。

纹理:指云顶表面或其他物象表面光滑程度的判据。云的类型不同或云的厚度不一,使云顶表面很光滑或者呈现多起伏、多斑点和皱纹,或者是纤维状。由云的纹理能识别不同种类的云。如果云顶表面很光滑和均匀,表示云顶高度和厚度相差很小,层云和雾具有这种特征;如果云的纹理多皱纹和斑点,就说明云顶表面多起伏,云顶高度不一,积状云具有这种特征;如果云的纹理是纤维状,则这种云一定是卷云。

10.1.4　锋面和气旋

冷锋云系在不同季节和地区,外貌差异很大。冬季中高纬地区因水汽较少,地表温度低,冷锋云带窄而断裂、云量很少,只是由于卷云高度高,受下垫面的影响小,冷锋时常表现为由卷云所组成的云带,因此从卫星图像上确定锋很困难。夏季,随着水汽条件的改善,每一条冷锋都表现为云带。下面主要介绍影响天津地区的西北—华北冷锋。

西北—华北冷锋云带常常为密蔽的连续完整的云带,云系色调白以多层云为主;午后由于局地热力作用,云区内有纹理不均匀的对流性云系出现;云带表现为气旋性弯曲,呈东北—西南走向,宽度可达 4~6 个纬距。完整连续的华北冷锋云带处在 500 hPa 高空槽前,与西南气流近乎平行,在云带中的明亮处大多与降水相联系(图 10.2)。

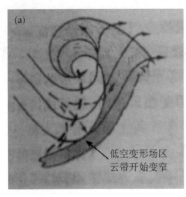
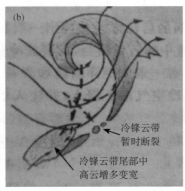
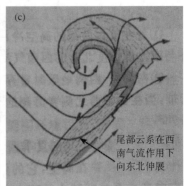

图10.2　冷锋云系演变模式图(引自 陈渭民,2005)

(1)暖锋云系的主要特点(图10.3)

1)活跃的暖锋云系是宽为300～500 km、长达几百千米的云带,长宽之比很小。

2)暖锋云系向冷区凸起,表示有强的西南气流—暖湿空气向北推进,云区内常出现反气旋弯曲的纹线,清晰可见。

3)暖锋云区的顶部为大片卷云覆盖区,在卷云下是高层云、雨层云和积状云,云区的色调白亮,常伴有较大降水。

4)暖区顶端定在云区由凸变凹的地方,暖锋的位置定在云区向北凸起的下方,且与云区中的纹线相平行。

5)暖锋云系是由暖湿输送带 W_1 和 W_2 的上升运动产生的,其中 W_1 是高空槽前的暖气流,W_2 是来自副热带高压西侧的热带气流,并位于 W_1 之上。在高空,暖锋云系与高空脊区相联,其北界整齐时与高空急流相关联。

6)暖锋云系出现在高空暖脊前下游地区,是最大不稳定区。

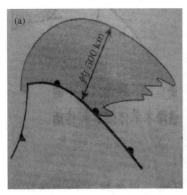
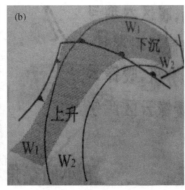
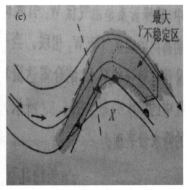

图10.3　暖锋云系与流场示意图(引自 陈渭民,2005)

(a)暖锋云区;(b)暖输送带;(c)与暖锋相关的高空气流

(2)经典的锋面气旋的云系特点(图10.4)

在中纬度地区,具有冷暖锋结构的气旋称为锋面气旋。根据天气学理论对气旋划分为以下几个阶段。

1)波动阶段

①锋面云带变宽;

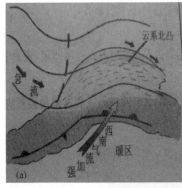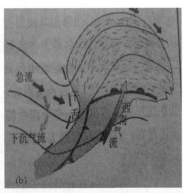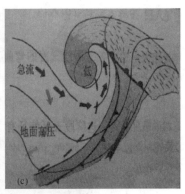

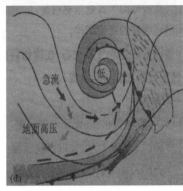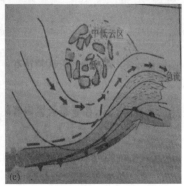

图 10.4　锋面气旋云系演变特征图(引自 陈渭民,2005)

(a)波动阶段；(b)发展阶段；(c)锢囚阶段；(d)成熟阶段；(e)消散阶段

②云区向冷气团一侧凸起(表明西南暖湿气流加强,暖锋锋生)；

③云区的色调变白、中高云增多(上升运动加大)和顶部卷云表现反气旋弯曲(出现高空辐散)；

④云带向冷气团凸起的地方就是地面气旋发展的地方,在波动阶段,云区没有涡旋结构,地面天气图上也没有环流出现,但是在卫星云图上可确定其发生。

2)发展阶段

①锋面云带向冷区凸起部分越来越明显；

②在锋面云带向冷区凸起的中高云区后部边界开始向云区内部凹进,表示干冷空气从气旋后部侵入云区,干舌开始形成；

③在凹的地方出现一些不连续的断裂云系。这一阶段是气旋发展最强烈的时期,暖锋云区最宽广,降水强度最大,冷锋云带开始形成。

3)锢囚阶段

①气旋后部的干舌越来越明显,由于冷空气入侵,冷锋云带显著加大；

②出现明显的螺旋结构；

③锢囚云带伸到气旋中心,在冷锋后的冷气团内出现一条条围绕气旋的弯曲的云线(夏季这些云线上有雷暴出现)

4)成熟阶段

①螺旋云系最典型,云带可以绕气旋中心一周以上；

②干舌伸至气旋中心,表明水汽供应已被切断;

③涡旋云系中心与地面到 500 hPa 高低空的低压中心相重合,表明气旋不再继续发展。

5)消散阶段

①螺旋云带断裂,云系不完整;

②云区内中高云甚少,以中低云为主,云区中出现无云区,在夏季云区内有时出现孤立的对流云小单体;

③冷锋云带与螺旋云区分开,这时的螺旋云区在 500 hPa 上一般有冷中心,地面是一个完整地消散的低压。

10.1.5 对流云系

卫星图像在分析预报中小尺度强对流系统中的作用有:①确定对流发生的条件;②分析中小尺度对流天气系统;③分析对流系统的演变;④监测以及及时预报这类系统的发生、发展和消亡。

(1)水汽条件

水汽图像反映了大气中上层的水汽分布,其活动、干湿区边界、暗区等都与对流的发生发展有关。

1)水汽带北侧暗区干区触发的对流。在锋面云带的北界,水汽图像上出现一暗黑的下沉运动区,强烈的冷空气下沉运动导致其前缘的重力不稳定,引起对流云的发生和发展。

2)水汽回流南边界处发生的对流。当水汽随高空西北气流向东南方推进,形成回流边界,在这边界处前方为干的黑色区,该区为水汽不连续处,此处有利于对流生成和发展。

3)水汽与北端的对流发展。在一条从低纬向中纬地区输送的水汽带中,其北端有利于对流云的发生和发展。

(2)对流产生的条件

1)不稳定判据:局地区域的地表加热是导致大气不稳定的重要原因。因此夏季陆面的对流云显著增多,特别是陆地上的积云和浓积云区表明该地区对流不稳定。

2)低空急流轴与活跃的飑线平行,其位置决定于低空急流之曲率和等风速线分布。若与飑线相连的云带后方有新的白亮小对流云团生成,急流轴定于云带后界;若与飑线相连的云带前方有新的白亮小对流云团生成,急流轴定于云带前界;若与飑线相连的云带前、后方无新对流云团生成,急流轴定于云带略靠前的地方。

3)风速垂直切变:在卫星云图上判断风的垂直切变可以根据云顶的卷云砧的长度决定。卷云羽的长度越大,说明风的垂直切变越大。通常如果积雨云是在急流左界附近发展起来的,都会有明显的卷云砧,离急流越近,风垂直切变越大,卷云砧就越明显。当出现卷云砧,其指向飑线的右方,走向与对流层上、下部风速垂直切变方向平行。

4)分析雷暴云生成和增长速度:飑线的前身表现为一片积云浓积云区上出现一个个小亮点,这些小单体不断长大,相互合并,发展成积雨云团,这就是活跃飑线的初始阶段。在增强的红外云图上,根据每一灰度值所包括的范围,估算雷暴云区不同温度区的面积,求取云区面积的增长率,确定雷暴增长率,通常面积增长率越大,产生灾害性天气的可能性就越大。

5)由早晨层云(雾)和午后积云浓积云分析对流云系发生发展:夏季,早晨层云和雾覆盖区的存在会导致与其周围晴空区热力不均匀性,在云边界处出现类似于锋的不连续性,由此产生上升运动,在晴空区触发对流云。午后积云、浓积云区有利于移入雷暴的加强,但积云区内的晴空区则不利于移入雷暴的发展。

(3)暴雨

为了利用卫星云图作暴雨预报,下面给出几种暴雨云团的动态演变模式。

1)高空槽前盾状卷云东移引起暴雨云团发生发展模式:卷云东移过程中,卷云区的北边界越来越光滑,反气旋弯曲越来越明显,云区面积越来越扩大。暴雨云团处在反气旋弯曲卷云区的下方,该处是高空正涡度平流区。随云团的发展,中低层有暖湿输送带和低空急流,指向云团前界处(图 10.5)。

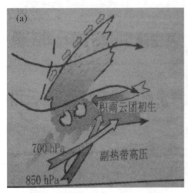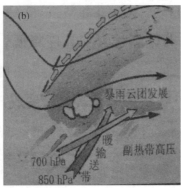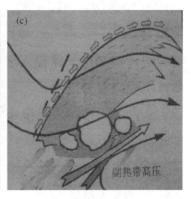

图 10.5　高空槽前盾状卷云东移引起暴雨云团发生发展模式图(引自 陈渭民,2005)

2)逗点云系发展型中暴雨云团的发生发展:在逗点云系初期发展时,有强的高空西北气流在其后界侵入云区,逗点云的涡旋结构越来越清楚,尾部云带越来越明显,同时其上有云团依次生成,新云团在老云团的西南侧生成,常呈带状排列。逗点云系发展到成熟阶段时,由于低空变形场的作用,在云带气旋性切变的地方,云团减弱甚至消散,而逗点云带尾端处,云团显著发展,范围大,持续时间长(图 10.6)。

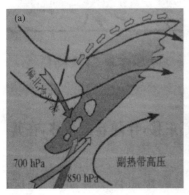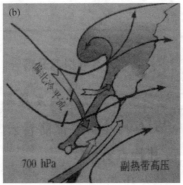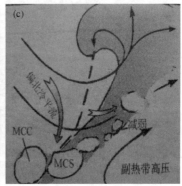

图 10.6　逗点云系发展型中暴雨云团的发生发展图(引自 陈渭民,2005)

3)高空槽前卷云带东移对流云团动态发展:在青藏高原东侧有一片高空槽卷云带,云带的西侧是成片较强的西北气流,云带从东北—西南向转为东西向。700 hPa北界出现一支东北冷输送带,850 hPa有暖输送带,为云团提供能量和不稳定条件。卷云北界与高空急流轴北界平行,急流轴南移,趋于平直纬向,500 hPa正涡度平流区位于卷云区的西南侧。对流云团一般位于卷云带的西南端,并向西南发展,发展东移形成暴雨云团带群(图10.7)。

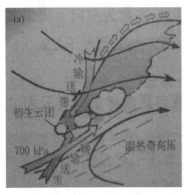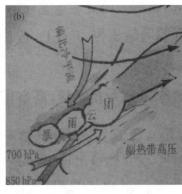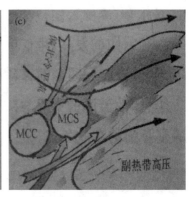

图10.7　高空槽前卷云带东移对流云团动态发展图(引自 陈渭民,2005)

4)卷云带与切变线云带合并产生云团的动态模式:卷云带受500 hPa西北气流的控制不断南移,与切变线云带合并。对流云团生成于卷云带与切变线云带相交的地方,随卷云与切变线云带不断合并,对流云团发展,冷云区面积不断扩大。卷云与切变线合并后继续东移,且与云团逐步分离的同时,云团加强发展,更为密实,冷云区处于云团南到东南象限,云团北侧有下沉运动,云系变暗消散(图10.8)。

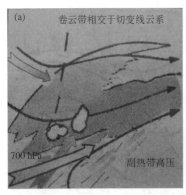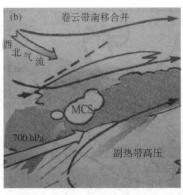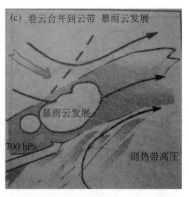

10.8　卷云带与切变线云带合并产生云团的动态模式图(引自 陈渭民,2005)

5)逗点云与盾状卷云南北叠加时对流云团发展的动态过程:云系分布表现为北面有一涡旋逗点云系,其尾部与南面为一盾状卷云区相重叠,在这云系以东为一片晴空区。云系东移的同时,卷云区的反气旋弯曲越来越明显,北界越来越光滑,表明急流加强,则北面的逗点云的尾部云带减弱,以致逗点云与盾状卷云分离。在200 hPa上,高空急流轴与卷云北界平行。500 hPa上有一南北幅度较大的槽,盾状云反气旋弯曲中心处为负涡度,从该处到槽前为正涡度平流区,有云团生成。若云团以东有切变线云带,则云带上的云团加强发展,范围扩大(图10.9)。

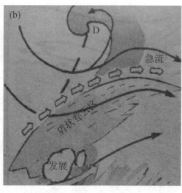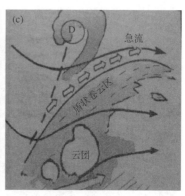

图 10.9　逗点云与盾状卷云南北叠加时对流云团发展的动态过程图(引自 陈渭民,2005)

6)逗点云与切变线云带相交时的云团:有一条经向幅度较大的与涡旋云相联的低槽冷锋云带与东西走向的切变线云带相交,在相交处中低云系范围扩大,色调变白,呈"人"字型,还出现反气旋弯曲的卷云线。随冷锋云带东移与切变线云带合并,合并部分转为冷式切变,原切变线云带逐渐缩短,并入冷锋云系,最后仅表现为一条气旋形弯曲的冷锋。新云团于相交处生成发展的同时,切变线上的云团也迅速发展。当演变为仅有一条冷锋云带时,云团依次向后新生,最后在冷锋尾端处的云团发展最旺盛,云面积最大(图 10.10)。

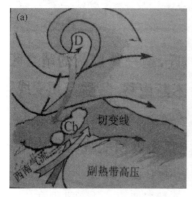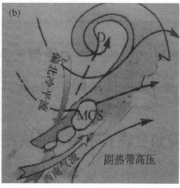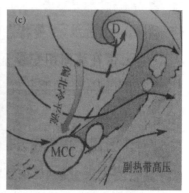

图 10.10　逗点云与切变线云带相交时的云团图(引自 陈渭民,2005)

7)卷云带逼近切变线云带尾部对流云团的形成:下游有一条表现为纹理不均匀的切变线云带,上游有卷云带东移,切变线云带以南地区偏南气流加大,它的西南端有对流云团发展,从头到尾两个云带不相交。在 500 hPa 上,卷云带对应南北幅度较大的槽,切变线云系在 700 hPa 上为一条切变线,其西端有西南涡发展,伴随西南涡发展,在其前方有对流云团发展(图 10.11)。

8)盾状云演变成逗点云后与切变云带合并生成逗点云系:与切变线云带相交的盾状卷云带由于高空槽后气流侵入,云系后界向云内凹,出现干舌,为逗点型云,但没有进一步发展,反而变得平直并入切变线云带中。最初对流云团生成于两云系相交处,此时中低云增多,云区南侧与西南季风云系相联。随卷云东移,盾状云系后界处色调变暗,云顶变暖,表明高空有冷空气侵入云区,为下沉气流;云系前界处继续向北扩大,色调变白;随对流云团发展,新云团出现于老云团的西侧,为后向发展的云团。后界内凹的盾状卷云区可能出现两种情况,一是云系继续向逗点云型发展;二是云系进入较强的西北气流控制区,云系不能向北发展,振幅减小,并入到切变线云带内。新对流云团在老云团西侧向西发展,进而形成对流云带(图10.12)。

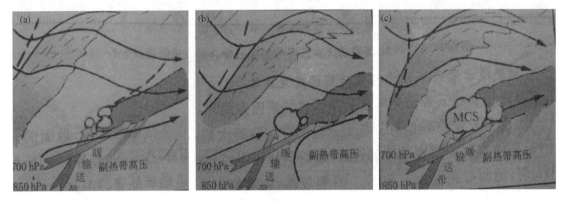

图10.11　卷云带逼近切变线云带尾部对流云团的形成图(引自　陈渭民,2005)

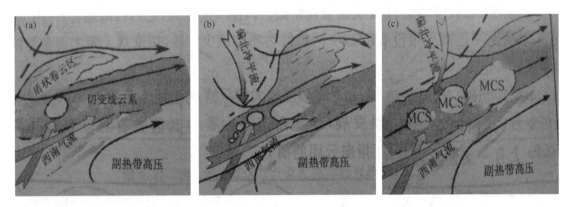

图10.12　盾状云演变成逗点云后与切变云带合并生成逗点云系图(引自　陈渭民,2005)

9)切变线云带前界处的对流云团的发生发展有两种情况:一是由于云带前界处有云与无云区的存在使得太阳对下垫面加热不同,地面的升温不同,从而在云边界处造成显著的温度梯度,引起切变线云带前界处的锋生作用,产生云界处的热力不稳定和上升运动,有利于触发对流云团的发展;二是由天气系统与局地热力作用共同造成的。以卷云为主的浅槽云系与切变线云带重叠在一起,在午后云带前界、卷云下方有对流云团初生,在云团发展的同时,切变线云带北界的卷云反气旋弯曲越来越明显,云带向北凸起变宽,表示高空有辐散加强,低层辐合加大(图10.13)。

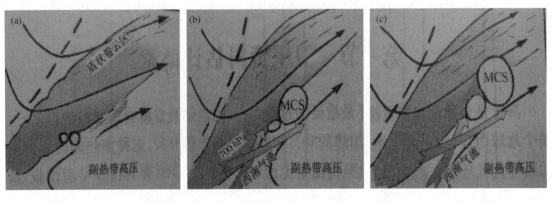

图10.13　切变线云带前界处的对流云团的发生发展图(引自　陈渭民,2005)

10)切变线云带内部的对流云团的发生发展:在一条东西向的切变线云带的北界和南界有向东和向西南方向伸出的纤维状卷云,从卷云的走向可以判断高空为辐散场,有利于低空辐合。对流云团生成于切变云区内、高空反气旋辐散中心处。这种情况的云团一般发生于夜间(图 10.14)。

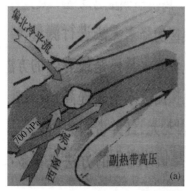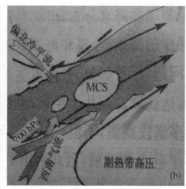

图 10.14　切变线云带内部的对流云团的发生发展图(引自 陈渭民,2005)

10.2　多普勒天气雷达

10.2.1　新一代天气雷达概述

新一代天气雷达是多普勒雷达。它除了测量雷达的回波强度外,还可以测量降水目标物沿雷达波段径向的运动速度和速度谱宽。目前中国东部和中部地区,使用的是装备先进的 S 波段(10 cm)的多普勒雷达系统,对强对流、热带气旋和暴雨等重要天气系统进行有效的监测和预警,并对降水量进行估测。天津现有一部 S 波段的雷达,安装在塘沽,雷达代号为 220。新一代天气雷达的应用领域主要包括:

(1)对灾害性天气的监测和预警。新一代天气雷达观测的实时回波强度、径向速度、速度谱宽的图像中,提供了丰富的有关强对流天气的信息。回波强度图的分析和应用与常规天气雷达相似,而径向风场的分析可以根据典型风场的径向分量表现出的特殊结构形态,对强对流天气伴随的典型性风场进行识别。

(2)定量估测大范围降水。雷达测量的回波强度按照适当的 Z-R 关系,对降水强度随时间进行累积转换成降水量。雷达估测降水量除了雷达本身的精度限制外,还受到降水类型(影响 Z-R 关系)、雷达探测高度、地面降水的差异和风等多种因素的影响,使得雷达估测值与地面雨量计测量值有差异。

(3)风场信息。新一代天气雷达获取的风场信息除了在实时显示的径向速度分布图上直接用来识别、监测强对流天气外,通过对一次完整的体扫测得的径向速度分布进行一定的反演处理可以得到以雷达为中心几十千米范围的平均垂直风廓线。在线形风的假定条件下,雷达获取的径向风速数据通过 VAD 处理,可以得到不同高度上的水平风向和风速,因而可以得到垂直风廓线随时间的演变图。

（4）改善高分辨率数值天气预报模式的初值场。通过对雷达反射率因子和径向速度数据进行通话，可以大大提高高分辨率数值天气预报模式处置场的精度，进而改善数值天气预报。

10.2.2 雷达主要产品的算法及应用

雷达系统提供了较高灵敏度及较高分辨率的反射率因子、平均径向速度及谱宽三种基数据，在 RPG 中基数据经过算法处理可形成 39 个种类的分析产品。雷达产品分为基本产品和导出产品（表 10.1）。基本产品是指由基数据直接形成的不同分辨率和数据显示级别的反射率因子、平均径向速度和谱宽。导出产品是指经过 RPG 中的气象算法处理后得到的产品。其中重要的算法有风暴单体识别与跟踪算法（SCIT）、冰雹探测算法（HDA）、中气旋探测算法（MDA）、VAD 风廓线算法以及降水量算法（PPS）等，相应的产品有风暴跟踪信息（STI）、冰雹指数（HI）、中气旋（M）、VAD 风廓线（VWP）、1 h 累积雨量、3 h 累积雨量以及风暴总降水等。此外还有大量由较简单的算法导出的产品，常用的有相对风暴径向速度图、垂直累积液态水含量、风暴顶、组合反射率因子、强天气分析、相对风暴径向速度区等。

表 10.1 CINRAD-SA 型新一代天气雷达产品清单表

产品名	产品标示符	产品标示号	产品名	产品标示符	产品标示号
反射率因子	R	16-21	垂直累积液态水	VIL	57
基本径向速度	V	22-27	风暴跟踪信息	STI	58
基本谱宽	SW	28-30	冰雹指数	HI	59
组合反射率因子	CR	35-38	中气旋	M	60
组合反射率因子等值线	CRC	39-40	龙卷式涡旋特征	TVS	61
回波顶	ET	41	风暴结构	SS	62
回波顶等值线	ETC	42	分层组合反射率因子平均值	LRA	63,64
强天气分析反射率因子	SWR	43	分层组合反射率因子最大值	LRM	65,66
强天气分析径向速度	SWV	44	分层组合湍流平均值	LTA	67-69
强天气分析谱宽	SWW	45	分层组合湍流最大值	LTM	70-72
强天气分析切变	SWS	46	用户警报信息	UAM	73
强天气概率	SWP	47	自由文本信息	FTM	75
速度方位显示风廓线	VWP	48	PUP 文本信息	PTM	77
组合切变	CM	49	1 h 累积雨量	OHP	78
反射率因子垂直剖面	RCS	50,85	3 h 累积雨量	THP	79
径向速度垂直剖面	VCS	51,86	风暴总降水量	STP	80
谱宽垂直剖面	SCS	52	1 h 数字降水阵列	DPA	81
弱回波区	WER	53	速度方位显示	VAD	84
相对风暴平均径向速度区	SRR	55	组合切变	CS	87
相对风暴平均径向速度图	SRM	56	组合切变等值线	CSC	88

10.3　风廓线仪

10.3.1　风廓线仪的探测原理

风廓线仪的应用是对传统气球测风方法的一次革命。与有球测风相比,风廓线仪除了具有可连续探测优点外,还具有高精度和运行可靠性。它融合了现代技术,具有操作维护方便、垂直分辨率高、风速测量误差与有球测风相当、适用范围广的特点。

大气风廓线仪是利用大气中的各种尺度的湍流引起折射指数变化而对电波产生的散射作用,测量得到空气运动的多普勒效应的信号,经过资料处理得到实时的大气风廓线。同时,风廓线仪还可以配合电声探测系统探测大气温度廓线。由于大气廓线仪可获得时间分辨率较高的风廓线变化过程的资料,因此风廓线探测系统在全球范围内已广泛应用于行星边界层和对流性降水等中小尺度天气的研究中。

10.3.2　风廓线产品的应用

与气球测风相比,风廓线仪最突出的优点是可以连续探测。风廓线仪在 6 min 时间内,就可以测得上空 16 km 以下不同层次的风向风速。也就是说,每 1 h 可以得到 10 次完整的探测数据。这些资料对中小尺度系统的分析和某些研究目的特别有用。实际应用上是把各次 6 min 的测值,经中央处理机的质控、处理、取平均和编排之后,向用户提供 1 h 平均风,这种近乎连续的探测资料,是用气球测风方法难以取得的。

风廓线仪资料在天气分析和预报方面有着广泛的用途,主要包括大气水平风测定、垂直气流测定、大气湍流测定等三方面内容。单站风廓线仪资料就可以得到测站上空风的详细结构和变化,可以确定:锋面和槽脊的靠近、过境或倒退;锋面和槽脊的坡度;高空小尺度闭合环流的位置;锋面强度和气团厚度;风切变和湍流;降水、地面大风和强对流发生的始末;垂直速度;低空急流和热成风等。多台风廓线仪可以观测强对流时的中尺度环境场,计算其涡度、散度等特征量。

10.3.2.1　垂直速度资料的应用

在降水情况下,风廓线雷达探测到的垂直速度(未经落速订正)代表了空气的垂直运动和降水粒子的下沉运动的总和。有分析发现,降水时约小于 -4 m/s 的垂直速度反映了降水的开始和结束,且垂直速度越小降水越强(定义垂直速度向上为正),这种风廓线雷达探测到的负垂直速度与降水强度的对应关系是由于降水时降水粒子的下落速度所造成的,它反映了降水粒子的密度。

风廓线仪探测到的垂直速度数值大小随高度的波动,以及这种波动发展的高度可能反映了大气中垂直热交换的强度,因而它有可能成为判断对流发展强弱的一个重要指标。垂直速度随时间和高度分布廓线弯弯曲曲,随高度波动大说明在大气的不同层次之间热力或动力差异较大,预示此对流风暴可能伴随有诸如龙卷风或冰雹等剧烈的强对流天气。相比之下,垂直速度廓线比较陡直,垂直速度随高度的波动小则当天以短时强降水天气为主。

10.3.2.2　水平速度资料的应用

利用风廓线雷达还可以实时监测水平风的垂直切变及切变发展的深度,从而分析对流发展的程度以及降水的强度。利用风廓线雷达水平风资料,还可以探测与夏季强对流天气发生密切相关的边界层内低空急流的强度和垂直速度。按照时空转换的原则在风廓线雷达探测范围内(3000 m 以下),连续 3 个时次(即持续时间约大于 1 h)探测到大于 12 m/s 的强南或西南风速,则可视为存在低空急流。

10.3.2.3　数值模式资料同化

风廓线仪探测资料为站点资料,由于其时间分辨率较高,可以作为站点资料同化到模式当中。通过改变初始场,区域降水的数值模拟比无同化的初始场对区域降水的数值模拟有一定程度的改进。

10.4　GPS/MET 的探测原理与应用

10.4.1　GPS/MET 的探测原理

大气中水汽随时空的变化对气象预报,特别是对水平尺度 100 km 左右、生命史只有几小时的中小尺度灾害性天气(如暴雨、冰雹、雷雨、大风、龙卷风等)的监测、预报具有特别重要的指示作用。GPS/MET 遥感技术是一种新型大气水汽探测手段,可以获得半小时至几分钟的时间高分辨率、1～2 mm 精度及垂直分布廓线等信息的水汽资料,可有效地弥补探空资料在时间分辨率上的不足,提供高精度、高容量、快速变化的大气水汽信息。在各种水汽探测手段中 GPS/MET 遥感技术具有很明显的优势,具体见表 10.2。

表 10.2　GPS/MET 遥感技术与其他探测手段测量水汽的比较优势表

水汽探测手段	基本情况	比较优势
GPS/MET	可以获得时间、空间高精度及垂直分布廓线等信息的水汽资料	成本低、精度高、时间分辨率高、可全天候观测
无线电探空技术	通过施放探空气球,收集有关的温度、气压、湿度等气象要素来计算水汽含量	探空站分布稀疏,并且一般每天仅进行早晚 2 次探测,不足以分辨水汽的时空变化
水汽微波辐射计(WVR)	具有连续测量大气水汽和云液态水垂直积分量及分布的能力	成本高,而且在有浓云时穿透能力下降,特别是有降水发生时误差更大
气象飞机探测	通过机载探测仪器探测水汽	成本很高,只能用于个别地区的特殊观测
地面湿度计观测	测定的是近地层空气的湿度状况	不能反映高空大气的水汽含量
气象卫星观测	通过红外线观测得到大气水汽含量	仅在无云区才能获知水汽含量的垂直分布

由于 GPS/MET 技术探测大气水汽在任何天气条件下获得精确信号的能力较强(包括在有很厚的云层覆盖时),所以已开始作为一种新的遥感探测手段应用于大气水汽的研究和业务应用试验,并已开始或即将开始成为下一代高空大气观测系统重要的组成部分,在未来天气预

报技术的发展中也将扮演重要角色。另外,GPS/MET 技术探测大气水汽的技术在水分平衡和水汽循环研究、空中水资源开发利用等领域也可大有作为。所以运用 GPS/MET 技术估算大气水汽总量是 20 世纪 90 年代兴起的一种极有潜力、实用价值很大的新型大气探测技术,属于前沿性、多学科交叉的研究领域。

10.4.2　GPS/MET 资料在天气预报中的应用

地基 GPS/MET 技术原理是将 GPS/MET 接收机设置于地面,像常规的 GPS/MET 测量一样,通过地面布设 GPS/MET 接收机网来估计某个地区的气象要素。遥感大气中的水汽总量 PWV 是地基 GPS/MET 气象学的主要目标之一,可提供几乎连续的、高精度的 PWV 数据,或通过排除信号、保留干扰来确定云层的厚度、性质和移动,用于恶劣天气的监测和预报。由于 GPS/MET 技术可以成功地从 GPS/MET 信号中提取大气水汽分布的信息,并且信号不受天气的影响,故可以 24 h 不间断地监测大气的变化,这为气象预报提供了更为先进的手段。对某些天气预报时间分辨率要求高或地面常规气象站分布稀疏的地区,应用 GPS/MET 技术探测大气水汽对短时或临近天气预报(nowcasting)极有价值。由地基 GPS/MET 估计大气水汽总量的可行性和测定精度,已在与同时段无线电探空观测结果和水汽微波辐射计观测结果的直接比较中得到肯定。

10.5　闪电定位仪

闪电定位仪是指监测闪电发生的探测设备。记录闪电发生的时间、位置、强度、极性等指标,其定位精度小于 1 km,时间精度小于 1 s,可长期、连续地运行,每台仪器监测范围可达100 km。

主要分为单站和多站定位两类。单个闪电定位仪只能探测雷暴的方向、大致位置、频度,它定位误差大、强度无法确定。多站定位系统的定位精度高、探测参量多,但设备复杂,需要通信网、中心数据处理站。

根据接收雷电信号的频段差异,多站法闪电定位系统分为甚低频、甚高频两类。甚低频闪电监测定位系统(低于 1 MHz)主要测量云地闪电回击过程辐射的电磁场,对回击过程进行定位。甚高频闪电监测定位系统测量闪电每一个放电过程所辐射的甚高频电场,可对闪电位置进行精确定位。

10.5.1　设备及探测原理

单站定位是从一站同时确定闪电的方向和距离。利用闪电电磁场相位差和闪电天、地波到达时间差的远离制作的。可以测量 250 km 范围内地闪的方位、距离、强度和极性。单站定位法利用两个相同的垂直环形天线,分别指向南北和东西的定向仪,接收闪电发出的信号,它只能确定闪电的方向,不能确定闪电的具体位置。

多站定位是利用两个或多个相隔一定距离的定位仪同时观测同一闪电产生的天电信号,确定闪电所在位置。定位的方法有三种:

(1)磁定向法(MDF)。其原理是:磁定向器的感应器由两个正交线圈天线组成,与测量闪击方位的电子线路相连接,当三个方向定向器检测到一闪击时,则可得到的三个位置(方向交叉点)和一个最佳的估计(三角型中心)。

(2)时间到达定位法(TOA)。根据测量同一闪电的起始信号到达各测站的时差来确定闪电位置。此法可以避免磁定向法所存在的误差,但对各测站的定时要求须小于 10 μs,比测向法所要求的 10 ms 同时性高得多,花费也大。在 200 km 以内的近距定位中,采用甚高频波段时差法。

(3)综合法。同时利用磁定向法(MDF)和时间到达定位法(TOA):MDF 法提供方位信息,TOA 提供到达时间的距离信息,利用全部可得到的信息,用圆相交法确定闪击位置。

由于综合法主要依赖的是精密时统技术 GPS,因而它们定位精度远远高于磁定向法。

10.5.2　产品应用

目前,雷电监测定位系统已广泛应用在雷电的监测、预报、雷电防护及雷电研究中。可判断对流云是否有雷电发生,利用闪电频率变化预警冰雹、暴雨等灾害性强对流天气。

10.6　电场仪

大气电场仪是直接安装在地面上用来测量大气电场及其变化的设备。大气电场仪分为地面电场仪和空中电场仪,它是利用导体在电场中产生感应电荷的原理来测量电场的。

10.6.1　设备及探测原理

太阳风、等离子体以及磁气圈中地磁场的交互作用,形成了太阳风与磁气圈之间的大气电场层。正常条件下,大气电场强度为每米几百伏,但是暴风雨的来临能推进大气电场强度到每米几千伏。因云底部相反的电荷会被地面电场仪感应到,且在地面电场仪灵敏度范围内,地面电场仪上的感应电荷强度与云底部附近的电荷成正比,因此地面电场仪可以实时探测其周围地区的大气电场信号。

10.6.2　产品应用

在晴朗的天气里,电场强度范围是:+500 V/m 到 -500 V/m. 接近雷暴的时候,电场强度随着闪电能量的增加而逐渐增加。当电场强度达到 +/-2 kV/m 时,说明闪电的能量高。当雷暴产生时,大气电场强度能增大到 15 kV/m 以上。由于这个变化过程较为缓慢,大概需要 30 min 左右的时间,所以可以使用地面电场仪来了解其周围地区雷暴的发展活动状况,利用电场曲线的波动,预警强雷暴的发生。

10.7　自动气象站

自动气象站是一种能自动收集、处理、存储或传输气象信息的装置。其主要作用是自动采集各类气象要素的观测数据,经处理后发至终端设备;按照规定公式自动计算海平面气压、水汽压、相对湿度、露点温度等;按照业务需求,编发各类气象报文,编制各类气象报表和发送实时观测数据。

10.7.1　自动气象站工作原理

自动气象站的种类很多,但是其结构与原理大致都是相同的。自动气象站由传感器、数据采集器、通讯接口和系统电源四部分与有关软件组成,可根据业务需要配备微机终端作为外围设备。

目前,天津所辖区域内所用自动站型号主要是 CAWS600,这种型号的自动气象站的特点是测量要素多,功能齐全,软件丰富,代表了中国现有自动气象站的最高水平。当系统通电后,采集器开始自检,并将取样规范程序装入内存,开始运行。这时采集器已进入用户命令循环,等待通讯口指令,并按照各要素采样规范进行各通道传感器的扫描取样,然后将扫描结果进行相应的换算、统计、极值挑取等处理。处理结果在有扩展 PCMCIA 卡的情况下,将被存入扩展卡,在没有扩展卡时被存入主存储器。这些结果都能由用户从 RS232 通讯口端进行调用。

10.7.2　自动气象站资料的应用

自动气象站网的建立,对准确、实时地监测各类气象灾害的发生发展,及时做出气象灾害的预警,减少各类气象灾害及其引发的次生灾害所造成的损失,有效保护人民生命财产安全有着非常重要的意义。自动气象站资料的应用具体包括以下五个方面。

10.7.2.1　在短时临近预报预警工作中的作用

自动气象站网的建立,使得地面资料获取量大大增加,促进预报员对本地天气气候规律的认识。为短期预报特别是短时、临近预报及预警提供密度大、频率高的时空分布资料,对分析中小尺度天气系统有着非常重要的作用。自动气象站提供的高时空密度资料,结合数值预报产品、雷达、卫星等资料,综合运用各种统计方法,可加强灾害性、突发性天气的监测和预警能力,以及提高短时、临近天气预报的准确率。

10.7.2.2　在决策服务中的应用

通过对加密自动气象站资料的综合分析,为各级领导提供地面气温、雨量、湿度、土壤墒情、地表径流量、地下水位变化情况和灾情,为各级领导指挥防汛抗旱、水库蓄水、趋利避害、防灾减灾提供更科学的技术支持和决策依据,进一步提高天津防灾减灾工作的应对能力和决策水平,为促进社会经济全面、协调、可持续发展做出更大的贡献。

10.7.2.3　在人工影响天气业务中的应用

当前,广泛开展的人工影响天气业务主要有人工增雨和人工防雹。所面对的是天气系统操纵下的天气系统云系和对流系统操纵下的对流云系。自动气象站在其中所起的作用主要包括以下三方面:

(1)对中小尺度天气系统的监测和识别。天气系统云系是多波系统,包含中小尺度结构,这种结构的形成与地面形势场(例如小冷锋、小气旋、小辐合线等)有关,形成的降水大都是从云系中局地强化的中小尺度云体中降落的。雷达观测表明,降水主要来自云中发展较高、强度较强的对流体,这些"对流泡"的产生,主要是由于大气中中小尺度系统的扰动造成的。因此分析中小尺度系统的生消、演变,是人工影响天气作业设计、作业预警的重要环节。

(2)利用自动站气象资料选择最佳作业时机。作业的最佳时机,在时间上要求作业云正处在发展最旺盛、含水量最丰富的时刻,在空间上要求正确判断云催化的最大潜力区。加密自动站资料对于预报这个最大潜力区提供一个新的途径。

(3)利用自动气象观测站资料进行人工增雨作业的效果评估。自动气象站观测资料的高分辨率的特性,给人工增雨的效果评估提供了更便捷、准确的途径,可以更客观地评价人工增雨作业的效益。

10.7.2.4   在改进数值模式方面的作用

目前,随着社会对气象预报精细化程度的要求越来越高,中小尺度区域数值模式的研发与应用越来越普遍。为了提高短时数值模式预报的准确率,将自动气象站资料,以及雷达、卫星等高分辨率的气象资料进行实时同化,滚动计算,大大提高了短时临近预报系统的准确率,为短时临近预报预警业务提供了最值得借鉴和参考的预报工具。

10.7.2.5   在专业气象服务中的作用

自动气象站网资料具有空间密度大、资料时次多的特点,可以利用高密度的自动气象站网资料进行地质灾害预警、城市内涝预警、交通灾害预警、为电力调度等提供高密度气象资料等专业气象服务。

参考文献

陈红玉,钟爱华,李建美,等.2009.风廓线雷达资料在强降水预报中的应用.云南地理环境研究,**21**(5):63-68

陈渭民.2003.雷电学原理.北京:气象出版社

陈渭民.2005.卫星气象学(第2版).北京:气象出版社

楚艳丽,郭英华,张朝林,等.2007.地基GPS水汽资料在北京"7·10"暴雨过程研究中的应用.气象,**33**(12):16-22

邓雪珍,邢利红,张国秀.2007.浅谈自动气象站网资料在气象业务中的应用.气象研究与应用,**28**(A03):102

李国平,黄丁发.2005.GPS气象学研究及应用的进展与前景.气象科学,**25**(6):651-660

林朴炎.1994.风廓线仪——下一代测风系统.广东气象,**1**:40-41

刘吉,范绍佳,方杏芹,等.2007.风廓线仪研究现状与应用初探.热带气象学报,**23**(6):693-696

胡玉峰.2004.自动气象站原理与测量方法.北京:气象出版社

山义昌,王善芳,郑学山,等.2008.自动气象站资料在人工影响天气作业中的应用.山东气象,**28**(1):7-10

熊廷南,徐怀刚,牛宁.2009.气象卫星图像解译与判读.中国气象局培训中心,1-149

许小峰,郭虎,廖晓农,等.2003.国外雷电监测和预报研究.北京:气象出版社

杨露华,叶其欣,邬锐,等.2006.基于GPS/PWV资料的上海地区2004年一次夏末暴雨的水汽输送分析.气象科学,**26**(5):502-508

杨引明,陶祖钰.2003.上海LAP—3000边界层风廓线雷达在强对流天气预报中的应用初探.成都信息工程学院学报,**18**(2):155-160

俞小鼎.2009.强对流天气临近预报.中国气象局培训中心,1-269

俞小鼎,姚秀萍,熊廷南,等.2006.多普勒天气雷达原理与业务应用.北京:气象出版社

张庆阳,张沅,李莉,等.2003.大气探测技术发展概述.气象科技,**31**(2):119-123

张胜军,徐祥德,吴庆梅,等.2004."中国登陆台风外场科学试验"风廓线仪探测资料在四维同化中的初步应用
　　研究.应用气象学报,**15**(B12):101-108

周敏,张黎,解斌.2008.GPS水汽探测原理及应用.陕西气象,**5**:31-32

第11章　预报业务系统简介

天津市气象台在日常预报服务业务中,除了使用 MICAPS(气象信息综合分析应用系统)、SWAN(短时天气分析预报系统)等常规的预报系统外,各岗位均有独立的业务系统。下面对各岗位使用的主要业务系统功能、结构进行简要介绍。

11.1　短期天气预报系统

11.1.1　天气预报业务平台

天气预报业务平台主要由预报工具、数值预报、客观预报、资料查看、预报服务、业务管理、系统管理、预报评分等 8 部分组成。

11.1.2　地质灾害气象预报预警系统

该系统主要模块包括蓟县雨量站雨量查询板块、数值预报查看板块、蓟县雨量预报板块、地质灾害气象预警发布系统。

11.1.3　城镇预报制作平台

城镇预报制作平台按中国气象局的要求制作和传输天津 13 个区县站的 0～168 h 要素预报,预报内容包括天气现象、风向、风力、最高温度、最低温度。每天早晨 05:00 之前制作和传输 0～72 h 54517(天津市区)和 54623(塘沽)的天气预报,6:45 之前制作和传输 0～168 h 其余 11 个区县站的天气预报,每天上午 10:30 之前制作和传输 13 个区县站的天气预报,每天 15:30 之前制作和传输 0～168 h 54517 和 54623 的天气预报,16:30 之前制作和传输其余 11 个区县站的天气预报。本系统在制作预报时还可以先导入城镇指导预报,用户直接订正预报即可。

11.1.4　精细预报制作平台

精细预报制作平台可以制作 0～12 h、12～24 h 天津 232 个乡镇的常规要素预报和灾害性天气预报。常规要素预报包括天气现象、风向、风力、最高温度、最低温度。灾害性天气预报包括冰雹、雷暴、中雪、大雪、暴雪、雾、浓雾、强浓雾、冻雨、霜冻、大雨、暴雨、沙尘暴、强沙尘暴、大风、高温 37℃、高温 40℃、强降温、冰冻、连阴雨、干热风、龙卷。

11.1.5　中短期预报评分系统

系统采用模块化设计,共分七大模块,分别为预报录入模块、实况数据写入模块、评分计算模块、实时评分模块、评分查询模块、实况数据修正模块、统计报表输出模块。其中以评分计算模块作为系统核心,以 SQL2000 数据库作为系统基础,预报录入模块、实况数据写入模块分别向数据库中写入预报结论和相应实况数据,评分计算模块则根据提供的预报结论和相应的天气实况按照《天津市气象局中短期天气预报质量检验办法》的要求对预报结论进行评定,并以文本形式将预报评定输出供实时评分模块调用。

11.2　短时预报系统

11.2.1　短时天气预报录入系统

主要功能分成三部分:①常规预报的发布。常规预报是指每天定时发布的 0～3 h、3～6 h、6～12 h 趋势预报,包括天津 13 个区县站的天空状况、风向、风速、最高最低气温、相对湿度、降水概率、雨量定量以及闪电概率。发布时间在每天 05 时、08 时、11 时、14 时、17 时、20 时之前,最终生成文字产品上传至服务器。②订正预报。如果遇到需要订正的天气可发布针对 3 h 预报的订正预报,发布内容与常规预报一致,生成产品与常规预报产品也是相同的。③突发天气。如遇突发天气则可以发布突发天气预报。

11.2.2　短时评分系统

系统采用模块化设计,共分 7 大模块,与中短期预报评分系统一样,根据提供的预报结论和相应的天气实况按照《天津市气象局短时天气预报质量检验办法》的要求对预报结论进行评定,并以文本形式将预报评定输出供实时评分模块调用。

11.3　海河流域天气预报系统

海河流域降水预报平台能够自动生成各种所需的预报和实况的图形、图片,提供多种显示方式,减轻海河流域预报服务人员的劳动强度、提高工作效率;提供带有海河流域地理信息的产品图片,满足用户对预报服务的需求。可分别处理不同的原始数据格式,并配置经纬度信息,将它们统一化地生成系统可使用的数据,后台调用 Surfer 软件大批量地绘制气象原始数据对应的等值线曲面图,并生成用于海河流域地图集成的气象矢量图层。用户可按日期选择T213、Germany、Japan 三种数值预报的气象图层,并自动集成到海河流域地图中。另外,系统可提供三种数值预报比较分析界面,并可保存比较结果。在制作预报产品时,用户可选择《气象信息》、《流域周降水预报》、《流域雨情分析》三种气象文档产品去编辑与制作,工作平台可以实现产品文档中日期时间、产品图片将自动插入到预定位置,同时界面显示将要使用降水实况图片(用户可自己选择要插入文档的产品图片)。在工作平台上还整合了打印、保存、Lotus

Notes 发布、传真发布、产品上传服务器等功能,方便了预报员的日常预报工作。

11.4　海洋天气预报系统

海洋天气预报系统主要功能:

(1)将风浪客观预报产品接入海洋预报制作平台,实现风浪数值预报产品的自动读取和精细化处理。预报员在其基础上进行预报制作与修改订正,提高预报准确率,使预报产品更加客观化、自动化。

(2)预报制作方法的优化与改进。天津市海洋气象服务预报产品制作平台的设计更科学、更人性化,使专业预报产品制作过程化繁为简。平台设计的预报区域选择方式有四种,第一种是根据地理位置选择,例如辽东湾站点、渤海湾站点等。第二种是可以根据站点性质选择,例如港口站点、作业区站点、海湾站点等;提供站点位置与站点性质结合的方式选择站点,例如可以选择所有辽东湾的港口站点、渤海湾的作业区站点等。第三种是表格选择,将预报内容列表显示,可以在表格中进行预报站点的选择。第四种是将地理信息加入海洋平台,画图选择,预报员可以在平台提供的海洋地图内任意圈定预报制作的区域。预报区域选好后,平台会自动列出所选区域内的预报地点并赋予相应的风浪模式要素预报值,经预报员修改后,可以批量制作专业预报,极大地提高了工作效率。

(3)预报产品入库管理。将用户站点信息、风浪数值预报产品信息、专业预报内容信息输入数据库统一管理。其中预报内容输入天津气象服务中心的数据库,便于服务中心的使用和发布。

附　　录

附录 A　风雨级别、预报用语

A1　降水等级

表 A1.1　降水等级划分表

降水级别划分	12 h 降水总量/mm	24 h 降水总量/mm
小雨	<5.0	1.0～9.9
小雨—中雨	3.0～9.9	5.0～16.9
中雨	5.0～14.9	10.0～24.9
中雨—大雨	10.0～22.9	17.0～37.9
大雨	15.0～29.9	25.0～49.9
大雨—暴雨	23.0～49.9	38.0～74.9
暴雨	30.0～69.9	50.0～99.9
暴雨—大暴雨	50.0～104.9	75.0～174.9
大暴雨	70.0～139.9	100.0～249.9
大暴雨—特大暴雨	105.0～169.9	175.0～299.9
特大暴雨	≥140.0	≥250.0
零星小雪、小雪、阵雪	<1.0	<2.5
小雪—中雪	0.5～1.9	1.3～3.7
中雪	1.0～2.9	2.5～4.9
中雪—大雪	2.0～4.4	3.8～7.4
大雪	3.0～5.9	5.0～9.9
大雪—暴雪	4.5～7.5	7.5～15.5
暴雪	≥6.0	≥10.0

A2　风浪等级

表 A2.1　风浪等级对照表

风级	名称	风速/(m·s^{-1})	浪(英文)	浪	一般浪高	最大浪高
0	静稳	0～0.2	calm	平静	—	—
1	软风	0.3～1.5	Sea smooth	小波	0.1	0.1
2	轻风	1.6～3.3	Sea smooth	小波	0.2	0.3

续表

风级	名称	风速/(m·s⁻¹)	浪（英文）	浪	一般浪高	最大浪高
3	微风	3.4～5.4	Sea smooth	小波	0.6	1.0
4	和风	5.5～7.9	Sea slight	轻浪	1.0	1.5
5	清劲风	8.0～10.7	Sea Moderate	中浪	2.0	2.5
6	强风	10.8～13.8	Sea rough	大浪	3.0	4.0
7	疾风	13.9～17.1	Sea very rough	巨浪	4.0	5.5
8	大风	17.2～20.7	High seas	猛浪	5.5	7.5
9	烈风	20.8～24.4	Very high seas	狂浪	7.0	10.0
10	狂风	24.5～28.4	Very high seas	狂浪	9.0	12.5
11	暴风	28.5～32.6	Phenomenal sea	非凡现象	11.5	16.0
12	飓风	≥32.7	Phenomenal sea	非凡现象	14.0	—

附录 B　台风等级、发布规范

表 B1.1　热带气旋级别划分表

热带气旋名称	英文简写（全称）	风力（级）	最大风速/(m·s⁻¹)	最大风速/(kt)
热带低压	TD(Tropical Depression)	6～7	10.8～17.1	22～33
热带风暴	TS(Tropical Storm)	8～9	17.2～24.4	34～47
强热带风暴	STS(Severe Tropical Storm)	10～11	24.5～32.6	48～63
台风	TY(Typhoon)	12～13	32.7～41.4	64～80
强台风	STY(Severe Typhoon)	14～15	41.5～50.9	81～99
超强台风	Super TY(Super Typhoon)	≥16	≥51.0	≥100

附录 C　天气预报用语、天气现象符号

C1　天空状况

天空状况是由天空云量多少和阳光强弱来决定的，分晴天、少云、多云、阴天四种情况。

表 C1.1　天空状况规定表（依据国标《公众气象服务天气符号》）

晴(sunny)	天空无云，或有零星云层，天空云量小于天空面积的 1/10
少云(partly cloudy)	天空中有 1～3 成的中、低云或 4～5 成的高云
多云(cloudy)	天空有 4～7 成的中、低云或 6～10 成的高云
阴天(overcast)	天空阴暗，密布云层，或天空虽有云隙而仍感到阴暗（总云量 8 成以上），偶尔从云缝中可见到微弱阳光

表 C1.2　天气现象用语和描述表(依据国标《公众气象服务天气符号》)

小雨(light rain)	中雨(moderate rain)	大雨(heavy rain)	暴雨(torrential rain)
小雪(light snow)	中雪(moderate snow)	大到暴雪(heavy snow)	
雷阵雨(thunder shower)	雷暴并伴有阵雨		
冰雹(hai)	坚硬的球状、锥状或形状不规则的固态降水		
雾(fog)	悬浮在贴近地面的大气中的大量微细水滴(或冰晶)的可见集合体,能见度在 1 km 以下称为雾,在 1～10 km 的称为轻雾		
雨夹雪(snow and rain)	半融化的雪(湿雪)或雨和雪同时下降		
冻雨(freezing rain)	由过冷水滴组成的,与温度低于 0℃ 的物体碰撞立即冻结的降水		
霜冻(frost)	一年中温暖时期,土壤表面和植物表面温度下降到 0℃ 或 0℃ 以下,而引起植物损伤乃至死亡		
强风(strong wind)	6 级风,距平地 10 m 处风速在 10.8～13.8 m/s		
疾风(near gale)	7 级风,距平地 10 m 处风速在 13.9～17.1 m/s		
大到飓风(severe wind)	8～12 级风,距平地 10 m 处风速在 17.2～36.9 m/s		
热带气旋(tropical cyclone)	热带海洋大气中形成的中心高温、低压的强烈气旋性涡旋。按中心最大风速分为热带低压、热带风暴、强热带风暴和台风		
浮尘(floating dust)	尘土、细沙悬浮于空中,水平能见度小于 1 km		
扬沙(dust blowing)	风将地面尘、沙吹起,使空气混浊,水平能见度在 1～10 km		
沙尘暴(dust devil)	强风将地面尘、沙吹起,使空气混浊,水平能见度小于 1 km		
强沙尘暴(severe dust devil)	强风将地面尘、沙吹起,使空气混浊,水平能见度小于 0.5 km		
物强沙尘暴(vary severe dust devil)	强风将地面尘、沙吹起,使空气混浊,水平能见度小于 0.05 km		

C2　降水概率发布

根据中国气象局对《降水概率预报暂行规定》的要求,结合天津的实际情况,将全年的降水时段分为两部分:一是汛期(6—10 月),二是汛期以外的时段。在汛期中将降水强度分为小雨、中雨、大雨和暴雨,非汛期分为小雨及中雨以上降水(含降雪)。预报量级与降水强度一样,预报概率值大小(POP)分为 12 级,即 POP＝(0.0,0.05,0.1,0.2,0.3,0.4,0.5,0.6,0.7,0.8,0.9,1.0)。对 POP 值的相关解释见表 3.3。

表 C2.1　POP 值的相关解释表

POP	解释
＜0.2	不提及降水出现
＝0.2	降水出现机会很小
0.3～0.5	有机会出现降水
0.6～0.7	可能有降水出现
＞0.7	有降水出现

在对外公开发布的预报中,只发布一个等级的降水概率预报,并和定性预报的降水等级一致。即报小雨发 0.1 mm 以上的降水概率;报中雨发 10.0 mm 以上的降水概率,等等。例如明天有大雨,降水概率为 40％,如果使用跨等级预报,则发布较低降水等级的概率;预报小到中雨,则发布 0.1 mm 以上的降水概率等。对外公开发布预报中,如果降水概率为 30％ 或以上,则发布降水概率。例如,明天多云转阴,降水概率为 30％。

C3　降水天气发布用词规定

(1)气象术语区域性名词

局部地区:指预报服务范围内小于30%的地方。

部分地区:指预报服务范围内在30%～70%的地方。

大部分地区:指预报服务范围内大于70%的地方。

(2)天空状况(或天气现象)名词

间:以一种天空状况为主,短时间有另一种天空状况。示例:晴间多云。即以晴为主,短时间出现多云。

转:由一种天空状况(或天气现象)转变为另一种天空状况(或另一种天气现象)。示例:阴天转小雨;小雨转多云。

伴有:指一种天气现象出现的同时出现另一种(或一种以上)天气现象。

(3)天气预报时间用语

时间一律以北京时为准,以北京20时为日界。

白天指08—20时;夜间(晚上)指20—08时。

前(上)半夜指20—02时;后(下)半夜指02—08时。

上午指08—12时;下午指14—18时。

早晨指05—08时;中午指12—14时;午后指13—15时;傍晚指17—20时。

C4　天气现象符号与代码对照表

表 C4.1　现在天气(WW)电码、填图符号以及简要说明表

十位\个位	0	1	2	3	4	5	6	7	8	9
0	未出现规定天气现象	不用	不用	不用	烟幕	霾	浮尘	扬沙	观测时或1h前视区内有尘卷风	观测时或1h前视区内有沙(尘)暴
1	轻雾	片状的浅雾,在陆上厚度不超过2 m	连续层状浅雾,在陆上厚度不超过2 m	远电	视区内有降水,但未到地面	距测站5 km以外有降水	在测站附近(5 km以内)有降水,但本站无降水	闻雷,但观测时测站无降水	观测时或1h前有飑	观测时或1h前有龙卷
2	过去1h内有毛毛雨	过去1h内有雨	过去1h内有雪,米雪或冰粒	过去1h内有雨夹雪,或雨夹冰粒	过去1h内有毛毛雨或雨,并伴有雨凇	过去1h内有阵雨	观测前1h内有阵雪或阵性雨夹雪	过去1h内有冰雹或霰	观测前1h内有雾	过去1h内有雷暴(伴有或不伴有降水)
3	轻或中度的沙(尘)暴,过去1h内减弱	轻或中度的沙(尘)暴,过去1h内无变化	轻或中度的沙(尘)暴,过去1h内增强	强的沙(尘)暴,过去1h内减弱	强的沙(尘)暴,过去1h内无变化	强的沙(尘)暴,过去1h内增强	轻或中度的低吹雪	强的低吹雪	轻或中度的高吹雪	强的高吹雪

续表

个位 十位	0	1	2	3	4	5	6	7	8	9
4	近处有雾,但过去1h内测站没有雾	散片的雾	雾,过去1h内变薄,天空可辨	雾,过去1h内变薄,天空不可辨	雾,过去1h内无变化,天空可辨	雾,过去1h内无变化,天空不可辨	雾,过去1h内变浓,天空可辨	雾,过去1h内变浓,天空不可辨	雾淞,天空可辨	雾,有雾淞,天空不可辨
5	间歇性轻毛毛雨	连续性轻毛毛雨	间歇性中常毛毛雨	连续性中常毛毛雨	间歇性浓毛毛雨	连续性浓毛毛雨	轻毛毛雨并有雨淞	中常或浓毛毛雨并有雨淞	轻毛毛雨夹雨	中常或浓毛毛雨夹雨
6	间歇性小雨	连续性小雨	间歇性中雨	连续性中雨	间歇性大雨	连续性大雨	小雨,并有雨淞	中或大雨,并有雨淞	小雨夹雪,或轻毛毛雨夹雪	中常或大雨夹雪,或中常或浓毛毛雨夹雪
7	间歇性小雪	连续性小雪	间歇性中雪	连续性中雪	间歇性大雪	连续性大雪	冰针(伴有或不伴有雾)	米雪(伴有或不伴有雾)	孤立的星状雪晶(伴有或不伴有雾)	冰粒
8	小的阵雨	中常的阵雨	大的阵雨	小的阵性雨夹雪	中常或大的阵性雨夹雪	小的阵雪	中常或大的阵雪	小的阵性霰,伴有或不伴有雨或雨夹雪	中常或大的阵性霰,伴有或不伴有雨或雨夹雪	轻的冰雹
9	中常或强的冰雹	过去1h内有雷暴,观测时有小雨	观测前1h内有雷暴,观测时有中或大雨	观测前1h内有雷暴,观测时有小(轻)雪、或雨夹雪、或霰、或冰雹	过去1h内有雷暴,观测时有中常或大(强)雪、或雨夹雪、或霰、或冰雹	小或中常的雷暴,观测时没有冰雹、或霰,但有雨、或雪、或雨夹雪	小或中常的雷暴,观测时伴有冰雹、或霰	大雷暴,观测时没有冰雹、或霰,但有雨、或雪、或雨夹雪	大雷暴,观测时伴有沙(尘)暴和降水	大雷暴,观测时伴有冰雹、或霰

表 C4.2 过去天气(W₁W₂)电码、填图符号以及简要说明表

电码	0	1	2	3	4	5	6	7	8	9
填图符号	不填	不填	不填		三	,	●	*	▽	
过去天气现象	云量不超过5	云量变化不定	阴天或多云	沙尘暴、吹雪或雪暴	雾	毛毛雨	非阵性的雨	非阵性的固体降水或混合降水	阵性降水	雷暴(伴有或不伴有降水)

附录 D　常用气象专业术语

D1　天气系统

飑线：气象上所谓飑，是指突然发生的风向突变、风力突增的大风现象。飑线是指风向和风力发生剧烈变动的天气变化带。沿飑线可以出现雷暴、大风、暴雨、冰雹、龙卷风等剧烈的天气现象。飑线是强对流系统中破坏性最强和最大的系统之一。飑线的水平尺度一般为几千米至一百千米，宽度不足一千米至几千米。飑线多发生在春夏过渡季节冷锋前的暖区中。此外，台风前缘也常有飑线出现。

雷暴：伴有雷击和闪电的局地对流性天气系统。它产生在强烈的积雨云中，因此常伴有强烈的阵雨或暴雨，有时有冰雹或龙卷。形成雷暴的积雨云发展旺盛，云的上部常有冰晶。水滴的破碎以及空气对流等过程，使云中产生电荷。由于云中的电荷分布极为复杂，所以有各种各样的闪电现象，如枝状闪电、球状闪电、串珠状闪电、叉状闪电等。当云层很低时，有时可形成云地间放电，就是所谓的雷击。因此，雷暴是大气不稳定状况的产物，是积雨云及其伴生的各种强烈天气的总称。雷暴的持续时间一般较短，单个雷暴的生命史一般不超过 2 h。

龙卷：积雨云中向地面伸出一条外形像一个巨大漏斗的云柱，称之为龙卷。龙卷漏斗云的轴一般垂直于地面，在发展的后期，当上下层相差较大时，可成倾斜状或弯曲状。其下部直径最小的只有几米，一般为数百米，最大可达千米以上；上部直径一般为数千米。龙卷的中心气压很低，造成很大的水平气压梯度，从而导致强烈的风速，一般估计为 $50\sim150$ m・s^{-1}，最大可达 200 m・s^{-1}，一般伴有雷雨或冰雹。龙卷的移向、移速是由其母云（产生龙卷的积雨云）的移动决定，母云的移速通常为 $40\sim50$ km/h，最快可达 $90\sim100$ km/h。根据龙卷产生的地区可分为陆龙卷（产生在陆地上空）和水龙卷（产生在海面或水面上空）。目前主要是对龙卷母云和龙卷气旋的雷达回波特征进行识别，在雷达平面显示器上，龙卷气旋表现为涡状或钩状回波，以钩状回波最为常见。

副热带高压：在南北半球都存在的近似沿纬圈排列的高压系统。在低层，这种高压带的轴线平均约位于 35°N 处。冬季，副热带海洋上的高压脊和大陆上的高压区组成一个连续高压带。而夏季这个高压带在大陆上发生断裂，这时大陆上是热低压区。这一点在北半球尤其明显，在夏季 500 hPa 图上亦可见。北半球副热带高压常常裂成 $6\sim7$ 个单体，其中在西太平洋上空的副热带高压，称为西太平洋副热带高压，对中国的天气和气候的影响较大。

急流：大气层中一股强而窄的气流，速度较大，对强降水等天气过程有重要影响。急流一般长数千千米，宽数百千米，厚几千米，有高、低空急流之分。

冷锋：冷暖气团的交界面称为锋面。冷锋指锋面在移动过程中，冷气团起主导作用，推动锋面向暖气团一侧移动。

暖锋：指锋面在移动过程中，暖气团起主导作用，推动锋面向冷气团一侧移动。

静止锋：指当冷暖气团势力相当，锋面移动很少时，称为静止锋。一般把 6 h 内锋面位置无大变化的锋定为静止锋。

锢囚锋：指暖气团、较冷气团和更冷气团（三种性质不同的气团）相遇时先构成两个锋面，然后其中一个锋面追上另一个锋面,即形成锢囚。中国常见的是锋面受山脉阻挡所造成的地形锢囚,或冷锋追上暖锋,或两条冷锋迎面相遇形成的锢囚。

气旋波:极锋受扰动而产生的一种波动,是温带气旋形成的最初阶段。气旋波进一步发展后,波动前段的锋变成暖锋,后段的锋变成冷锋,冷暖锋交接处称为波顶。

东风波:指产生在副热带高压南侧深厚东风气流里的自东向西移动的倒"V"形低压槽。

D2　天气现象和过程

霜:指近地面空气中水汽直接凝华在温度低于0℃的地面上或近地面物体上的白色松脆冰晶。

低温:某预报片不小于1/3站点日极端最低温度小于5℃,则称该片达到低温;某市日极端最低温度小于5℃,则称该市出现低温。

寒潮:受大范围冷空气侵袭,致使日平均气温在冷空气到达后一天内急剧下降8℃或以上,或两天内日平均气温急剧下降10℃或以上,同时过程最低温度降至5℃或以下,这种北方南下冷空气称为寒潮。

倒春寒:初春(一般指3月)气温回升较快,而在春季后期(4月或5月)气温较正常年份偏低的天气现象。倒春寒天气是春季危害农作物生长发育的灾害性天气之一。

雾:雾是由大量悬浮在近地面空气中的微小水滴或冰晶组成的气溶胶系统,是近地面层空气中水汽凝结(或凝华)的产物。能见度降在1 km以下为雾,能见度在1~10 km为轻雾。

霾/灰霾:是指由于尘粒或烟粒致使能见度减小到1~2 km。霾与雾、云不一样,与晴空区之间没有明显的边界,霾粒子的分布比较均匀。由于灰尘、硫酸、硝酸等粒子组成的霾,其散射波长较长的光比较多,因而霾看起来呈黄色或橙灰色。

雹:雹是坚硬的球形或圆锥形的冰块。雹块中心通常有白色不透明的霰块,称为雹核。雹核直径在2~5 mm的称为小雹,直径大于5 mm的称为雹。

强风:凡观测到两分钟平均风力达6级或以上统称大风。根据成因不同有冷空气和台风等造成的大风。冬半年的海面强风主要由冷空气所致,风向多为偏北到东北。

雷雨大风:是局部天气突然变化现象,乌云滚滚,电闪雷鸣,狂风夹着强降水,有时伴随有冰雹、呼啸而过,风力可达6级以上,它涉及的范围只有几千米至几十千米。雷雨大风在春、夏、秋三季都可以发生。

D3　气候现象

厄尔尼诺:是热带大气和海洋相互作用的产物,它原是指位于赤道东太平洋冷水域中的秘鲁洋流水温异常升高、鱼群大量死亡的现象。由于此现象一般出现于圣诞节(圣子耶稣诞辰)前后,当地人称为"圣婴"(厄尔尼诺在西班牙文中即为圣子之意,故名)。现在其定义为在全球范围内,海气相互作用下造成的气候异常。赤道中东太平洋海温的异常增温通过海气相互作用,给各地的天气带来变化,使原来干旱少雨的地方产生洪涝,而通常多雨的地方易出现长时间的干旱少雨。当前气象学家的研究普遍认为,厄尔尼诺事件的发生对全球不少地区的气候灾害有预兆意义,所以对它的监测已成为气候监测中一项重要的内容。但是厄尔尼诺出现的季节有早晚,持续时间有长短,暖水区域有大小,偏暖程度有强弱,等等,问题非常复杂。

拉尼娜:是与厄尔尼诺相对的名词,它来源于西班牙语译音,意思是"小女孩",指的是厄尔尼诺现象的反相,即赤道东太平洋海温较常年偏低。据科学家们研究证明,中国 1998 年长江流域发生的特大洪涝灾害,就是厄尔尼诺和拉尼娜综合影响的结果。

D4　气象遥测遥感

极轨卫星:运行轨道环绕地球两极。这类卫星又称太阳同步卫星,对某点的探测时间大致相近。中国气象部门使用的极轨气象卫星主要是美国的 NOAA 系列和中国的 FY-1 型。极轨气象卫星运行的轨道较低,一般在 700 km 到 1000 km,所以其探测的空间分辨率较高。轨道平面与地球赤道平面夹角约为 98°,运行周期为 115 min 左右,每天几乎以固定的时间(地方太阳时)经过同一地区上空两次,它能够进行全球观测。又因其相对地球不固定,所以它观测的时间分辨率低。

静止卫星:通常说的静止卫星是指相对地球静止,又称地球同步卫星。它运行的轨道是地球赤道上空约 3.6×10^4 km。因距地球较远所以空间分辨率较低,因其相对地球固定所以时间分辨率高。中国使用的静止气象卫星有 FY-2。

红外云图:通过气象卫星上的红外探测仪,通过红外通道对地球大气进行扫描观测所得到的图像。

可见光云图:气象卫星通过可见光波段(一般是 $0.5 \sim 0.7~\mu m$)探测所获得的图像。

水汽云图:气象卫星通过水汽通道探测获得大气水汽含量分布图像。水汽通道一般选在大气中水汽强烈吸收的波长区间,例如对流层上层的水汽探测使用 $5.7 \sim 7.1~\mu m$,一般的波长选用 $1.40 \sim 1.75~\mu m$。对水汽通道获得的辐射率进行反演才可得到水汽含量。

多普勒雷达:利用多普勒效应原理,测量目标物径向运动速度的雷达。多普勒效应是指当目标物的运动指向(背向)雷达站时,雷达接收到的回波载频将高于(低于)发射波的载频。频率变化的量级小,但其值正比于目标物径向运动的速度分量。因此根据回波载频的变化,即可计算出目标物的径向运动速度。常采用对回波信号进行谱分析或相关分析,来获取目标的径向速度。多普勒雷达的组成部分与普通雷达相似,但发射机和接收机的结构要复杂得多。气象上用的多普勒雷达大多工作于脉冲波方式,称为脉冲多普勒雷达。用于探测天气系统的称为多普勒天气雷达。由于多普勒天气雷达能够测量云雨区域的流场结构,对于研究天气系统的动力学状态极为重要,所以是大气探测的重要设备。在气象服务中,多普勒天气雷达是强风暴警戒的有力工具。

平显/高显:雷达水平回波的显示图像称为平显(PPI),雷达垂直回波的显示图像为高显(RHI)。

"3S"技术:地理信息系统 GIS、全球定位系统 GPS、遥感 RS,简称"3S"技术。

地理信息系统 GIS:全名为 Geographic Information System,在计算机硬件和软件支持下,运用地理信息科学和系统工程理论,科学管理和综合分析各种地理数据,提供管理、模拟、决策、规划、预测和预报等任务所需要的各种地理信息的技术系统;由空间数据(地图)加属性数据组成。

遥感 RS:全名为 Remote sensing,是指从遥远的地方探测、感知物体。也就是说,不与目标物接触,从远处用探测仪器接收来自目标物的电磁波信息,通过对信息的处理和分析研究,确定目标物的属性和目标物之间的关系。RS 可以提供丰富的实时地面影像数据,该数据经过处理后,为 GIS 进行空间分析提供数据源。

GPS 系统：全名是 Navigation Satellite Timing And Ranging/Global Position System，即"卫星测时测距导航/全球定位系统"，简称 GPS 系统。GPS 全球定位系统包括三部分：GPS 卫星、地面监控系统和 GPS 用户设备。GPS 可以提供准确的位置信息，与电子地图接合为移动目标提供导航和跟踪。

全球定位系统气象参数探测(GPS/MET)技术：是利用 GPS 卫星信号电波穿过大气层时受到的折射及延迟来反演推算大气温度湿度和气压等参数，是近年来发展的一种全新的大气空间遥感技术，具有极大的实用潜力。包括空基 GPS 气象学和地基 GPS 气象学。

空基 GPS 气象学：利用低轨卫星(LEO)，用掩星技术测定大气密度、气压、温度、湿度的廓线，有相当高的时空密度。还可利用低轨卫星(LEO)低功率激光器测风。

地基 GPS 气象学：利用高精度的地面 GPS 基准站的信号分析整层水汽总量、倾斜路径水汽总量及时间变化和层析技术反演大气水汽量垂直分布。

GPRS：全名为 General Packet Radio Service，是通用分组无线业务的简称。

D5　气象观测

百叶箱：在气象台站上用以安置测定空气温度和湿度仪器的防辐射装置。它的作用是防止太阳直接辐射和地面反射的短波辐射对仪器的影响，消除测温的辐射误差，也保护仪器免受风、雨、雪等的直接影响。其尺寸如表 D4.1 所示。

表 D4.1　百叶箱的尺寸表

	宽/mm	深/mm	高/mm
温度表百叶箱	460	290	573
温湿自记百叶箱	460	460	612

气压表：测量大气压的指示仪器，目前主要有两类，一是水银气压表，一是空盒气压表。另外也出现了一些新的气压表，如振筒式、石英包端管式气压表等。

温度计量仪器：是利用感温物质的某种属性(几何属性或物理属性)随温度变化的关系作为温度的指示，有气体温度表、水银温度表、酒精温度表、双金属片温度计、电阻温度表、热电偶温度计、红外测温仪、光学测温表等。

温度单位：在标准大气压下，以水的冰点为 $0°$，以水的沸点为 $100°$ 所定的温度单位为摄氏温度 $℃$；以水的冰点为 $32°$，以水的沸点为 $212°$ 所表示的温度单位为华氏温度 $℉$。以摄氏温度为基础，加上 273 所得的值为绝对温度 K。

湿度表(计)：测量空气中湿度或水汽含量的仪器，有干湿球温度表、毛发湿度表(计)、露点湿度表、吸收湿度表等。

雨量计：测量降水量的仪器。主要由盛水器、贮水瓶、量筒组成。盛水器口成正圆形，中国采用的盛水器口的直径为 20 cm。与之配套的量杯为一特制的有刻度的玻璃杯，其口径和刻度与雨量筒的口径成一定的比例关系，杯上有 100 个分度，每一分度等于雨量筒内水深 0.1 mm。

辐射仪：又称日射仪器，是测量辐射能量的各种仪器的总称。气象学涉及的辐射仪器可以分为三大类，即直接日射表、总辐射表、全波段辐射仪器。

蒸发仪：用来测量进入大气的水分的蒸发仪器。有降水时，蒸发量计算式为"蒸发量＝原水量＋降水量－余水量"。

地温表：用以测量地面及地下不同深度温度的仪表。

附录 E　常用物理量计算公式

位温：可比较不同气压情况下空气的热状态。定义为空气沿干绝热过程变化到气压 $p=$ 1000 hPa 时的温度。未饱和空气的位温的表达式为：

$$\theta = T(\frac{1000}{p})^{\frac{R_d}{c_{pd}}}$$

K 指数：定义 $K=(T_{850}-T_{500})+T_{d850}-(T-T_d)_{700}$，既考虑了垂直温度梯度，又考虑了低层的水汽，并间接表示了湿层的厚度。计算式中的第一项表示温度直减率，第二项表示低层水汽条件，第三项表示中层饱和程度。所以 K 指数能反映大气的层结稳定情况，K 指数越大，层结越不稳定，但它不能明显表示出整个大气的层结不稳定程度。

考虑了地面温度状况后修正的 K 指数为：

$$mK = \frac{1}{2}(T_0 + T_{850}) + \frac{1}{2}(T_{d0} + T_{d850}) - T_{500} - (T - T_d)_{700}$$

其中，mK 值越大表示气团低层越暖湿、稳定度越小，因而越有利于对流产生。

θ_{se} 假相当位温：若以 p_N 和 T_N 分别表示水汽全部凝结并从气块中脱落后的气压和温度，θ_{se} 可定义为：

$$\theta_{se} = T_N(\frac{1000}{p_N})^{\frac{R_c}{c_{pd}}}$$

为方便计算 θ_{se} 另一种表达式有：

$$\theta_{se} \approx T(\frac{1000}{p})^{\frac{R_d}{c_{pd}}}(1+0.46\gamma)\exp(\frac{L\gamma}{c_{pd}T_c})$$

其中，$\frac{R_d}{c_{pd}}=0.286$，L 为潜热，γ 为对流层内平均气温直减率，T_c 为抬升凝结高度处的绝对温度。

涡度：是描述空气微团旋转特征的物理量，用 ζ 表示涡度的铅直分量，表达式为

$$\zeta = \frac{\partial v}{\partial x} - \frac{\partial u}{\partial y}$$

散度：流体运动时单位体积随时间的相对变率。预报业务中一般考虑水平散度，用 D 表示。即

$$D = \frac{\partial u}{\partial x} + \frac{\partial v}{\partial y}$$

沙瓦特稳定度指数 Si：把 850 hPa 等压面上的湿空气微团干绝热上升，到达凝结高度后，再湿绝热上升至 500 hPa 等压面高度时所具有的温度[称为(T 质点)$_{500}$]与 500 hPa 等压面上原来周围空气的温度[称为(T 环境)$_{500}$]之差，定义为沙瓦特稳定度指数。Si 指数在暴雨预报中是一个重要的物理参数。

$$Si = (T\text{ 环境})_{500} - (T\text{ 质点})_{500}$$

理查逊数(Richardson)Ri:描述了湍流运动因抵抗重力所做的功与雷诺应力使平均运动动能转变成的脉动动能之比值的大小。一般当$Ri<1$时,湍流发展;$Ri>1$时湍流减弱。定义公式为:

$$Ri \approx \frac{g}{\bar{\theta}} \frac{\Delta\theta_z/\Delta z}{(\Delta u)_z^2 + (\Delta v)_z^2}$$

其中,$\bar{\theta}$为两个高度上位温的平均值(单位:K)。$\Delta\theta_z$为这两个高度上的位温差,$(\Delta u)_z$和$(\Delta v)_z$为两个高度上纬向风速差和经向风速差。以气压坐标系表示,不考虑水汽情况下,利用观测资料直接计算Ri的公式为:

$$Ri = \frac{R_d\Delta p}{\bar{p}}(\Delta T_p - \frac{\bar{T}R_d}{c_p}\frac{\Delta p}{\bar{p}})/[(\Delta u)_p^2 + (\Delta v)_p^2]$$

式中,Δp是两等压面间的气压差,$\bar{p}$和$\bar{T}$分别是两等压面的气压和气温的平均值,ΔT_p为两等压面间的温度差,$(\Delta u)_p$和$(\Delta v)_p$为两等压面之间的风速差。

湿理查逊数Ri_m:

$$Ri_m = (\frac{R_d\bar{T_v}}{p\bar{\theta}_{se}})\frac{\partial\theta_{se}}{\partial p}/(\frac{\partial V}{\partial p})^2$$

考虑到近地层受局地因素影响大,所以在计算Ri_m数时,常在$850\sim500$ hPa中进行。上式变微分为差分得:

$$Ri_m = [-R_d(\frac{\bar{T}}{\bar{\theta}_{se}}/\frac{\Delta p}{\bar{p}})]\frac{\Delta\theta_{se}}{(\Delta V)^2}$$

式中可以取$(\theta_{se500} - \theta_{se850}) = \Delta\theta_{se}$与$|(\Delta V)| = |(V_{500} - V_{850})|$。

垂直速度:仅指大尺度运动的垂直速度,不包括对流性上升与下沉运动的速度。p坐标系下有:

$$\omega_p = \omega_{p0} + \bar{D}(p_0 - p)$$

其中,ω_p和ω_{p0}分别为p和p_0高度处的垂直速度,单位为$hPa \cdot s^{-1}$,正值为下沉运动,负值为上升运动。若平均散度$\bar{D}$在p_0和p两层之间的变化是线性的,即$\bar{D}=\frac{D_0+D}{2}$,那么在求得各层散度之后,根据公式可自下而上逐层累加,计算出各层的垂直速度。下边界条件为"假定地面海拔高度很低,且是平坦的",即有$p_0=1000$ hPa,$\omega=0$。

对流有效位能$CAPE$:大气的全位能中有可能转变成动能的那一部分,称为"有效位能",其余的定义为大气的参考状态位能,即有效位能为初始状态的全位能与参考状态位能的差值。定义为:

$$CAPE = g\int_{Z_{LFC}}^{Z_{EL}} (\frac{T_{vp} - T_{ve}}{T_{ve}})dz$$

或

$$CAPE = g\int_{p_{EL}}^{p_{LFC}} R_d(T_{vp} - T_{ve} - T_{ve})d\ln p$$

其中,Z_{LFC}为自由对流高度,是$(T_{vp} - T_{ve})$由负值转正值的高度;Z_{EL}为平衡高度,是$(T_{vp} - T_{ve})$由正值转负值的高度;T_v为虚温,下标e,p分别表示与环境以及气块有关的物理量;p_{LFC}为自由对流高度处气压;p_{EL}为平衡高度处气压。$CAPE$的单位为$J \cdot kg^{-1}$。

总能量E_t:

$$E_t = c_pT + gZ + Lq(T_d,p) + \frac{1}{2}V^2$$

式中,第一项为显热能,第二项为位能,第三项为潜热能,第四项为动能。

相当位涡(EPV): Moore 和 Lambert(1993)发现 EPV 的垂直剖面图能正确地诊断出带状降水区域:具有负 EPV 值的气块,在垂直方向上或者在倾斜方向上具有不稳定状态;正的 EPV 值则代表稳定状态。为了将三维 EPV 简化为二维 EPV,可将垂直剖面图的基线选为厚度梯度的方向,亦即垂直于对流层中层热成风方向。这样可用垂直剖面图来估算条件对称不稳定即 CSI(Conditional Symmetric Instability)。公式中,u_g、v_g 分别代表 x、y 方向上的地转风分量,柯氏参数为 $f_i = 2\,\Omega\cos\varphi$ 与 $f_k = 2\,\Omega\sin\varphi$。考虑 p 方向上的地转分量 $\omega_g = 0$,以及 f_i 项比垂直风切变项小,则得到

$$EPV = g\Big[\frac{\partial \theta_e}{\partial x}\frac{\partial v_g}{\partial p} - \frac{\partial \theta_e}{\partial y}\frac{\partial u_g}{\partial p} - \big(\frac{\partial v_g}{\partial x} - \frac{\partial u_g}{\partial y} + f_k\big)\frac{\partial \theta_e}{\partial p}\Big]$$

因为 EPV 只估计湿过程的位势不稳定,要用饱和相当位温来代替相当位温,故结果只能应用于相对湿度较高的气柱。

位势涡度: Eretel 位势涡度(简称位涡)的定义是

$$P = \alpha \zeta_a \cdot \nabla \theta$$

即位涡为单位质量气块的绝对涡度在等 θ 面法向上的投影与 $|\nabla\theta|$ 的乘积,单位为 $\mathrm{m^2 \cdot K \cdot s^{-1} \cdot kg^{-1}}$。其中 α 为比容,θ 为位温,ζ_a 为三维绝对涡度。

湿位势涡度: 简称湿位涡,定义是

$$P_m = \alpha \zeta_a \cdot \nabla \theta_e$$

即湿位涡为单位质量气块的绝对涡度在湿等 θ_e 面法向上的投影与 $|\nabla\theta_e|$ 的乘积(单位为 $\mathrm{m^2 \cdot K \cdot s^{-1} \cdot kg^{-1}}$)。其中 θ_e 为相当位温,α 为比容,ζ_a 为三维绝对涡度。

在静力近似下,取 p 为垂直坐标,并假定垂直速度的水平变化比水平速度的垂直切变小得多,则湿位涡在等压面上的表达式为:

$$P_m = -g(fk + \nabla_p \wedge V) \cdot \nabla_p \theta_e = 常数$$

定义湿位涡的第一分量为垂直分量,第二分量为水平分量,有:

$$\begin{cases} MPV_1 = -g(\zeta_p + f)\dfrac{\partial \theta_e}{\partial p} \\[2mm] MPV_2 = -g\big(k \times \dfrac{\partial V_h}{\partial p}\big) \cdot \nabla_h\theta_e = -g\,\dfrac{\partial u}{\partial p}\dfrac{\partial \theta_e}{\partial y} + g\,\dfrac{\partial v}{\partial p}\dfrac{\partial \theta_e}{\partial x} \end{cases}$$

则

$$P_m = MPV_1 + MPV_2 = \alpha \zeta_\theta \cdot \nabla_p\theta_e = 常数$$

表明在无摩擦、湿绝热大气中,系统涡度的发展由大气层结稳定度、斜压性和风的垂直切变等因素所决定。在湿位涡守恒制约下,由于湿等熵面的倾斜,大气水平风垂直切变或湿斜压性增加,能够导致垂直涡度的显著性发展,这种涡度增长称倾斜涡度发展(SVD)。SVD 发展的必要条件为:

$$C_d = \frac{MPV_2}{\dfrac{\partial \theta_e}{\partial p}} > 0$$

参考文献

《广东省短期天气预报指导手册》编写组. 1987. 广东省短期天气预报指导手册. 广东省气象局

雷雨顺.1986.能量天气学.北京:气象出版社

梁必骐.1990.热带气象学.广州:中山大学出版社

廖承恩.1994.微波技术基础.西安:西安电子科大出版社

刘健文,郭虎,李耀东,等.2005.天气分析预报物理量计算基础.北京:气象出版社

[日]《气象手册》编辑委员会.1985.气象手册.贵阳:贵州人民出版社

盛裴轩,毛节泰,李建国,等.2003.大气物理学.北京:北京大学出版社

寿绍文,励申申,王善华,等.2002.天气学分析.北京:气象出版社

吴国雄,蔡雅萍,唐晓菁.1995.湿位涡和倾斜涡度发展.气象学报,**53**(4):387-405

杨大升,刘余滨,刘式适.1980.动力气象学.北京:气象出版社

朱乾根,林锦瑞,寿绍文,等.天气学原理和方法(修订本).北京:气象出版社,1992

Moore J T,Lambert T E. 1993. The use of equivalent potential vorticity to diagnose regions of conditional symmetric instability. Weather and Forecasting,**8**(3):301-308

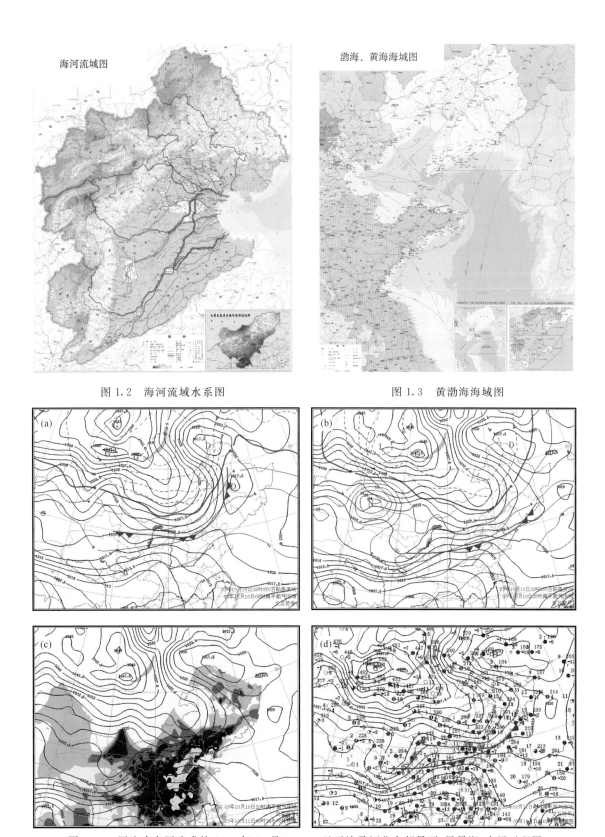

海河流域图

图 1.2　海河流域水系图

渤海、黄海海域图

图 1.3　黄渤海海域图

图 3.14　回流冷高压造成的 2003 年 10 月 10—11 日天津及河北东部暴雨、风暴潮、大风过程图

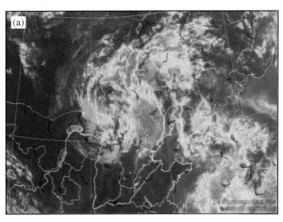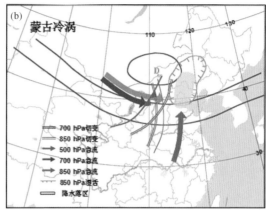

图 4.2 （a）冷涡云系图；(b)冷涡类暴雨天气形势综合图

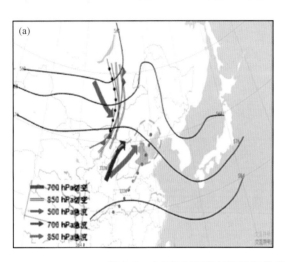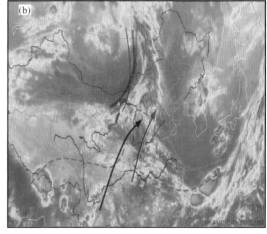

图 4.3 （a)高空冷槽东移引起的对流性暴雨模型图(b)和锋面云系图

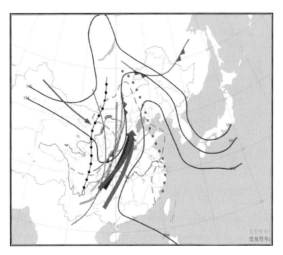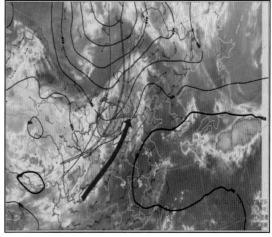

图 4.4 低槽低涡类暴雨天气形势综合图

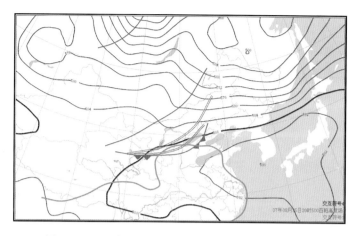

图 4.5　2007 年 8 月 25 日 20 时高空形势(切变型)图

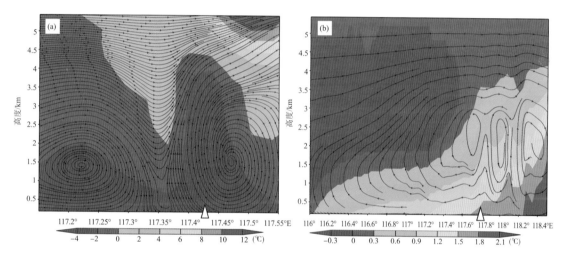

图 4.9　2008 年 8 月 27 日(a)01:47 时沿 40.1°N 的垂直剖面流线图和(b)00:59 时沿 39.266°N 的垂直剖面流线图

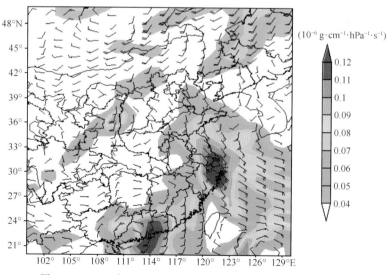

图 4.10　2006 年 8 月 25 日 14 时 850 hPa 水汽通量和风场图

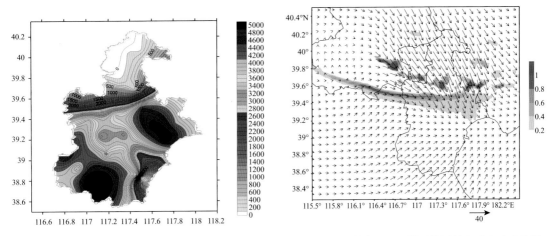

图 4.13　2009 年 7 月 22 日 18 时 CAPE 分布图　　　图 4.14　边界层(187 m)附近的风场和垂直速度场图

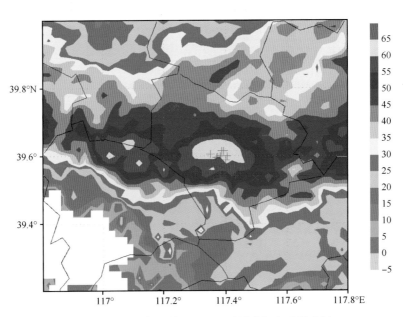

图 4.15　2009 年 7 月 22 日 18 时雷达组合反射率图

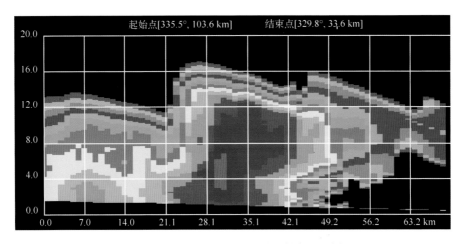

图 4.16　2009 年 7 月 22 日 18 时反射率因子剖面图

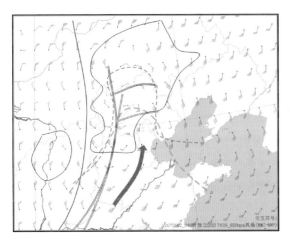

图 4.18　2012 年 7 月 21 日 08 时中分析图

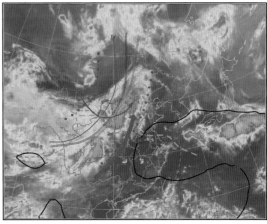

图 4.19　2012 年 7 月 21 日 08 时实况
天气图和云图的叠加图

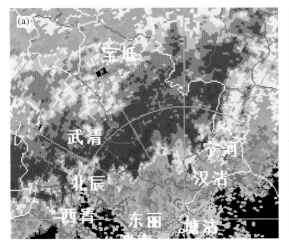

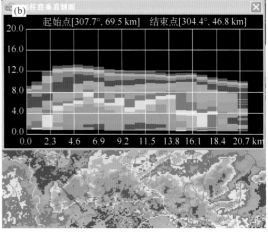

图 4.20　持续性暴雨的反射率因子(a)和相应的剖面图(b)

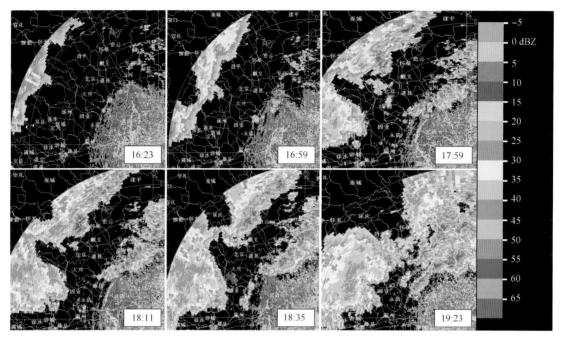

图 4.21　2006 年 6 月 24 日 0.5°仰角基本反射率产品演变图

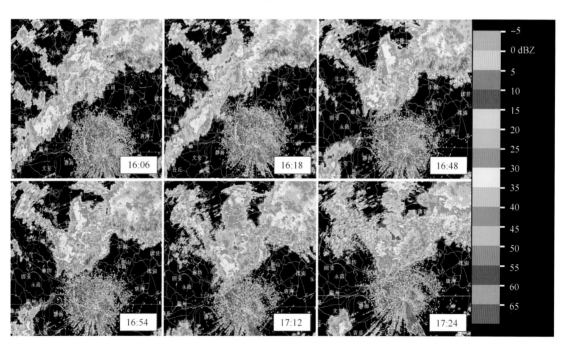

图 4.22　2007 年 7 月 9 日 0.5°仰角基本反射率产品演变图

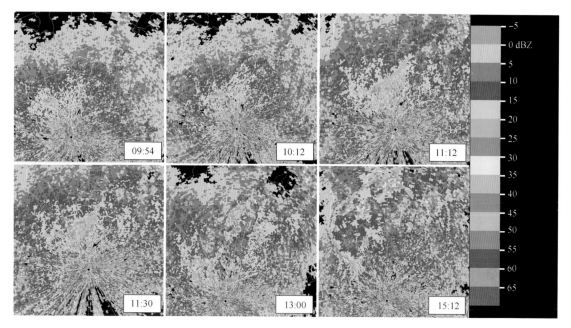

图 4.23　2008 年 8 月 9 日 0.5°仰角基本反射率产品演变图

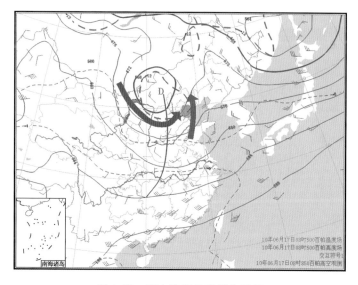

图 4.25　高空冷涡的高低空配置

（实线为 500 hPa 高度、虚线为 500 hPa 温度、槽线为 850 hPa 槽、紫色箭头为
200 hPa 大值风区、红色箭头为 850 hPa 大值风区、阴影区为暴雨落区）

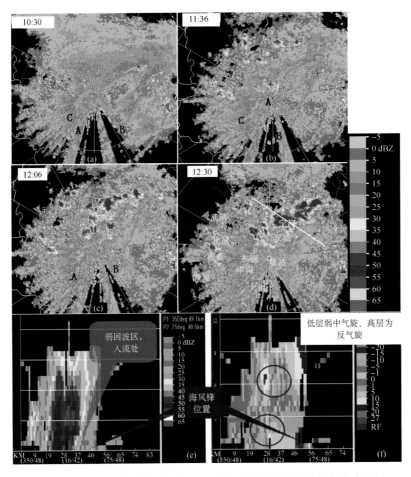

图 4.27 （a）~（d）为不同时间雷达 0.5°仰角探测到的海风锋与降水回波；
（e）~（f）为沿上图中直线位置作的垂直剖面图

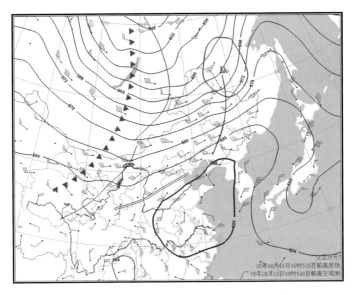

图 4.29 2005 年 8 月 16 日 08 时 500 hPa 天气形势图

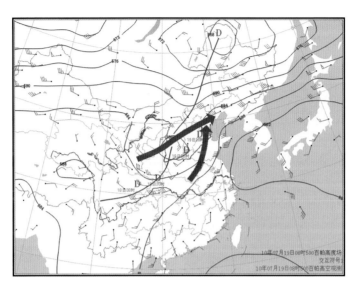

图 4.30 2010 年 7 月 19 日 08 时高低空配置图
(实线为 500 hPa 高度,槽线为 5000 hPa 槽,紫色箭头为 200 hPa 急流位置,
红色箭头为 850 hPa 急流位置,"D"为 700 hPa 西南涡随时间的移动位置)

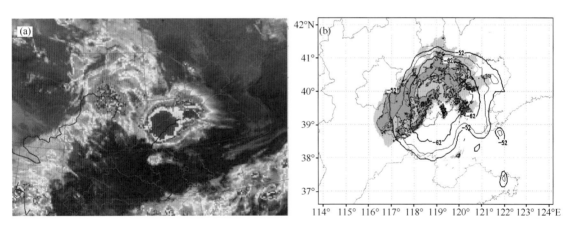

图 4.31 2007 年 7 月 18 日 09 时 fy2c 红外云图监测的天津及河北东部 MCC 图(a)和 5 km 高度上雷达强
回波区域(阴影:反射率≥30 dBZ)与同时刻云图 TBB(实线:TBB≤−52 ℃范围)叠加图(b)

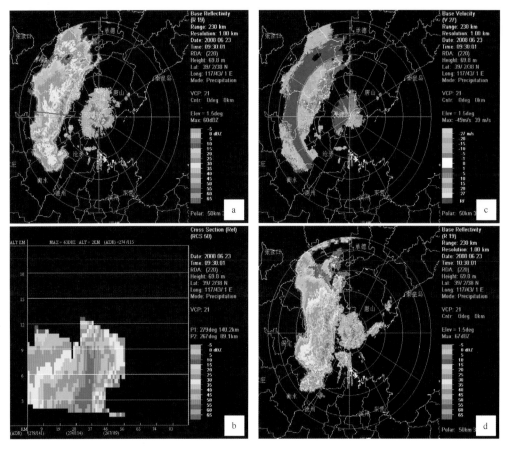

图 4.32　2008 年 6 月 23 日 16—20 时影响京津冀地区的飑线系统图

(a)1.5°仰角基本反射率图;(b)沿东—西横线剖面图;(c)同时刻径向速度图;(d)1 h 后 1.5°仰角基本反射率图

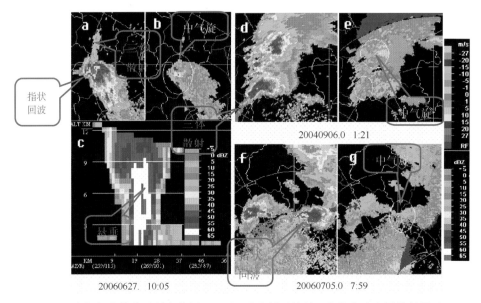

图 4.33　三次超级单体的反射率特征(a、d、f)、垂直剖面特征 c 和径向速度图特征图(b、e 、g)

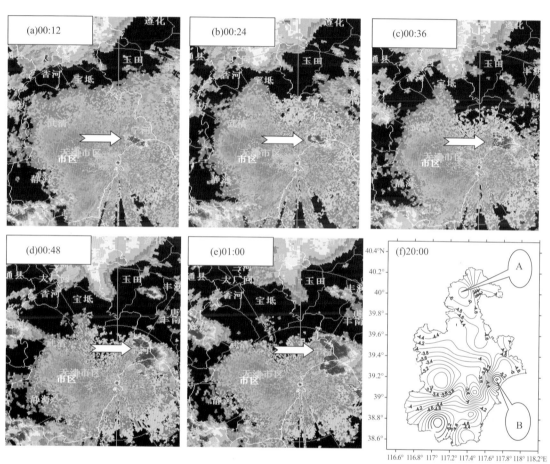

图 4.34　2008 年 8 月 27 日 00:12—01:00 天津雷达反射率演变图(仰角 1.5°,箭头
指示冰雹发生地)(a～e)和 20 时天津地区抬升指数 LI 图(单位:℃,B 点与强回波对应)(f)

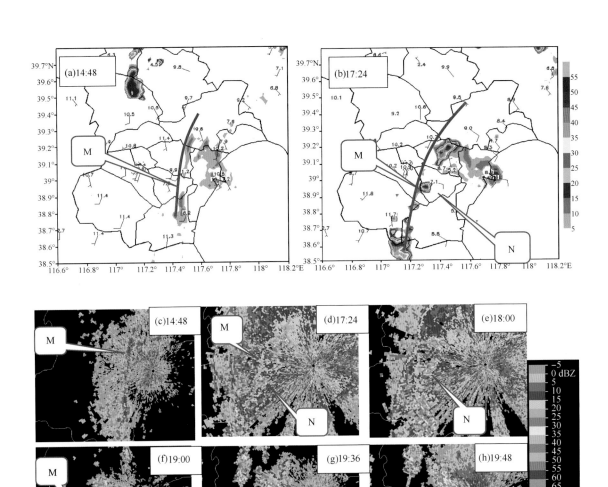

图 4.35　2008 年 8 月 10 日雷达回波自 14：48—19：48 演变图（M 指的为海风辐合线；N 指触发的雷暴）
(a)和(c)14：48；(b)和(d)17：24；(e)18 时；(f)19 时；(g)19：36；(h)19：48

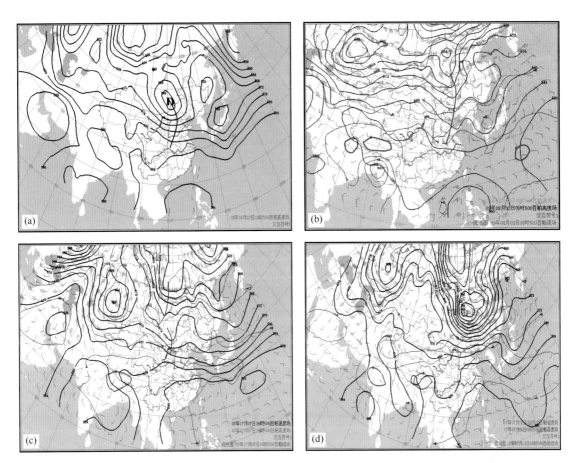

图 4.37　(a)低涡型;(b)槽后西北气流、东北低涡型天气形势;(c)西来槽型;(d)切变线、华北东部涡型图

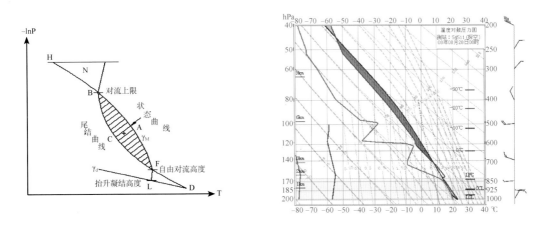

图 4.39　对数压力图解

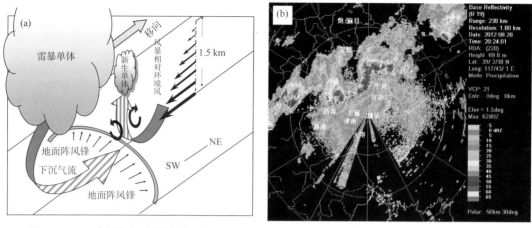

图 4.41　(a)阵风锋与雷暴的低层冷出流和环境风垂直切变关系示意图;(b) 2012 年 8 月 20 日
雷雨大风过程中弓形回波预期前部的阵风锋图

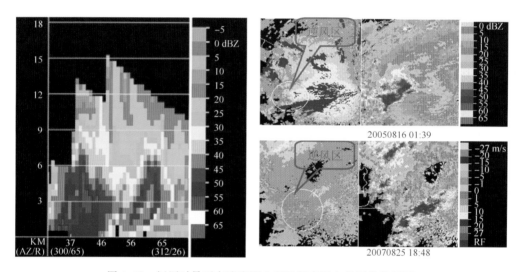

图 4.42　短历时暴雨在速度图上和反射率图上的图像特征图

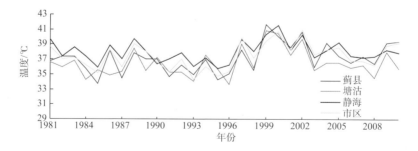

图 4.43　天津市区、静海、塘沽和蓟县极端最高气温的年际变化曲线图

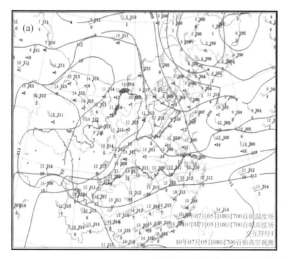

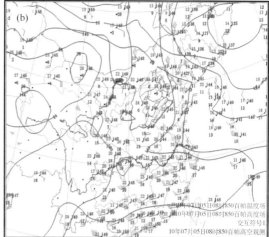

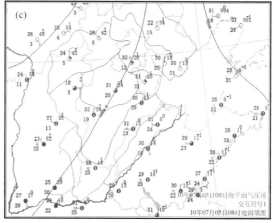

图 4.46　2010 年 7 月 5 日天气形势图

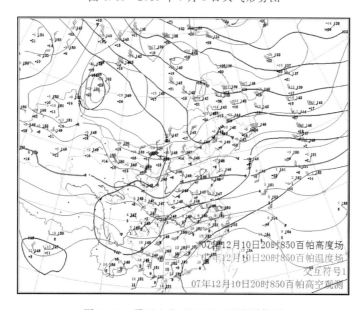

图 4.48　雾区上空 850 hPa 环流形势图

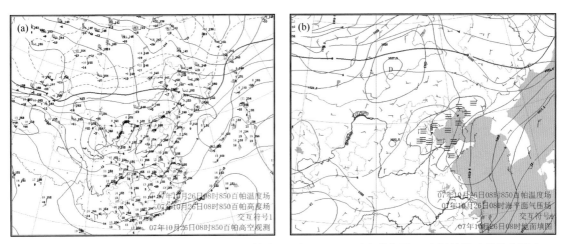

图 4.50　2007 年 10 月 25—27 日连续 3 d 的辐射雾过程的 850 hPa 环流形势图(a)和辐射雾过程综合图(b)

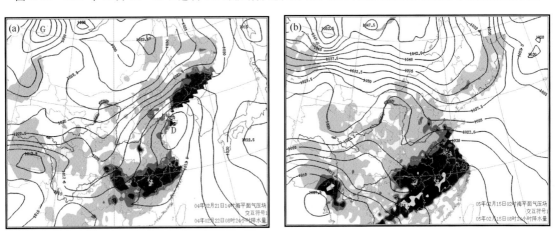

图 4.72　海平面气压场与 24 h 降水量(阴影)图

(a)2004 年 2 月 21 日 14 时；(b)2005 年 2 月 15 日 02 时

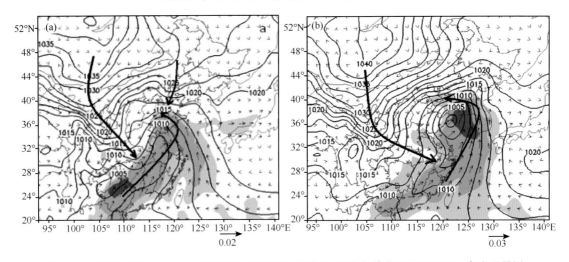

图 4.74　2007 年 3 月 3—4 日 1000 hPa 等压面上等高线、江淮气旋位置和 850 hPa 水汽通量图

(a)3 日 20 时；(b)4 日 08 时

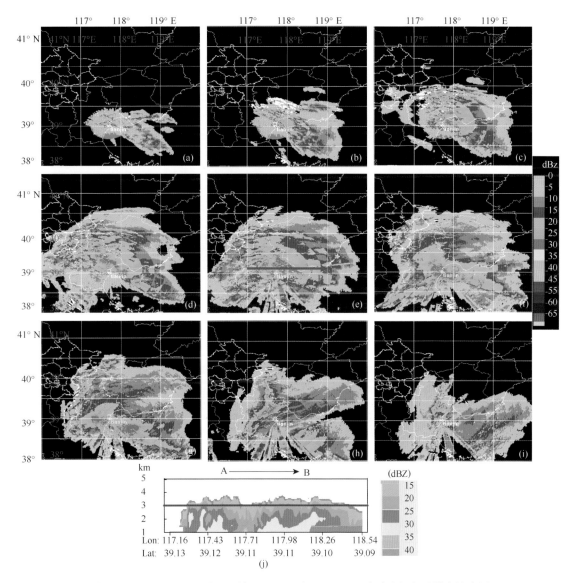

图 4.79 （a）～（i）2008 年 12 月 20 日 16 时—21 日 08 时雷达组合反射率演变图

（a）16 时；（b）18 时；（c）20 时；（d）22 时；（e）00 时；（f）02 时；（g）04 时；（h）06 时；（i）08 时

（a）～（c）东路回流降雪阶段；（d）～（g）涡旋降雪阶段；（h）～（i）强冷锋降雪阶段；（j）沿图 e 上 AB 剖面反射率 R

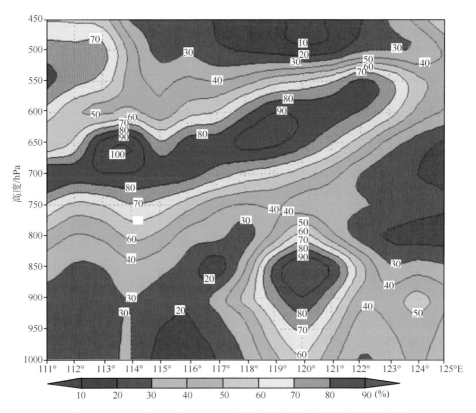

图 4.75　2008 年 12 月 20 日 20 时沿 38°N 的相对湿度垂直剖面图

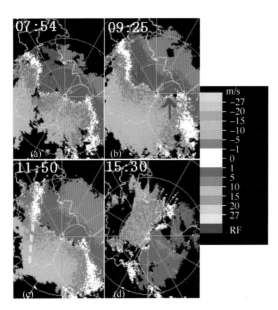

图 4.80　2006 年 02 月 06 日 07:48 时
1.5°仰角速度图

（b 中箭头所指为中尺度逆切变位，
c 中箭头所指为冷锋锋面、断线为冷锋位置）

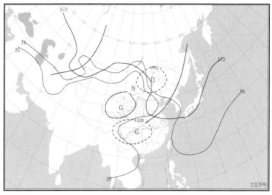

图 4.89　干热风的天气模型图
（黑实线：500 hPa 等高线；红线：
850 hPa 等温线；黑虚线：地面等压线）

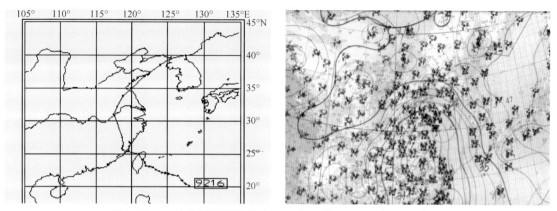

图 6.12　9216 热带风暴路径及 1992 年 9 月 1 日 08 时地面天气图

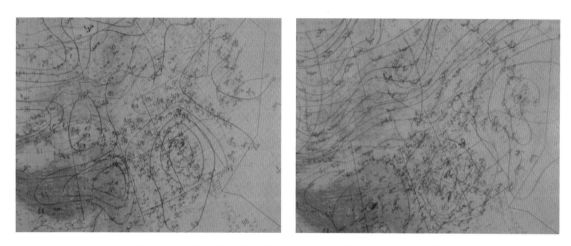

图 6.13　1992 年 9 月 1 日 08 时 850 hPa 及 500 hPa 天气图

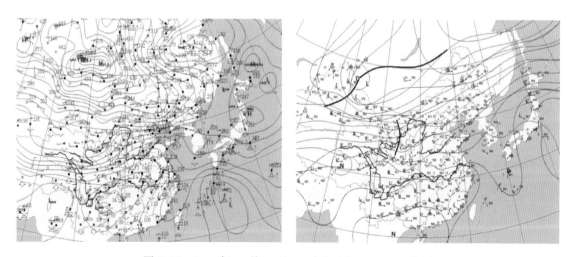

图 6.15　2003 年 10 月 11 日 08 时地面及 500 hPa 天气图

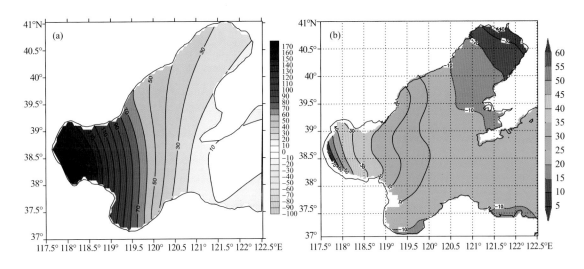

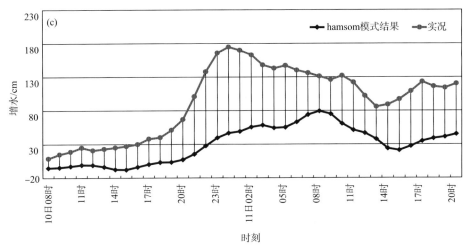

图 6.29　2003 年 10 月 10—11 日风暴潮的数值模拟情况图

(a)11 日 00 时增水实况场;(b)模拟的 11 日 00 时增水场;(c)塘沽站实际增水和模拟增水的对比图

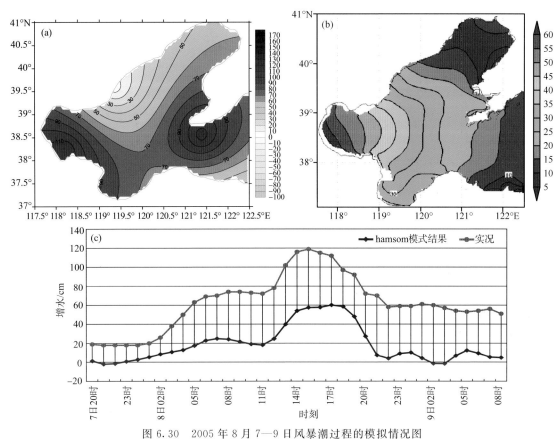

图 6.30　2005 年 8 月 7—9 日风暴潮过程的模拟情况图

(a)8 日 15 时增水实况场;(b)模拟的 8 日 15 时增水场;(c)塘沽站实际增水和模拟增水的对比图

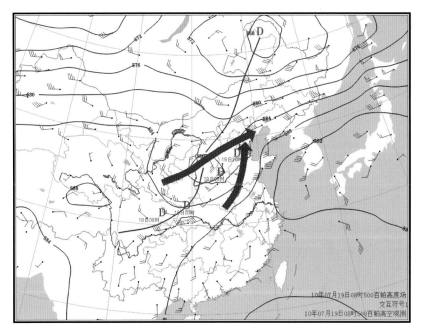

图 7.4　2010 年 7 月 19 日 08 时高低空配置图

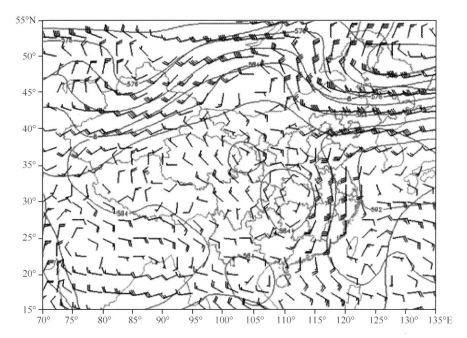

图 7.5 1996 年 8 月 3 日 08 时 500 hPa 高空图

（蓝色线条代表等高线，单位：dgpm；红色线条代表等温线，单位：℃）

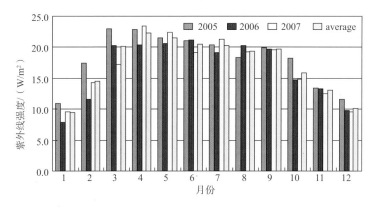

图 8.4 2005—2007 年天津各月紫外线强度分布图

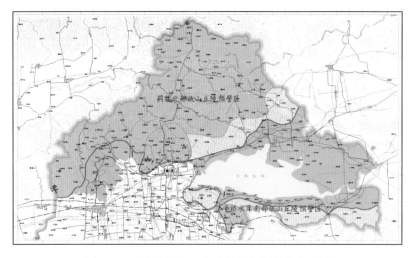

图 8.7　天津蓟县山区地质灾害气象预警分区图

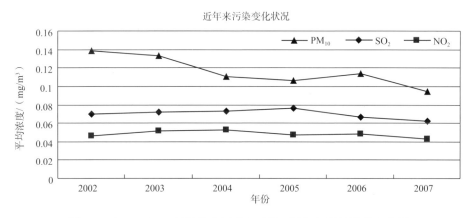

图 8.8　2002—2007 年天津市区 SO_2、NO_2、PM_{10} 年平均浓度变化图

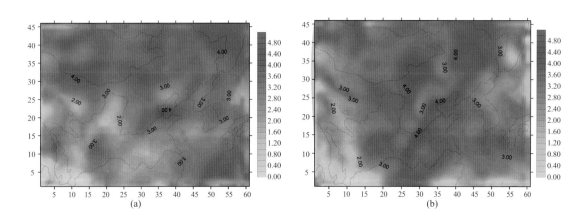

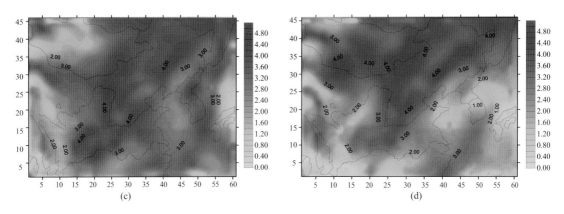

图 8.13　2006 年 9 月 14—17 日污染潜势预报图

(a)14 日；(b)15 日；(c)16 日；(d)17 日(横纵坐标为格点数)

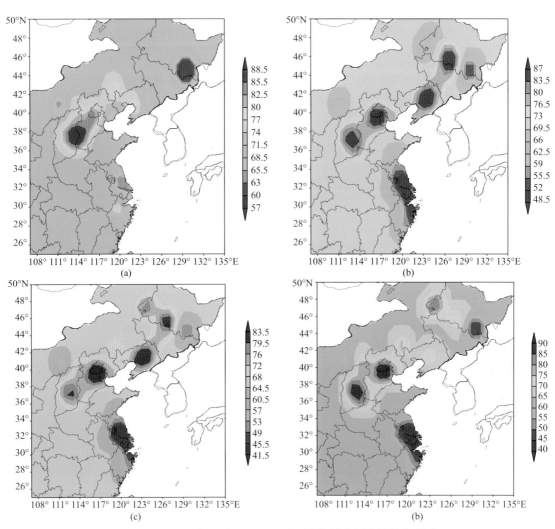

图 8.14　2006 年 9 月 14—17 日中国东部城市污染指数实况图

(a)14 日；(b)15 日；(c)16 日；(d)17 日